W0262047

Hans Jochen Koop
K. Konrad Jäckel
Erhardt F. Heinold

Business E-volution

Zielorientiertes Business Computing

Herausgegeben von Stephen Fedtke

Die Reihe bietet Entscheidungsträgern und Führungskräften, wie Projektleitern, DV-Managern und der Geschäftsleitung wegweisendes Fachwissen, das zeigt, wie neue Technologien dem Unternehmen Vorteile bringen können.

Die Autoren der Reihe sind ausschließlich erfahrene Spezialisten. Der Leser erhält daher gezieltes Know-how aus erster Hand. Die Zielsetzung umfaßt:

- Nutzen neuer Technologien und zukunftsweisende Strategien
- Kostenreduktion und Ausbau von Marktpotentialen
- Verbesserung der Wertschöpfungskette im Unternehmen
- Praxisorientierte und präzise Entscheidungsgrundlagen für das Management
- Kompetente Projektbegleitung und DV-Beratung
- Zeit- und kostenintensive Schulungen verzichtbar werden lassen

Die Bücher sind praktische Wegweiser von Profis für Profis. Für diejenigen, die heute in die Hand nehmen, was morgen bereits Vorteile bringen wird.

Der Herausgeber, Dr. Stephen Fedtke, ist Softwareentwickler, Berater und Fachbuchautor. Er gibt, ebenfalls im Verlag Vieweg, die Reihe „Zielorientiertes Software-Development" heraus, in der bereits zahlreiche Titel mit Erfolg publiziert wurden.

Bisher sind erschienen:

Client/Server-Architektur
von Klaus D. Niemann

DV-Revision
Ordnungsmäßigkeit, Sicherheit und Wirtschaftlichkeit von DV-Systemen
von Jürgen de Haas und Sixta Zerlauth

Chipkarten-Systeme erfolgreich realisieren
Das umfassende, aktuelle Handbuch
von Monika Klieber

Telearbeit erfolgreich realisieren
Das umfassende, aktuelle Handbuch
von Norbert Kordey und Werner B. Korte

QM-Optimizing in der Softwareentwicklung
QM-Handbuch gemäß DIN EN ISO 9001 und Leitfaden für best practices
im Unternehmen
von Dieter Burgartz und Thomas Blum

Unternehmensinformation mit SAP®-EIS
Aufbau eines Data Warehouse und einer inSight®-Anwendung
von Bernd-Ulrich Kaiser

Unternehmensweites Datenmanagement
von Klaus Schwinn, Rolf Dippold, André Ringgenberg
und Walter Schnider

Call Center – Mittelpunkt der Kundenkommunikation
von Bodo Böse und Erhard Flieger

Business E-volution
von Hans Jochen Koop, K. Konrad Jäckel und Erhardt F. Heinold

Vieweg

Hans Jochen Koop
K. Konrad Jäckel
Erhardt F. Heinold

Business E-volution

Das E-Business-Handbuch
Organisation – Marketing – Finanzen –
Projekt-Management

Die Deutsche Bibliothek – CIP-Einheitsaufnahme
Ein Titeldatensatz für diese Publikation ist bei
Der Deutschen Bibliothek erhältlich.

1. Auflage Dezember 2000

Alle Rechte vorbehalten
© Friedr. Vieweg & Sohn Verlagsgesellschaft mbH, Braunschweig/Wiesbaden, 2000
Softcover reprint of the hardcover 1st edition 2000

Der Verlag Vieweg ist ein Unternehmen der Fachverlagsgruppe BertelsmannSpringer.

Das Werk einschließlich aller seiner Teile ist urheberrechtlich geschützt. Jede Verwertung außerhalb der engen Grenzen des Urheberrechtsgesetzes ist ohne Zustimmung des Verlags unzulässig und strafbar. Das gilt insbesondere für Vervielfältigungen, Übersetzungen, Mikroverfilmungen und die Einspeicherung und Verarbeitung in elektronischen Systemen.

www.vieweg.de

Die Wiedergabe von Gebrauchsnamen, Handelsnamen, Warenbezeichnungen usw. in diesem Werk berechtigt auch ohne besondere Kennzeichnung nicht zu der Annahme, dass solche Namen im Sinne der Warenzeichen- und Markenschutz-Gesetzgebung als frei zu betrachten wären und daher von jedermann benutzt werden dürften.

Höchste inhaltliche und technische Qualität unserer Produkte ist unser Ziel. Bei der Produktion und Auslieferung unserer Bücher wollen wir die Umwelt schonen: Dieses Buch ist auf säurefreiem und chlorfrei gebleichtem Papier gedruckt. Die Einschweißfolie besteht aus Polyäthylen und damit aus organischen Grundstoffen, die weder bei der Herstellung noch bei der Verbrennung Schadstoffe freisetzen.

Konzeption und Layout des Umschlags: Ulrike Weigel, www.CorporateDesignGroup.de

ISBN-13: 978-3-322-86557-1   e-ISBN-13: 978-3-322-86556-4
DOI: 10.1007/978-3-322-86556-4

Vorsprung durch E-Business.

Dieser Vorsprung ist letztlich das Ziel aller Unternehmen, wenn es darum geht Online-Technologien zu nutzen. Doch wie weit Anspruch und Realität häufig auseinanderliegen, haben zahllose Internetauftritte und E-Business-Projekte auch namhafter Unternehmen in der Vergangenheit immer wieder belegt. Dabei reicht die Palette der Fehltritte von Webauftritten, die blind an der Zielgruppe vorbei konzipiert wurden, bis zur vollständig fehlenden Integration der E-Business-Aktivitäten in den gesamten Rest des Unternehmens.

Die Ursachen hierfür sind fast immer die gleichen: Unsicherheit und fehlendes Know-how im Unternehmen. Das führt in der Regel zu zwei bevorzugten Strategien im Umgang mit der Devise „Wir brauchen E-Business - und zwar schnell.": Das Projekt wird entweder an die EDV-Abteilung delegiert, die dann zusehen kann, wie sie mit der Aufgabenstellung zurecht kommt, oder es wird auf die Schnelle eine Web-Agentur oder ein anderer Dienstleister beauftragt, der zwar umfassendes Know-how zum Thema Internet, aber so gut wie überhaupt keines zum Unternehmen besitzt.

E-Business bedeutet für ein Unternehmen Kommunikation, Marketing, Werbung, Vertrieb, Beschaffung, Personalmarketing etc. über Online-Medien. Die Internet- und Intranet-Aktivitäten betreffen im Grunde alle Unternehmensbereiche. Dabei sind die meisten Aspekte eng miteinander verflochten und können nicht isoliert voneinander betrachtet werden. E-Business ist deshalb eine Herausforderung für das gesamte Unternehmen, das Top-Management, die Führungskräfte und die Mitarbeiter aller Bereiche. Wegen des ungeheuren Potenzials und der gleichzeitigen Komplexität muss dieses Thema entsprechend zielgerichtet gemanagt werden.

Die Realität sieht leider momentan häufig anders aus. Viele deutsche Manager sind nach wie vor Internet-Laien. Und die Bedeutung des Internets für die zukünftige Unternehmensentwicklung spiegelt sich vielfach nicht einmal annähernd in angemessenen Management-Aktivitäten wider. Die Koordination der Internet-Aktivitäten über Bereiche hinweg, die Gewinnung entsprechender Management-Ressourcen, der richtige Einsatz der zugrunde-liegenden Technologie und die Bereitstellung von ausreichenden Investitionen zählen dabei zu den schwierigsten Aufgaben.

Die mit E-Business befassten Mitarbeiter in den Unternehmen müssen daher zukünftig eine aktive und einflussreiche Rolle spielen, neue Geschäftschancen frühzeitig erkennen, nutzen und ihr Technologie-Verständnis in ein enges Verhältnis mit den Marketing- und Vertriebsbereichen einbringen.

Dieses Buch soll dazu beitragen, dieser wichtigen Aufgabenstellung gerecht zu werden. Es soll für Manager, IT-Verantwortliche und Praktiker gleichermaßen die wesentlichen Aspekte einer erfolgreichen, nachhaltigen und zukunftsorientierten Integration des E-Business in das Unternehmen darstellen. Gleichzeitig soll es aber auch Lust auf das neue Medium Internet machen, indem es die Vielzahl von Möglichkeiten aufzeigt, die sich hier für engagierte Unternehmen bieten. Dazu gehört auch der Online-Service zum Buch unter **http://www.business-e-volution.de**.

Die Literatur zu den Themen E-Business, E-Commerce und Internet erfährt derzeit einen gewaltigen Boom. Doch viele Entscheider und Führungskräfte haben nicht die Zeit, sich durch 800-seitige Bände zu quälen. Und in den meisten weniger umfangreichen Werken bleibt die Integration in das Unternehmen aufgrund der Euphorie über das neue Medium häufig nur eine Fußnote.

Im Rahmen des vorliegenden Bandes finden sich nicht nur mögliche und sinnvolle Business-Modelle für das E-Business, der Leser wird auch durch alle wesentlichen Bereiche geführt, die für eine erfolgreiche Umsetzung von E-Business-Strategien von Bedeutung sind. Dabei wird auf organisatorische Aspekte ebenso eingegangen, wie auf die Bereiche Marketing, Finanzierung und Controlling. Ein wichtiges Augenmerk liegt auch auf dem effizienten Management von E-Business-Projekten, das eine wesentliche Grundlage für die Integration darstellt.

Dabei werden nicht nur Chancen und Möglichkeiten aufgezeigt, sondern ebenso detailliert die damit verbundenen Herausforderungen und Problemstellungen für das Unternehmen betrachtet. In enger Anlehnung an die Praxis und die tatsächlichen Gegebenheiten soll dieses Buch dazu beitragen, aus der Investition ins E-Business sowohl eine sichere Investition in die Zukunft des Unternehmens als auch eine Investition in die Sicherung des Unternehmens zu machen.

Das Buch ist trotz der räumlichen Trennung der Autoren in echtem Teamwork entstanden - mit Hilfe von E-Business. Jedoch hatten die einzelnen Autoren bestimmte Schwerpunkte. Für den Bereich Business-Modelle zeichnet insbesondere Ehrhardt F. Heinold verantwortlich. Mit den organisatorischen Aspekten hat sich vor allem K. Konrad Jäckel befasst. Hans Jochen Koop hat sich um die Teile Projekt-Management und Finanzen gekümmert. Beim Teil Marketing haben wir uns alle „verewigt".

Dieses Buch wäre sicher nicht zustande gekommen, wenn eine ganze Anzahl Menschen nicht in unterschiedlichster Form ihren Beitrag dazu geleistet hätten.

Besonderer Dank gebührt unseren Kollegen Anja L. van Offern, Ulrich Spiller und Hermann Rapp, die uns durch fundierte und kritische Ideen und Fragen immer wieder ein Stück weiter gebracht haben. Ebenso haben Sie uns aber während der Zeit, in der wir am Schreibtisch gebrütet haben, den Rücken frei gehalten, sonst wäre dieses Buch wahrscheinlich niemals fertig geworden.

Aber auch so viele Andere - Kollegen, Freunde und Kunden - werden sich vielleicht an der einen oder anderen Stelle wieder finden. Ihnen allen sei „Danke" gesagt für ihre Anregungen, ihr Feedback und ihr Wohlwollen, das sie uns und unserem „Projekt" immer entgegen gebracht haben.

Dank gebührt auch den lieben Menschen in unserem Umfeld, die geduldig die Launen der Schreiberlinge ertragen haben, ohne dabei zu verzweifeln, uns immer wieder aufgemuntert und aufgepäppelt haben und - immer für frischen Kaffee sorgten.

Zum Abschluss ein herzlicher Dank den Menschen, ohne die dieses Buch gar nicht möglich geworden wäre, den Mitarbeitern des Verlags, allen voran Herrn Dr. Klockenbusch. Ihr Engagement, ihr Vertrauen und ihre Geduld haben letztlich dazu geführt, dass Sie heute dieses Buch in Händen halten.

Vertrauen, Wohlwollen und Unterstützung wünschen wir auch Ihnen - auf Ihrem Weg zum E-Business in Ihrem Unternehmen.

Viel Erfolg bei der E-volution Ihres Unternehmens.

Mannheim/Hamburg, im November 2000

Hans Jochen Koop, K. Konrad Jäckel, Ehrhardt F. Heinold

Inhaltsverzeichnis

3 Marketing 125

5

Finanzierung und Controlling 243

1 Business-Modelle

E-Business entwickelt sich zur Grundlage jeder modernen Unternehmensstrategie. Das folgende Kapitel zeigt, welche Auswirkungen die Integration von E-Business-Elementen auf die Unternehmenspraxis hat.

| 1.0 | **Einführung** |

E-Business ist dabei, viele Bereiche der Wirtschaft grundlegend zu verändern. E-Business-Modelle basieren auf dem Einsatz neuer elektronischer Medien in Kommunikations- und Geschäftsprozessen von Organisationen.

Mit zunehmender Geschwindigkeit entsteht dabei ein neues - elektronisches - Geschäftsmodell, das die Art und Weise, wie Unternehmen sich organisieren und am Markt auftreten, grundlegend verändert.

Die Vielfalt, in der E-Business-Modelle bereits heute in die Praxis umgesetzt werden, zeigt, welche enormen Möglichkeiten und Potenziale sich hinter dem Einsatz elektronischer Medien verbergen.

Um für das eigene Unternehmen die richtige E-Business-Strategie zu entwickeln, ist die Kenntnis der grundlegenden Modelle und der mit ihnen verbundenen spezifischen Merkmale eine unabdingbare Voraussetzung.

| 1.1 | **E-Business: Von der Idee zur Zieldefinition** |

Es gibt zahlreiche Ansätze für die Implementierung von E-Business-Elementen. Bevor eine E-Business-Strategie festgelegt wird, sollte zunächst geprüft werden, welche der vorhandenen Möglichkeiten für das jeweilige Unternehmen in Frage kommen. Aus den verschiedenen Optionen wird schließlich eine E-Business-Zieldefinition entwickelt, aus der hervorgeht, welche unternehmerischen Gesamtziele durch E-Business-Ansätze unterstützt werden können.

| 1.1.1 | **E-Business und Internet** |

Durch die Internettechnologie ist E-Business möglich geworden. Und dies vor allem durch die Entwicklung des World Wide Web (WWW) zu einem universellen Medium, das eine Integration aller bisher bestehenden medialen Kommunikations- und Interaktionsmöglichkeiten bietet. Nur so lässt sich auch die rasante Entwicklung erklären, die das WWW seit seiner „Erfindung" Anfang der 90er Jahre durchlaufen hat.

Das WWW als zentraler Baustein für E-Business bietet vier Kernfunktionen:

Information	Interaktion
Transport von Informationen in allen Formaten (Text, Grafik, Bild, Ton)	Das WWW als Zweiwegemedium ermöglicht es den Usern, sich nach eigener Interessenlage durch Websites zu bewegen.
Kommunikation	**Transaktion**
User können mit dem Anbieter einer Website, aber auch mit anderen Usern kommunizieren.	Das Internet ermöglicht die Durchführung von Transaktionen, die auf Informationen basieren. Dieser „E-Commerce" ermöglicht nicht nur die Abwicklung von einfachen Bestellvorgängen, sondern auch von komplexen Kundentransaktionen wie Preisfindungsaktionen (Auktionen, Bietergemeinschaften) oder die individuelle Konfiguration von Produkten (Product-Customization).

Abbildung 1: Kernfunktionen des World Wide Web

Diese Integration macht das Internet zu einem universellen Medium. Es kann sämtliche Funktionen der Medien und Telekommunikationsmittel abbilden. Möglich geworden ist dies durch die weltweite Standardisierung und Normierung der technischen Grundlagen, vor allem der Übertragungsprotokolle und der Datenformate. Die Standardisierung ermöglicht es, dass nicht nur Computer, sondern prinzipiell alle technischen Geräte via WWW vernetzt werden können. Um nur ein Beispiel zu nennen: Die Entwicklung im Handy-Bereich zeigt, wie schnell auf Grundlage des WWW neue Datenübertragungsformate (WAP) entwickelt und in die Praxis umgesetzt werden können.

Das WWW revolutioniert nicht nur die Art der Kommunikation zwischen Menschen und Institutionen, sondern sorgt für eine Neudefinition und Reorganisation von Geschäftsprozessen. Dieser Wandlungsprozess wird durch den Begriff E-Business umschrieben. Denn zusätzlich zu den oben genannten Funktionen des WWW kommen hinzu:

- **Kundenbindung** durch Personalisierung: Durch E-Commerce können Kunden intensiver und genauer angesprochen werden. Per WWW generierte Kundendatenbanken ermöglichen One-to-One-Marketing. So ist es möglich, bei jedem Kundenkontakt Kundendaten zu sammeln. Damit kann dann durch Customer Relationship Management (CRM) eine umfassende Ausrichtung der geschäftlichen Aktivitäten an Kundenbedürfnissen erreicht werden.

- **Geschäftsprozess-Optimierung**: Ob Lieferanten per Datenaustausch eingebunden werden, internes Datenmanagement per Intranet erfolgt oder eingehende Bestellungen automatisch abgewickelt werden - das WWW macht Geschäftsprozesse transparent und damit automatisierbar.

- **Markt- und Preistransparenz**: Die weltweite Verfügbarkeit von Informationen in einem Medium ermöglicht Preis-Leistungsvergleiche in einer bisher nicht für möglich gehaltenen Geschwindigkeit und Qualität. Firmen profitieren davon, wenn sie dies für ihre Einkaufspolitik nutzen. Gleichzeitig sind sie aber über ihre Kunden dem neuen Marktdruck ausgesetzt. Besonders große Einkaufsportale, wie sie z. B. in der Autoindustrie entstehen, werden für alle Lieferanten noch größeren Preisdruck erzeugen.

Um die Potenziale des Internets zu nutzen, müssen Unternehmen ihre bestehenden Wertschöpfungsketten überarbeiten, diese teilweise sogar völlig neu definieren. In diesem Sinne verstehen wir unter E-Business die Integration aller Unternehmensprozesse mit Hilfe der Internettechnologie.

1.1.2   E-Business im Rahmen der Unternehmensstrategie

E-Business kann nur erfolgreich sein, wenn es in die bestehende und zukünftige Unternehmensstrategie integriert wird. Diese Voraussetzung muss bereits in der Konzeptionsphase beachtet werden.

Märkte wandeln sich heute so schnell, dass jedes Unternehmen zu einer permanenten Überprüfung der Ziel- und Strategiedefinition gezwungen ist.

Unabhängig von Branchen und Märkten müssen Unternehmen auf folgende Entwicklungen Antworten finden:

- **Hybride Verbraucher**: Kunden werden immer anspruchsvoller und unberechenbarer. Der „hybride Verbraucher" ist längst Wirklichkeit, nicht nur im Bereich Business-to-Consumer (B2C), sondern auch im Business-to-Business (B2B). Hybride Verbraucher sind schwer berechenbar, weil sie ihre Einkaufsentscheidungen nicht mehr nach einheitlichen Kriterien fällen. Bei manchen Produkten und Dienstleistungen steht der Preis im Vordergrund (Aldi), bei anderen Marke und Exklusivität (Boutiquen).

- **Abnehmende Markentreue**: Die „Marke" behält zwar ihre Attraktivität, allerdings nimmt die Markentreue der Kunden ab. Produkte werden immer austauschbarer. Wer nicht über den Preis konkurrieren will, muss seine Leistungen mit zusätzlichen Kundenbindungsprogrammen versehen (wie z. B. Service).

- **Marktveränderungen**: Die Geschwindigkeit von Entwicklungen hat sich dramatisch beschleunigt. Nicht nur Kundenpräferenzen ändern sich schneller, sondern auch die technischen Rahmenbedingungen und sonstigen Voraussetzungen. Unternehmen müssen heute schnell und professionell auf neue Entwicklungen reagieren können. Sie brauchen ein Frühwarnsystem, das ihnen hilft, Marktveränderungen rechtzeitig zu erkennen und einzuschätzen.

- **Globalisierung**: Märkte werden international, die „Globalisierung" ist längst kein Schlagwort mehr. Währungs- und Sprachgrenzen fallen, Unternehmen streben nach internationaler Verankerung.

- **Wettbewerb um Arbeitskräfte**: Unternehmen sind so gut wie ihre Mitarbeiter. Trotz noch immer hoher Arbeitslosenzahlen wird das Recruitment junger und gut ausgebildeter Mitarbeiter immer wichtiger, ebenso wie die Bindung von Mitarbeitern an das Unternehmen. Auf dem Personalmarkt verschärft sich der Wettbewerb. Neben den harten Faktoren (wie Sozialleistungen, Beteiligungs- und Gratifikationsmodellen, Weiterbildung) werden vor allem weiche Faktoren immer wichtiger (Unternehmenskultur, Image).

- **Prozess-Optimierung**: Verschärfter Wettbewerb lässt die Unternehmen nach internen Rationalisierungs- und Optimierungspotenzialen suchen. Das seit Jahren praktizierte Business Reengineering erhält eine neue Dynamik und findet zudem auch in Bereichen und Branchen Anwendung, die nicht den Mustern einer industriellen Produktion entsprechen (z. B. in der Verlags- und Medienbranche).

Vor allem muss bedacht werden, dass E-Business ein Teil der Unternehmensstrategie ist. Vielfach wird die Nutzung der Internettechnologie mit der Erstellung einer Website gleichgesetzt. „Virtuelle" Firmenprospekte bevölkern das WWW, und viele Unternehmensleitungen sind zufrieden, wenn sie wenigstens einige ihrer Produkte und Dienstleistungen auf dem Bildschirm abgebildet sehen. Doch E-Business bietet mehr Möglichkeiten. Deshalb sollten Unternehmen es zu einem der zentralen Bestandteile ihrer Ziel- und Strategiedefinition machen.

Nahezu alle Unternehmensziele können mit Hilfe von E-Business besser erreicht werden.

- Marktposition in einem definierten Segment verbessern
- Marktführerschaft in einem definierten Segment verteidigen
- Umsatz pro Kunde erhöhen
- Kunden länger binden
- Kosten für die Kundengewinnung senken
- Innovationsführerschaft übernehmen
- Service-Leistungen verbessern
- Imagegewinn bzw. -wandel
- Kostenoptimierung
- Kostensenkung in der Abwicklung von Kundenbestellungen.

All diese Unternehmensziele können durch professionelles E-Business unterstützt werden. Die umfassenden Möglichkeiten der Internettechnologie ermöglichen u. a. eine engere Vernetzung mit Kunden und Lieferanten, eine schnellere Marktbeobachtung und einen deutlich erhöhten Service.

Die folgende Tabelle zeigt an einigen Beispielen, wie E-Business unternehmerische Zielvorgaben unterstützen kann:

Ziel	Konventionelle Strategie	Zusätzliche E-Business-Strategie
Service verbessern	• Optimale Kundeninformation per Katalog, Prospekt etc. • Telefonische Erreichbarkeit/Call-Center • Rückgabe- und Umtauschrechte	⇒ Informationen per Website ⇒ Virtueller Kundenbetreuer, der Anfragen beantwortet
Kundenbindung verbessern	• Stammkundenprogramme • Kundenkarten • Clubkonzepte	⇒ Vom Kunden gewünschte Informationen per E-Mail ⇒ Individuelle Informationen auf der Website („MyFirma") ⇒ Bonusprogramme nach dem „Webmiles"-Modell ⇒ Preisvorteile durch Auktionen oder Co-Shopping-Angebote ⇒ Einrichtung von Kundenforen
Imagegewinn bzw. -wandel	• Produkt-Relaunch • Neues Corporate Design • Werbekampagne in klassischen Medien • Events/Sponsoring	⇒ Website als Imageinstrument ⇒ Internet-Sponsoring ⇒ Internet-Events (z. B. Lifeübertragung eines Musikevents)
Kosten für die Kundengewinnung senken	• Effektivere Direktmarketing-Aktionen • Optimierung der Kunden-Database spart Direktmarketingkosten, erhöht Responsequoten	⇒ Adressgenerierung per Internet durch Response, Registrierung ⇒ E-Mail-Marketing ⇒ Banner-Marketing

Ziel	Konventionelle Strategie	Zusätzliche E-Business-Strategie
Kostensenkung in der Produktion	• Prozess-Optimierung • Bessere Einkaufskonditionen	⇒ Informationsmanagement per Intranet ⇒ Prozess- und Workflow-Optimierung durch Intranet ⇒ Bessere Einkaufskonditionen durch Auftragsbündelung (Einkaufsportal evtl. mit anderen Unternehmen)
Kostensenkung in der Abwicklung von Kundenbestellungen	• Prozess-Optimierung • Weitgehende Automatisierung	⇒ Bestellungen automatisch abwickeln ⇒ Integration aller Prozesse bis zur Auslieferung

Tabelle 1: Unternehmensziele und E-Business

Für Unternehmen ist es von Vorteil, wenn möglichst viele Geschäftsprozesse über das Internet abgewickelt werden. So sparen beispielsweise Firmen in der Computerindustrie hohe Summen dadurch ein, dass sie ihre Kunden weitgehend via Website betreuen. Jede Bestellung, jede Auskunft, die der Kunde auf der Website abwickelt, kann für das Unternehmen Einsparungen bringen. Auch die Kunden profitieren: Sie können zu jeder Tageszeit mit dem Unternehmen in Kontakt treten, werden automatisch über die Abwicklung ihrer Bestellung informiert.

1.1.3 Bausteine für die Entwicklung einer E-Business-Strategie

Eine E-Business-Strategie besteht aus verschiedenen Bausteinen, die erst gemeinsam ein schlüssiges Konzept ergeben. Die folgende Übersicht nennt die wichtigsten Faktoren.

1.1.3.1 Analyse der Markt- und Kundenpotenziale

Am Beginn einer Ziel- und Strategieentwicklung sollte eine gründliche Marktanalyse stehen. Vor allem die Bedürfnisse der Kunden müssen eingehend untersucht werden. Zunächst gilt es zu unterscheiden, in welchen Segmenten das Unternehmen tätig ist:

Segment	Zielgruppe
Business-to-Business (B2B)	Die Zielgruppe besteht aus beruflichen Nutzern (Firmen, Freiberufler etc.).
Business-to-Consumer (B2C)	Die Zielgruppe besteht aus Verbrauchern.
Consumer-to-Consumer (C2C)	Bei diesen Websites kommunizieren Verbraucher mit Verbrauchern.

Tabelle 2: Marktsegmente im Web

Die größten Wachstumschancen werden zur Zeit den B2B-Websites eingeräumt, weil Unternehmen die Potenziale des E-Business erkannt haben. Im Licht der Öffentlichkeit stehen dagegen eher die B2C-Anwendungen, von denen hier nur der Online-Buchhändler Amazon erwähnt sein soll. C2C-Websites sind sehr interessante Modelle, weil hier der ursprüngliche Community-Gedanke des Internets konsequent angewandt wird.

Für die Analyse der Marktpotenziale müssen folgende Fragen geklärt werden:

- Wie groß ist der E-Commerce-Umsatz in dem Marktsegment? Welche Entwicklung gibt es?

- Wie stehen die Kunden zum Internet und zu E-Commerce? Wie viele haben Zugang zu einem PC (privat und beruflich)?

- Wie ist die Altersstruktur der Kunden?

- Gibt es Kundenpotenziale, die sich speziell durch das Internet erschließen lassen (z. B. junge Zielgruppen, kaufkräftige Zielgruppen, internationaler Markt)?

- Wie läuft der Entscheidungsprozess beim Kunden, der zum Kauf eines Produktes bzw. einer Dienstleistung führt? Welche Informationen benötigt er?

- Sind Produkte und Dienstleistungen „versandhandelsfähig", d. h. werden sie tatsächlich per (E-)Mailorder bestellt? Für viele Produkte gilt dies nur sehr eingeschränkt, hier braucht der Kunde zusätzliche persönliche Beratung (z. B. bei komplexen EDV-Anlagen) oder will Produkte ausprobieren (z. B. Kleidung, Autos). Sollten die Produkte nicht oder nur zu einem kleinem Teil per E-Commerce verkaufbar sein, so kann die Website dennoch eine sehr wichtige Funktion erfüllen: Sie bereitet die Kaufentscheidung vor, sie liefert nach dem Kauf ergänzende Informationen, kann zur Kundenbindung beitragen.

- Wohin wird sich der Markt entwickeln? Werden die heutigen Produkte und Dienstleistungen so bleiben, oder ergeben sich zukünftig Veränderungen?
- Wie nehmen die Kunden das Unternehmen und seine Angebote wahr? Sind Neupositionierungen erforderlich (Markenverjüngung, Innovationsfreude etc.)?

Diese Analyse kann als Primär- oder Sekundärerhebung durchgeführt werden.

Sekundärerhebung	Primärerhebung
Mittlerweile existieren eine Reihe von Daten über Internet-User, die vor allem von den großen Marktforschungsunternehmen aufbereitet werden. Sehr gute Informationsquellen sind auch die Anzeigen- und Werbeabteilungen von Medien, die für ihre Werbekunden professionell aufbereitete Daten bereit halten.	Sie sind immer dann sinnvoll, wenn das vorhandene Datenmaterial nicht aussagekräftig genug ist. Hier gibt es unterschiedliche Methoden, und nicht immer ist die Beauftragung eines speziellen Marktforschungsinstitutes notwendig. Gerade in klar definierten B2B-Märkten können selbst durchgeführte Befragungen zu guten Ergebnissen führen. Einige der gebräuchlichsten Methoden sind: ☐ Gruppendiskussion mit potenziellen oder bestehenden Kundengruppen ☐ Telefonbefragung ☐ Schriftliche Befragung ☐ Experteninterviews (z. B. Befragung des eigenen Außendienstes)

Tabelle 3: Erhebungsarten

Abschließend werden alle Daten und Einschätzungen in einer Marktanalyse zusammengefasst. Diese dient als Ausgangspunkt für die weitere Strategieentwicklung.

1.1.3.2   **Wettbewerbsanalyse und Benchmarking**

Nach der Markt- sollte eine Wettbewerbsanalyse durchgeführt werden. Besonders das „Benchmarking" mit den Branchenbesten ermöglicht eine realistische Einschätzung der eigenen Position. Dieser Vergleich beinhaltet nicht nur die genaue Analyse der Websites, sondern vor allem auch die Integration des E-Business bei den Wettbewerbern.

Relativ schnell und aussagekräftig kann eine Websiteanalyse erstellt werden. Dabei werden die Internetangebote anhand eines Fragenkataloges untersucht. Die zentralen Fragestellungen sind:

- Welche Websites betreibt der Wettbewerber? Gibt es nur eine für das gesamte Unternehmen oder haben einzelne Produktgruppen und Segmente eine eigene Website?

- Welche Inhalte („Contents") bietet die Website?

- Wie werden Produkte und Dienstleistungen dargestellt?

- Welche Möglichkeiten der Kontaktaufnahme mit dem Unternehmen werden per Website geboten? Werden Mitarbeiter mit E-Mail und Zuständigkeit genannt? Gibt es Anfrageformulare?

- Kann der User sich per E-Mail über neue Produkte informieren lassen?

- Wird E-Commerce angeboten, kann direkt bestellt werden? Wird ein Warenkorbsystem verwendet? Wie funktioniert der Bestellvorgang?

- Kann der User sich registrieren lassen?

- Wie ist die „Usability", also die Benutzerführung und das Screendesign? Ist die Website intuitiv bedienbar, findet der User schnell und ohne Vorkenntnisse die gesuchten Inhalte?

- Ist die Website schon ein oder mehrere Male überarbeitet worden?

Schwieriger ist ein Benchmarking in Bezug auf E-Business-Integration. Hier können Informationen entweder nur direkt von den jeweiligen Unternehmen oder aus anderen Quellen bezogen werden (z. B. Lieferanten, Dienstleister, Branchenexperten, Unternehmensberater). Manchmal hilft auch die entsprechende Fachpresse weiter.

Es kann auch sinnvoll sein, für das Benchmarking Unternehmen aus anderen Branchen heranzuziehen, weil diese:

- die gleichen Zielgruppen ansprechen
- ähnliche interne Geschäftsprozesse haben
- besonders innovative E-Business-Ansätze realisieren.

Insgesamt entsteht durch die Wettbewerbsanalyse Klarheit, an welcher Stelle das eigene Unternehmen steht und wie der Innovationsgrad der eigenen E-Business-Strategie eingeschätzt wird bzw. angesetzt werden soll.

1.1.3.3   Analyse der Unternehmenspotenziale

Grundlage für die E-Business-Strategie sind neben den äußeren (Markt, Wettbewerb) vor allem interne Faktoren. Viele Internet-Projekte sind nicht an der Konzeption, sondern an der Umsetzung gescheitert oder in der Entwicklung stark behindert worden. Deshalb ist es ratsam, sich bereits in der Strategiefindungsphase Klarheit über die Potenziale des Unternehmens in den folgenden vier Bereichen zu verschaffen.

Unternehmensstruktur und Mitarbeiterpotenzial: Zunächst sollte eine Bestandsaufnahme der Unternehmensstruktur im Hinblick auf E-Business erstellt werden. Da jeder Bereich betroffen ist, muss für jede Abteilung eine Einschätzung über die E-Business-Fähigkeiten durchgeführt werden.

Zum Themenbereich Internet und E-Business sollten folgende Fragen beantwortet werden:

- Welches Know-how ist vorhanden?
- Welche konkreten Erfahrungen wurden bisher gemacht?
- Wie weit sind die Prozesse und Geschäftsabläufe schon analysiert und/oder standardisiert?
- Wie weit werden Prozesse und Geschäftsabläufe schon per EDV abgebildet bzw. abgewickelt?
- Sind Widerstände gegen eine eventuell notwendige Neustrukturierung zu befürchten?
- Sind die betroffenen Abteilungen potenziell in der Lage, auf Aktualitätsanforderungen (z. B. Bestellbearbeitung) oder Customization-Produkte (individuell vom Kunden konfigurierte Produkte) zu reagieren? Wie groß wird der Anpassungsaufwand sein?
- Kann ein E-Commerce-Angebot gestartet werden, auch ohne dass die dahinter stehenden Prozesse schon installiert sind?

Die Antworten sollten in keinem Fall dazu dienen, die Einführung von E-Business grundsätzlich zu verhindern. Sie geben vielmehr Hinweise darauf:

- Wie hoch kann der Aufwand für die Einführung geschätzt werden?

- In welcher Reihenfolge muss das E-Business-Projekt angelegt werden?

Alle Abteilungen sollten sich in dieser Phase einer kritischen Eigenanalyse unterziehen. Fehlt ihnen dazu Know-how, müssen sie durch interne oder externe Berater und Prozessbegleiter dabei unterstützt werden.

Workflow- und Geschäftsprozesse: Die Analyse der bestehenden Geschäftsprozesse ist eine unerlässliche Voraussetzung für die Frage, wie E-Business für ein Unternehmen sinnvoll eingesetzt werden kann. E-Business besteht im wesentlichen aus einer Neuorganisation oder Neudefinition von Prozessen auf Basis der Internettechnologie. Der große Vorteil dieser Technologie liegt in der Standardisierung von Datenübertragungsprotokollen und Dateiformaten. Diese international gültigen Industriestandards geben verlässliche Vorgaben für alle Unternehmen.

Für die Geschäftsprozess-Analyse sollten zunächst die Informations- und Datenströme unter folgenden Fragestellungen betrachtet werden:

- Wie ist das Daten, Informations- und Workflow-Management organisiert?
  - o Kundendaten
  - o Produktdaten
  - o Produktionsdaten
  - o Marketing- und Vertriebsdaten
  - o Geschäftsverkehr (Korrespondenz, Verträge, Konzepte etc.)
  - o Dokumentation und Transfer von Know-how (Wissensmanagement).
- Wie ist der Zugriff auf diese Informationen (Retrievalsysteme)?
- Wie ist die Informationsweitergabe organisiert (Workflow)?

Ergebnis dieser Analyse sollten Erkenntnisse darüber sein, wie die bestehenden Geschäftsprozesse durch die Einführung von E-Business-Technologien optimiert werden können, und zwar im Hinblick auf:

- Vereinheitlichung des Datenmanagements
- Automatisierung von Prozessen
- Beschleunigung von Prozessen

Marketingpotenziale: Welchen Beitrag kann das E-Business für die Verbesserung des Marketings leisten? In der Analysephase sollten vor allem bisher ungenutzte Marketing-Potenziale im Mittelpunkt stehen, und zwar in Bezug auf

- Optimierung bestehender Marketingaktivitäten
- Einführung neuer Aktivitäten.

Ungenutzte Marketing-Potenziale finden sich auch im Bereich der Marktdurchdringung bzw. -erweiterung:

- **Altersstruktur**: Können jüngere Kunden angesprochen werden?
- **Regionale Verbreitung**: Das Internet ist unbegrenzt. Vielen Unternehmen ist durch einen Internetauftritt eine Ausweitung in nationale und internationale Bereiche gelungen.

Marketingaktivitäten, die durch das Internet verbessert werden können (vgl. Kapitel 3):

- Information über Produkte, Dienstleistungen und Services
- Direktansprache der Kunden durch E-Mail-Marketing
- Aufbau und Qualifizierung der Kunden-Database.

Angebotsanalyse: Der zentrale Faktor ist die Analyse der eigenen Marktleistung (Produkte und Dienstleistungen), die ein Unternehmen seinen Kunden bietet. Nicht jedes Produkt, nicht jede Dienstleistung profitiert in gleichem Maß vom E-Business.

Um die eigene Ausgangsposition zu bewerten, sollten die zwei folgenden Themenbereiche analysiert werden:

1. Welche Bedeutung wird E-Commerce haben?
   - Wie gut ist die Marktleistung im Internet darstellbar? Welcher Aufwand ist für anschauliche und verständliche Produktbeschreibungen notwendig?
   - Ist die Marktleistung per Internet verkaufbar, oder dient die Website vor allem zur Vorbereitung des Kaufes, der dann über den direkten Kundenkontakt abgewickelt wird?
   - Customization: Wie wichtig ist bzw. wird die Individualisierungsmöglichkeit für die Kunden sein?

o Ist die Marktleistung selbsterklärend (wie z. B. bestimmte Bücher), oder benötigt der Kunde Zusatzinformationen (wie z. B. bei einem Bausparvertrag)?

2. Können Geschäftsprozesse optimiert werden?

o Wie weit lassen sich die Produkte individualisieren?

o Wie weit lassen sich Produktionsprozesse digitalisieren und automatisieren?

o Wie weit lassen sich Bestellvorgänge und Teile der Kundenkommunikation automatisieren und in das E-Business integrieren?

1.2 Business-Modelle

E-Business sollte nie Selbstzweck, sondern immer in die Unternehmensstrategie eingebunden sein. Deshalb verfolgt jedes ernsthafte E-Business Geschäftsmodelle, die sich klar definieren lassen und sich direkt auf bestehende Unternehmensziele beziehen. Im folgenden werden die wichtigsten Business-Modelle dargestellt. Diese haben, wie der Name schon sagt, lediglich „Modellcharakter". Jedes Unternehmen muss seine eigenen Business-Modelle entwickeln.

1.2.1 E-Marketing

E-Marketing zählt von Anfang an zu den am häufigsten genutzten Geschäftsmodellen im Internet. Daran hat sich bis heute nicht viel geändert, auch wenn sich das Erscheinungsbild und die Einsatzgebiete des E-Marketing seither stark verändert haben.

1.2.1.1 Der virtuelle Showroom: Produktinformation über alles

Die ersten Internetsites, die nicht von Nonprofit-Organisationen (z. B. Universitäten) betrieben wurden, bestanden aus einer 1:1-Umsetzung von Firmenprospekten. Die nächste Website-Generation bot den Usern Produktinformationen, zumeist noch ohne Bestellmöglichkeit, also ohne E-Commerce. Das Internet wurde so zu einem virtuellen Kundeninformationssystem. Zahlreiche Befragungen zeigen, dass Produktinformationen von den Usern besonders geschätzt werden. Jede Website muss deshalb im Kern ein Marketing-Business-Modell verfolgen, bei der das bestehende Marketing durch umfassende Informationen über Produkte, Dienstleistungen und Kundenservice unterstützt wird. Die Praxis zeigt allerdings, das bei vielen hochtrabenden „E-Business-Plänen" diese Grundfunktion nicht sorgfältig genug realisiert wird. So kommt es zu Internetseiten, auf denen die User nur mühsam und mit vielen Clicks die gewünschten Informationen finden, oder auf denen sich veraltete Produktangaben finden.

1.2.1.2   One-to-One-Marketing

Das Internet ist auf der einen Seite ein Massenmedium, auf der anderen Seite eignet es sich auch hervorragend für die individuelle Ansprache von Usern. Das Zauberwort lautet „One-to-One-Marketing" und meint die Vision, den einzelnen User in seinen persönlichen Bedürfnissen zu (er)kennen und ihm ein auf sich zugeschnittenes Angebot zu bieten.

Voraussetzungen für One-to-One-Marketing sind:

- Erstellung von Kundenprofilen (Profiling) mit dem dazugehörigen Datenbanken-Management

- Erkennung der Website-User, entweder durch Anmeldung der User oder durch Cookies

- Aufbereitung des Website-Contents anhand der User-Profile (Targeting)

- Aktives Direktmarketing.

Marketingexperten gehen davon aus, dass sogar Unternehmen, die in Consumer-Märkten tätig sind, verstärkt in das One-to-One-Marketing einsteigen werden. Für den B2B-Bereich wird es dazu keine Alternative geben.

Die Potenziale des Internets sollten deshalb konsequent zum Aufbau einer User- und Kunden-Database genutzt werden. Diese Daten werden sich zu einem der wertvollsten Bestandteile eines jeden Unternehmens entwickeln; sie spielen schon heute bei der Bewertung von Internetunternehmen eine herausragende Rolle.

1.2.1.3   Unternehmensportal: Kunden durch Mehrwerte binden

Viele Unternehmen haben erkannt, dass Informationen über die eigenen Produkte nicht ausreichen, um eine hohe Kundenbindung zu generieren. Deshalb reichern sie ihre Webseiten mit zusätzlichen Inhalten an, die in der klassischen Kundeninformation nicht vorhanden sind. So wurde das Modell des „Unternehmensportals" entwickelt.

Solche Portale können zum einen zusätzliche Inhalte bieten, beispielsweise:

- Aktuelle Meldungen, z. B. News aus der betreffenden Branche oder Event-Übertragungen

- Spiele, Entertainment

- Einbindung von externen Suchmaschinen und Serviceangeboten (z. B. Bahnauskunft)

- Kooperation mit anderen Unternehmen im E-Commerce-Bereich (sog. Affiliate-Programme).

Zum anderen können diese Portale die Geschäftsabläufe für Kunden und Lieferanten vereinfachen, indem Prozesse auf das Web verlagert werden. Dies können sein:

- Bestellabwicklung

- Verwaltung von Kundenkonten

- Rechnungsabwicklung

- Service und Support.

Ein Unternehmensportal hat den Anspruch, den User umfassend und möglichst auch individuell zu informieren und zu betreuen. Die Kunden von morgen werden erwarten, dass sie per Internet nicht nur Standard-Informationen über Produkte abrufen können, sondern direkt in ihrer täglichen Arbeit unterstützt werden.

1.2.1.4　Extranet: Die Website zur Betreuung von Handelspartnern

Eine weitere Variante sind Extranets, bei denen es sich im Kern um geschlossene Internet-Benutzergruppen handelt. Dort erhalten User nur mit einem persönlichen Passwort Zutritt. Extranets können folgende Features bieten:

- Exklusive Informationen für Wiederverkäufer (Vorankündigungen von Produkten, Sonderaktionen etc.)

- Individuelle Informationen für den spezifischen Kunden (z. B. Umsatzkennziffern)

- Bereitstellung von Software, Formularen, Checklisten, Charts.

1.2.2　E-Commerce

E-Commerce war und ist das Hauptthema, mit dem der Internetboom in Verbindung gebracht wird. Die Bedeutung von E-Commerce nimmt ständig zu, wenn auch in etlichen Branchen die euphorischen Prognosen bisher nicht eingetroffen sind.

Es zeigt sich, dass nicht alle Produkte und Dienstleistungen per Versandgeschäft, und dazu zählt letztlich auch der E-Commerce, verkaufbar sind.

1.2.2.1   Der virtuelle Laden: Direktverkauf via Internet

Für viele Unternehmen ist die Frage, ob und in welcher Form sie in den E-Commerce einsteigen wollen, nicht leicht zu beantworten. Zunächst muss die Frage nach den bestehenden und zukünftigen Vertriebswegen geklärt werden. Grundsätzlich gibt es drei Modelle:

- Auf der Website werden keine Produkte verkauft, sondern es wird auf den Fachhandel oder die eigene Vertriebsorganisation verwiesen.

- Auf der Website können Produkte bestellt werden, die Abwicklung erfolgt über Händler oder Versandhändler.

- Auf der Website können Produkte direkt beim Unternehmen bestellt werden.

Der Einstieg in den Direktverkauf sollte genau überlegt werden, da das Fulfillment erhebliche Veränderungen der internen Organisation verlangt. Folgende Fragen müssen für diese Entscheidung beantwortet werden:

- Sind die Produkte und Dienstleistungen E-Commerce-tauglich?

- Sind die Kunden schon so weit, dass sie online bestellen wollen?

- Zwingt der Wettbewerb zum Handeln? Gibt es innovative Start-up-Firmen, die den E-Commerce erschließen?

- Muss Rücksicht auf Wiederverkäufer genommen werden? In welcher Form können diese eingebunden werden?

- Mit welchem Aufwand ist eine Integration von E-Commerce möglich, und zwar im Hinblick auf Geschäftsprozesse, Personal, Soft- und Hardware und die damit verbundenen finanziellen Mittel?

Grundsätzlich lässt sich sagen, dass im B2B-Bereich der Einstieg in den E-Commerce für immer mehr Unternehmen überlebensnotwendig sein wird. Im B2C-Bereich hängt dies von den Kunden und dem Wettbewerb ab.

1.2.2.2   Das Internet als Direktmarketing-Instrument

Auch wenn ein Unternehmen keinen Online-Direktverkauf betreibt, sollte es das Internet unbedingt als Direktmarketing-
Instrument nutzen. Die individuelle Ansprache von Kunden ist
mit der Internettechnologie leichter und besser möglich als mit
allen herkömmlichen Mitteln. Der Aufbau von konsequentem
E-Mail-Marketing erhöht nicht nur die Kundenbindung, sondern
kann auch erhebliche Kosten sparen. Zudem können durch den
genauen Zuschnitt der Informationen Responsequoten erhöht
werden; auch die Kunden sind zufriedener, wenn sie merken,
dass sich das Unternehmen an ihrem spezifischen Bedarf orientiert.

Eine Website sollte immer als Instrument für die Generierung
und Pflege von Kundendaten genutzt werden. In der Praxis hat
sich vielfach gezeigt, dass

- Kunden ihre Daten angeben, wenn sie davon einen eindeutigen Nutzen haben

- via Website generierte Interessentenadressen eine sehr hohe
  Qualität besitzen können.

Deshalb sollte Response generiert werden, wo immer möglich.
Allerdings müssen die Konsequenzen von vorn herein bedacht
werden, denn die zeitnahe Bearbeitung dieser Response ist eine
der wichtigsten Erfolgsfaktoren. Noch immer stellt dies bei vielen
Unternehmen einen der zentralen Engpässe dar.

Der Einstieg in das Online-Direktmarketing hat folgende Voraussetzungen:

- Generierung von Response (auf der eigenen Website, durch
  Online-Werbung, durch Print-Werbung etc.)

- Einrichtung und Aufbau von Kundendatenbanken, in denen
  die individuellen Kundendaten (Profile, Kontakte, Bestellverhalten etc.) gespeichert und gepflegt werden

- Integration der bestehenden Kunden- und Produktdatenbanken in die Internettechnologie (Vermeidung der Doppelpflege
  von Kundendaten)

- Know-how zur Nutzung dieser Daten für das Direktmarketing

- Genügend Kapazitäten für die Betreuung der Kundenanfra-
  gen, der Mailing-Rückläufe etc.

- Konsequentes Permission-Marketing: Die Kunden erhalten
  nur mit ihrer Einwilligung Informationen.

Das eigentliche Direktmarketing-Instrument ist die E-Mail. Sie kann kostengünstig und bei effektivem Database-Management weitgehend automatisiert erstellt und versandt werden.

1.2.2.3   Customization und Kunden als Co-Designer

Das Internet wird sich zu dem Medium entwickeln, das der Vision eines One-to-One-Marketing am nächsten kommen kann. Vorbild sind hier Websites, auf denen User sich mit der Option „My" individuell gestaltete Oberflächen einrichten können. Auch Firmen richten mittlerweile diese „My"-Option ein. So können Kunden sich die Informationen auf den Bildschirm holen, die sie benötigen.

Eine noch konsequentere Kundenorientierung beteiligt die Kunden an der Produktgestaltung. Das Schlagwort von den „Kunden als Co-Designern" ist auf vielen Tagungen und Seminaren verbreitet worden, doch in der Realität wird es nur selten eingelöst. Vorreiter waren Firmen wie Dell, die den Usern eine individuelle Konfiguration eines Computers anbietet. Hier ist entscheidend, in wie weit die Produkte eines Unternehmens individualisierbar sind und ob sich der Aufwand für die Erstellung solcher Produkte lohnt. Bei vielen Produkten, z. B. im Maschinenbau, wird die persönliche Beratung durch den Außendienst nicht überflüssig werden, aber das Internet kann auch hier dazu dienen, dass Interessenten sich vorab über die Möglichkeiten informieren können.

Am besten funktioniert das Co-Designing bei Produkten, die aus verschiedenen Standard-Komponenten zusammengesetzt sind (PC, Auto). Diese Produkte konnten und mussten auch ohne Internet individuell konfiguriert werden. Doch das Web macht diese Individualisierung für Kunden transparenter.

Co-Designing setzt leistungsfähiges Fulfillment voraus: Die bestellte Ware muss wirtschaftlich in kurzer Zeit erstellt und an den Kunden ausgeliefert werden. Je mehr Komponenten zur Auswahl stehen bzw. je weiter hier auf individuelle Kundenwünsche eingegangen wird, desto komplexer werden die Herstellungsabläufe. Selbst für Niedrigpreis-Produkte kann dies wirtschaftlich umgesetzt werden, wie die Buchbranche mit ihren „Books-on-Demand"-Projekten zeigt: Schon für 10-15 Euro kann ein Kunde sich per Internet aus einer Vorauswahl von Texten ein Buch individuell zusammenstellen.

1.2.2.4   Customer Relationship Management (CRM)

Das Ergebnis der gesamten Positionierungsmöglichkeiten sollte ein umfassendes Customer Relationship Management sein. Im Mittelpunkt steht dabei der Kunde mit seinen Bedürfnissen. Die Internettechnologie ermöglicht es, diese Bedürfnisse noch genauer kennen zu lernen.

Dieses funktioniert nur, wenn ein Unternehmen CRM als zentrales Ziel definiert und umsetzt. CRM bedeutet dabei mehr als nur das Generieren und Pflegen von Kundenadressen. Relationship steht für eine Kundenbeziehung, bei der das Unternehmen Kunden wie einen guten Freund behandelt: Es kennt seine Vorlieben, weiß aber auch, was er nicht will. Je mehr Spuren der Kunde hinterlässt, desto genauer kann er in seiner Individualität erfasst und angesprochen werden.

1.2.3   E-Communication

Nicht nur in den Bereichen Werbung und Vertrieb, sondern auch in der gesamten Unternehmenskommunikation kann E-Business erfolgreich eingesetzt werden. Die Bereitstellung von aktuellen Informationen via Website und E-Mail wird so zu einer Voraussetzung für den Unternehmenserfolg.

1.2.3.1   Kundenkommunikation via Internet

Neben dem E-Mail-Marketing ist die direkte Kommunikation mit Kunden und Interessenten eines der wichtigsten Instrumente, die das Internet bietet. Auf jeder Website sollten Responsemöglichkeiten per E-Mail angeboten werden. Dies kann zum einen durch die Angabe von Ansprechpartnern geschehen, zum anderen durch vorgefertigte Formulare, auf denen die User Anfragen formulieren können. Zu jedem Thema sollte ein zuständiger Ansprechpartner mit E-Mail-Adresse genannt werden.

Durch automatische Antwortroutinen („Auto Responder"), die zum Teil schon anhand von Stichwörtern individuell auf die Kundenanfrage eingehen können, sind Antwortzeiten erheblich zu verkürzen. So können Personalkapazitäten in den Bereichen Kundenbetreuung, Hotline und Call-Center eingespart werden.

1.2.3.2   Kundenmeinungen

Ein weiterer Schritt in Richtung Kundenkommunikation ist die Einrichtung von „Schwarzen Brettern", Gästebüchern oder auch Fachforen. Hier können User Meinungen und Kommentare veröffentlichen oder auch Erfahrungen diskutieren. Ganz offensiv ist das Zulassen von Produktbewertungen, wie es beispielsweise der Online-Medienhändler Amazon in Form von Buchrezensionen anbietet. Das moderne Unternehmen sollte keine Angst vor Kundenmeinungen haben, sondern im Gegenteil aktives Interesse zeigen, zu erfahren, wie Kunden über Produkte denken. Sicherlich wird niemand diese subjektiven Meinungsäußerungen von Kunden ungeprüft auf der Website veröffentlichen, alleine schon, um Missbrauch etwa durch Wettbewerber zu verhindern.

Kundenmeinungen können nicht nur das eigene Angebot betreffen, sondern auch allgemeine Themen des jeweiligen Gebietes. So kann eine Softwarefirma z. B. als „Frage der Woche" die User um ein Urteil zum Thema „Mietsoftware" bitten: „Glauben Sie, dass zukünftig immer mehr Unternehmen ihre Software von Application Service Providern mieten werden?" Nach Beantwortung durch den User erscheint das bisherige Abstimmungsergebnis. Solche Online-Umfragen können natürlich auch weit komplexer gestaltet werden, bis hin zu marktforschungsrelevanten Befragungen, wie sie das Hamburger Institut W3B seit Jahren mit großen Erfolg durchführt. Die eigene Website kann hervorragend als Marktforschungsinstrument verwendet werden. Neben direkten Befragungen kann eine Auswertung von Kundenmeinungen und eine Analyse der Diskussionsthemen in Foren sehr interessante Erkenntnisse liefern.

Wer Gästebücher oder Foren im Internet untersucht, stellt schnell fest, dass viele davon nur sehr wenige Einträge haben. Es ist eine Kunst, User zur aktiven Teilnahme an solchen Foren zu bewegen. Der Aufwand und das notwendige Know-how dafür dürfen nicht unterschätzt werden.

Ziel dieser Instrumente muss eine Verstärkung der Kundenbindung sein; gleichzeitig erhält ein Unternehmen so einen medialen Charakter, weil es die Kunden zur Kommunikation untereinander bringt. „Marken werden Medien" - dieser Slogan erhält durch das Internet eine neue Dimension.

1.2.3.3   Aufbau von Virtual Communities (VC)

Das weitest gehende Konzept im Bereich E-Communication ist der Aufbau von Virtual Communities. Dieses Geschäftsmodell ist sehr viel beschworen worden, doch ist es auch die Internet-Königsdisziplin: Nur wenige VC-Konzepte funktionieren tatsächlich. Eine VC ist im Kern ein demokratisch und auf freiwilliger Basis kommunizierendes Internet-Kollektiv, das auf dem kostenfreien Austausch von Informationen basiert. Da es keine festgelegte Definition gibt, ist auch bei Experten umstritten, welche Website-Konzepte als VC bezeichnet werden können. Kommerzielle Interessen, die ein Unternehmen im Internet verfolgt, widersprechen oft der VC-Grundphilosophie. Deshalb gibt es viele Communities im Non-Profit-Bereich. Wer sich allerdings konsequent auf Userbedürfnisse einstellt, kann eine VC mit großen Erfolg betreiben. Beispiele sind:

- Diskussionsgruppen im Usenet, einem Internet-Dienst, der älter als das WWW ist. Dort gibt es über 25.000 Diskussionsgruppen zu allen erdenklichen Themen. Diese seit Jahren funktionierenden Foren sind eine der größten Probleme für den Neuaufbau von Virtual Communities im WWW
- Website-Communities
- Produktbewertungsgemeinschaften
- C2C-Auktions-Websites
- Fach-Communities, die z. B. von Verlagen organisiert werden, aber auch von Hochschulen.

1.2.3.4   Investor Relations

Für börsennotierte Unternehmen, oder jene, die einen Börsengang planen, ist die umfassende und aktuelle Information von (potenziellen) Aktionären überlebensnotwendig. Die Website muss bei allen Investor Relations-Maßnahmen eine zentrale Rolle spielen. Inhalte können sein:

- Aktueller Aktienkurs
- Bewertungen von Banken
- Bilanzen, Quartalsberichte
- Pressemitteilungen
- Informationen über Neuprodukte, Neukunden etc.

1.2.3.5   Virtuelle Presse- und Öffentlichkeitsarbeit

Presse- und Öffentlichkeitsarbeit werden zunehmend über E-Mail und Internet abgewickelt. Kein modernes Unternehmen kann auf diese Kommunikationswege verzichten. Medien erwarten ein virtuelles Pressecenter, auf dem sie relevante Dokumente und Dateien abrufen können:

- Aktuelle Pressemitteilungen
- Hintergrundinformationen

- Bildmaterial
- Audio- und Videodateien
- Kontaktpersonen mit E-Mail
- Mailing-Liste für News.

Die Pressestelle muss diesen Anforderungen umfassend und vor allem aktuell gerecht werden. Ähnliches gilt für die interne Unternehmenskommunikation. Auch hier sollten die Mitarbeiter laufend auf aktuelle Meldungen aus dem Unternehmen via Intranet zugreifen können.

1.2.4   Internes E-Business

Ein wesentlicher Bereich des E-Business ist die unternehmensinterne Integration der Internettechnologie. Hier liegen große Potenziale, allerdings auch große Herausforderungen an die Flexibilität einer Organisation und ihrer Mitarbeiter. Die Integration von E-Business-Elementen bedeutet in den meisten Fällen eine Änderung von bestehenden Abläufen. Gewohnheiten und Denkmuster werden in Frage gestellt, Prozesse teilweise erheblich beschleunigt. Die Implementierung von E-Business muss deshalb sorgfältig und unter Einbeziehung der Beteiligten geplant und durchgeführt werden.

1.2.4.1   Geschäftsprozess-Optimierung durch das Internet

Die Internettechnologie ermöglicht eine Vereinheitlichung der Workflows nicht nur innerhalb eines Unternehmens, sondern auch zu Kunden und Lieferanten. Die Einführung von E-Business sollte deshalb auch im Hinblick auf die Frage entschieden werden, welche Optimierungspotenziale durch eine Reorganisation und Standardisierung von Geschäftsprozessen freigesetzt werden können.

Geschäftsprozess-Optimierungen können folgende Konsequenzen haben:

- Informationsflüsse werden transparenter.
- Informationszugriffe für Mitarbeiter werden vereinfacht.
- Produktionsprozesse werden besser gesteuert.
- Büro-Arbeitsabläufe werden standardisiert.
- Die interne Kommunikation bis hin zur Terminplanung wird auch über Standortgrenzen hinweg erheblich erleichtert.

Sicherlich trägt die Internettechnologie zu diesem komplexen Thema nur einen Teil bei, denn die Optimierung von Geschäftsprozessen erfordert neben unterschiedlichen Softwaretools vor allem die intensive Einbeziehung der beteiligten Mitarbeiter. E-Business ist hier, wie in allen anderen Bereichen auch, ein Anlass, gewohnte Vorgehensweisen in Frage zu stellen. Was am Anfang wie eine zusätzliche Belastung aussieht, kann sich bei genauerer Betrachtung als die Gelegenheit zur Überarbeitung bestehender Prozesse entpuppen.

1.2.4.2   Einkaufsportale, Rationalisierung der Lieferantenbeziehungen

Rationalisierungs- und Einspareffekte lassen sich durch die Integration von Geschäftspartnern in die Geschäftsprozesse realisieren. Ein starker Trend in diesem Bereich sind sogenannte Einkaufsportale, auf denen ein oder mehrere Unternehmen ihren Wareneinkauf per Internet bündeln. Auf diesen Webseiten finden sich Ausschreibungen. Die darauf eingehenden Angebote sind aufgrund der Standardisierung sofort miteinander vergleichbar. So entsteht gerade bei komplexeren Ausschreibungen Markttransparenz.

Die Lieferantenbeziehungen können zudem durch einen Datenaustausch auf Basis internationaler Standards (z. B. XML) automatisiert werden.

1.2.4.3   Intranet

Ein wesentlicher Teil des E-Business ist die Nutzung der Internettechnologie für firmeninterne Kommunikations- und Informationsabläufe. Neben der E-Mail, die mittlerweile zum Standardtool für den Austausch von Nachrichten und auch Dokumenten geworden ist, gewinnen Intranets als interne Internets immer mehr Bedeutung. Diese Entwicklung wird durch mehrere Faktoren gefördert:

- Unternehmen entdecken den Wert von Information und Wissen. „Wissen:Management" hat deshalb Hochkonjunktur. Dabei geht es nicht nur um den Zugriff auf Dokumente, sondern vor allem auch um die Einspeisung von Wissen, das bei den Mitarbeitern vorhanden ist.

- Immer schnellere Marktentwicklungen erfordern neue interne Abläufe. Informationen müssen in Echtzeit an jedem beliebigen Ort abrufbar sein. Auch Zweigstellen bzw. Niederlassungen oder externe Mitarbeiter müssen einen technisch einfach und kostengünstig realisierbaren Zugriff haben.

- Intranets können Basis sein für Workflow- und Prozess-Optimierungen.

Intranet-Projekte können viele Nutzen für ein Unternehmen bringen, müssen allerdings gut geplant sein, und zwar unter Einbeziehung der jeweils Betroffenen. In vielen Fällen wurden Intranets lediglich als technische Plattform eingeführt; für die Mitarbeiter ergab sich oft kein unmittelbarer Nutzen. Ohne diese „Quick-wins" jedoch wird ein Intranet nicht genutzt.

1.3 Geschäftsentwicklung

E-Business-Projekte können mit verschiedenen Geschäftsmodellen entwickelt werden:

- Eigenentwicklung
- Neugründungen
- Kooperationen und strategische Allianzen

Die Vor- und Nachteile werden im folgenden erörtert.

1.3.1 Eigenentwicklung

Für den Aufbau eines E-Business gibt es mehrere Optionen. Grundsätzlich liegt der Aufbau aus eigenen Ressourcen nahe. Dafür gibt es gute Gründe:

- Das E-Business Know-how wird aufgebaut und bleibt im Unternehmen.

- Bei einer Eigenentwicklung erfolgt das gesamte Projekt-Management im Unternehmen. Es kann alle wichtigen Zielsetzungen und Entscheidungen ohne Absprache mit Dritten festlegen. Dies kann gerade im schnellen Internetbusiness ein bedeutender Vorteil sein, jedoch nur, wenn das Unternehmen über entsprechende Ressourcen (Kapital, Mitarbeiter) verfügt.

Im Gegenzug gibt es eine Reihe von Gründen, die gegen einen Alleingang sprechen:

- Die verfügbaren Ressourcen (Know-how, Personal, Finanzmittel) reichen nicht aus.

- Durch Kooperationen, Beteiligungen etc. können die Ziele schneller und professioneller erreicht werden.

- Der Vorsprung des Wettbewerbs ist möglicherweise zu groß, um ihn aus eigenen Kräften und mit einem kompletten Business-Neuaufbau noch einzuholen.

- Die Unternehmensstrategie-Analyse ergibt, dass es nicht sinnvoll ist, das gesamte Know-how intern aufzubauen und weiter zu entwickeln.

Von zentraler Bedeutung bei der Erarbeitung einer E-Business-Strategie ist also die Frage, welche Bereiche intern und welche mit externen Kooperationspartnern umgesetzt werden sollen.

1.3.2   Neugründungen

Viele Unternehmen, etwa im Medienbereich, sind den Weg über Neugründungen gegangen. Sie haben die E-Business-Aktivitäten, die den Internetbereich betreffen, in einem neuen Unternehmen ausgegliedert. Ein Grund dafür ist die Möglichkeit, die kleinen, innovativen Start-ups zur Kapitalbeschaffung an die Börse zu bringen. Zusätzlich versprechen sich die Unternehmen eine größere Geschwindigkeit und Handlungsfreiheit. Die Praxis hat vielfach gezeigt, dass die Umsetzung einer Internet-Strategie nicht wegen der Konzepte, sondern wegen interner Umsetzungsschwierigkeiten behindert worden ist. Die Umorganisation bestehender Prozesse, die Probleme bei der Integration neuer Anforderungen, die Neudefinition von Arbeitsbereichen - all dies führt in vielen Fällen dazu, dass Internet-Konzepte nur mühselig und langwierig realisiert werden. Neugründungen sind im Gegensatz dazu zunächst unbelastet von bestehenden Strukturen, oftmals auch wesentlich kleiner als die Mutterfirmen. Sie können daher im E-Business-Markt schneller und kundennäher agieren.

Aber Neugründungen können auch Probleme bringen. Wenn sie dieselben Kunden wie das Mutterunternehmen ansprechen, wird eine Doppelstruktur im Bereich Datenbank und Customer Care aufgebaut. Dies kann nur durch eine Integration von Geschäftsprozessen vermieden werden, was sich wiederum nachteilig auf die Bewegungsfreiheit des Start-ups auswirken kann. Teilweise geraten Neugründen auch in direkten Wettbewerb zum Stammhaus. Dies kann in Einzelfällen gewollt sein, nach dem Motto: „Kannibalisiere Dich selbst, bevor es ein anderer tut."

Neugründungen erscheinen immer dann sinnvoll, wenn ein komplett neues Business etabliert werden soll. Ein Medienunternehmen, dass bisher nur Print-Objekte verlegt, kann seine Internetaktivitäten ausgliedern, wenn die dort gebotenen Inhalte, E-Commerce-Möglichkeiten und anderen Services nur wenig Überschneidungen mit den Print-Objekten haben. Ein Versandhaus, das für seine Kunden eine E-Commerce-Plattform aufbauen möchte, wird keine Neugründung etablieren, weil E-Commerce lediglich eine Erweiterung des bisherigen Kundenservice darstellt und zunächst keine grundlegend neuen Business-Modelle beinhaltet.

1.3.3 Kooperationen und strategische Allianzen

Ob Integration oder Neugründung, immer stellt sich zusätzlich die Frage nach Kooperationspartnern. Selbst Konzerne stellen fest: Das Web-Business ist zu schnell und zu komplex, um alle Bereiche inhouse zu entwickeln und zu betreuen. Kooperationen sind deshalb in der New Economy nicht nur verbreitet, sie sind in vielen Bereichen Voraussetzung für den Erfolg eines E-Business-Engagements. Derartige Kooperationen werden in vielfältiger Weise praktiziert.

Kooperationsmodelle	
Allianzen mit Technologiepartnern	Ein Versandhaus und eine Internetagentur gründen beispielsweise ein Joint-Venture zum Aufbau eines E-Commerce-Fulfillment-Dienstleisters.
Content-Partnerschaften	Ein Portal bezieht Inhalte von diversen Lieferanten. Beispiel: Ein Datenbankbetreiber liefert Contents für das Internetportal eines marktführenden Online-Dienstes.
Einkaufs-Gemeinschaften	Sie stehen aus kartellrechtlichen Gründen noch nicht auf endgültig abgesicherter Grundlage. Beispiel: Autokonzerne gründen eine zentrale Website zur Beschaffung von Produkten und Dienstleistungen.
Vermarktungs-Gemeinschaften	Hersteller ergänzen ihre E-Commerce-Angebote durch Angebote von Dritten.

Tabelle 4: Kooperationsmodelle

Bei Allianzen sollte darauf geachtet werden, dass im Unternehmen folgendes Know-how bleibt bzw. verfügbar ist:

- Das gesamte Wissen über die Kunden, die User und ihr Verhalten (Bestellverhalten, Website-Nutzung) muss abrufbar sein.

- Internet-Contents (z. B. Texte, Datenbanken, Designs) müssen, auch wenn sie bei Kooperationspartnern lagern, potenziell im Zugriff bleiben, damit nach einer Trennung nicht wieder bei Null angefangen werden muss.

- Organisation und Projekt-Management müssen durch Dokumentation und Prozess-Integration transparent bleiben.

1.3.4   Beteiligungen und Kauf

Beteiligung und Kauf sind zwei sehr interessante Optionen, wenn ein Neuaufbau nicht durchgeführt werden soll. Der Kauf empfiehlt sich dann, wenn der Wettbewerb in dem jeweiligen Marktsegment schon so stark ist, dass ein Markteintritt aus eigenen Kräften nicht mehr praktikabel erscheint. Der Kauf kann eine sehr teure Entscheidung sein, besonders dann, wenn die zu kaufende Firma erfolgreich operiert. Ein Kauf ist vor allem dann ratsam, wenn in neue Märkte eingestiegen werden soll.

Eine Alternative zum Kauf ist die Beteiligung. Der wichtigste Grund dafür kann Risikominimierung sein. Bei jeder Beteiligung muss die Entscheidung getroffen werden, ob und in welcher Form der Käufer Einfluss auf die Geschäftspolitik nehmen will.

1.4   Entscheidungsfindung und Strategieentwicklung

Sämtliche Vorüberlegungen müssen zumindest in einer Entscheidungsvorlage münden, die alle genannten Aspekte beinhaltet. Optimal ist die Erarbeitung eines Business-Plans, der genaue Eckdaten und Vorgaben für die Entwicklung eines E-Business-Projekts enthält.

1.4.1   Business-Plan

E-Business-Projekte müssen entweder in den bestehenden Business-Plan integriert werden oder aber, wenn es sich um ein neues Geschäftsfeld handelt, einen eigenen Business-Plan erhalten. Dieser Business-Plan sollte Bestandteil des Konzeptes sein, da er ein wesentlicher Baustein für eine E-Business-Entscheidungsfindung ist. Ein grober Business-Plan sollte folgende Elemente enthalten:

- Personalkosten
- Marketingkosten
- EDV-Kosten
- Content- und Datenmanagement-Kosten
- Reorganisationskosten
- Dienstleisterkosten (Programmierung, Consulting etc.).

Wichtig ist, die Planungsansätze nicht nur für den Projektstart sondern vor allem für die Folgekosten zu erarbeiten, denn die laufende Betreuung eines E-Business erfordert oft erheblich höhere finanzielle Aufwendungen als der Start.

Sollte ein solcher Business-Plan im Unternehmen aufgrund mangelnder Erfahrung nicht aufgestellt werden können, empfiehlt es sich, externes Know-how einzukaufen (Unternehmensberater, Online-Agenturen, Freelancer im Bereich E-Business-Management).

1.4.2 Bausteine einer E-Business-Strategie

Ein E-Business-Konzept hat viele Facetten, es sollte gründlich vorbereitet werden. Die Erfahrungen von letztlich gescheiterten E-Commerce-Websites zeigen, wie teuer Investitionen in diesen Bereich sein können. Das Konzept sollte folgende Bereiche umfassend erläutern:

Konzeptbereich	Zentrale Fragestellungen
Business-Konzept	⇒ Welche Geschäftsziele werden verfolgt?
Content-Konzept	⇒ Welche Inhalte sollen geboten werden?
Content-Management-Konzept	⇒ Woher stammen die Inhalte, wie werden sie verwaltet?
Marketing-Konzept	⇒ Wie wird das E-Business vermarktet?
Workflow- und Geschäftsprozess-Konzept	⇒ Wie werden Datenströme und Arbeitsabläufe umstrukturiert und angepasst?

Konzeptbereich	Zentrale Fragestellungen
Technisches Konzept	⇒ Welche Anforderungen stellt die EDV-technische Betreuung und die Verzahnung mit bestehenden IT-Strukturen?
Organisations- und Personalkonzept	⇒ Wie kann das E-Business organisatorisch abgebildet werden? ⇒ Welche Mitarbeiter mit welchen Qualifikationen werden benötigt? ⇒ Welche Maßnahmen für die Personalentwicklung ergeben sich daraus?
Geschäftskonzept	⇒ Wird das E-Business aus eigenen Kräften umgesetzt bzw. welche Formen von Kooperationen, Zukauf oder Beteiligung sind sinnvoll?
Business-Plan	⇒ Welche Kosten und Erlöse sind zu erwarten? Hier müssen auch die indirekten Erlös-Effekte berücksichtigt werden (wie z. B. Erhöhung der Kundenbindung durch eine Website).
Projekt-Konzept	⇒ Wie sieht die Projekt-Planung für das E-Business aus? Wie ist das Projekt-Team organisiert, welche Zeit- und Kostenvorgaben gibt es?

Tabelle 5: Bausteine für eine E-Business-Strategie

Da in der Praxis nicht alle Bereiche gleichzeitig oder mit gleicher Energie umgesetzt werden können, sollte bereits im Konzept ein Stufenplan vorgesehen werden. So kann es aufgrund einer verschärften Wettbewerbssituation erforderlich sein, sofort eine E-Commerce-Website zu installieren, auch wenn die dazu erforderlichen internen Prozesse nicht in der gleichen Zeit organisiert werden können. Ist der Wettbewerbs- oder Kundendruck jedoch geringer, kann es sinnvoll sein, zunächst die notwendigen Vorbereitungen (Reorganisation, Kooperation etc.) durchzuführen, um dann mit einer voll funktionsfähigen E-Commerce-Applikation „on air" zu gehen. Ein Stufenplan ist in vielen Fällen die einzige Chance, ohne Überforderung und die damit verbundenen Pannen E-Business-Projekte zu realisieren. Das Motto

„Think big, start small." hat sich auch in der New Economy vielfach bewährt.

1.4.3 Organisation der Entscheidungsfindung

Die vielfältigen Aspekte des E-Business sollten unter aktiver Beteiligung der jeweils betroffenen Abteilungen erarbeitet werden. Es empfiehlt sich, ein Projekt-Team zu bilden, in dem alle wesentlichen Bereiche des geplanten E-Business beteiligt sind. Geführt werden sollte die Projekt-Gruppe im Idealfall von einem unabhängigen E-Business-Manager, der direkt der Geschäftsleitung unterstellt ist. Nur so ist eine zügige und möglichst neutrale Projekt-Steuerung gewährleistet. Projekt-Beteiligte, die Führungsaufgaben in einem anderen Bereich haben, sind oft mit der Lösung dieser komplexen Aufgabe überfordert. Da in vielen Unternehmen ein E-Business-Manager nicht vorhanden ist, könnte eine erste Entscheidung die Neubesetzung dieser Position sein. Zu bedenken ist allerdings, dass die für eine solche Position qualifizierten Kandidaten momentan sehr schwer zu finden sind und dann sehr gut bezahlt werden wollen. Alternative ist die Weiterqualifizierung eines Mitarbeiters auf diese Position. Eine weitere Möglichkeit ist die Einbeziehung eines externen Projektleiters (Beraters).

In begründeten Fällen kann der Weg über ein Projekt-Team zu lange dauern. Dies gilt besonders für den Fall, dass eine Geschäftsführung nur die Strategie Neugründung, Kauf/Beteiligung sinnvoll erscheint. Doch auch in diesem Fall sollte frühzeitig an die entstehenden Berührungspunkte mit dem bestehenden Unternehmen gedacht werden.

1.5 Zusammenfassung

E-Business bietet jedem Unternehmen eine Reihe von Möglichkeiten, die definierten Ziele besser und effizienter zu erreichen. Dabei geht es nicht nur um Web-Business, sondern vor allem auch um die Integration von unternehmensinternen Prozessen bis hin zur Einbindung von Kunden-Lieferanten-Beziehungen.

E-Business ist keine Modeerscheinung, sondern bietet zahlreiche Ansatzpunkte für die moderne Unternehmensstrategie. Es sollte daher einen entsprechenden Stellenwert bekommen. Die Unterstützung für die Einführung von E-Business-Projekten muss von der Unternehmensführung kommen, da nur so der notwendige Stellenwert gewährleistet werden kann.

Voraussetzungen für ein E-Business-Konzept sind:

- Analyse der Markt- und Kundenpotenziale

- Wettbewerbsanalyse und Benchmarking

- Analyse der Unternehmenspotenziale im Hinblick auf Struktur, Mitarbeiter, Geschäftsprozesse, Marketingpotenziale und Angebotsstruktur.

Die Optimierungspotenziale liegen vor allem in vier Kernbereichen:

E-Marketing	**E-Commerce**
Verbesserung der Kundenbeziehungen	Verbesserung des Vertriebsmarketings
E-Communication	**Internes E-Business**
Verbesserung der Unternehmenskommunikation	Verbesserung der internen Abläufe und Geschäftsprozesse

Abbildung 2: Optimierungspotenziale

Die Einführung von E-Business setzt eine sorgfältige Planungsphase voraus. Ziel sollte die Erarbeitung eines schlüssigen Konzeptes bzw. Business-Plans sein.

1.6   Power-Tipps

- E-Business ist Chefsache, alle Beteiligten müssen integriert werden.

- Ein bisschen E-Business gibt es nicht.

- Die besten Konzepte nützten nichts, wenn die internen Voraussetzungen für die Umsetzung nicht bestehen.

- Hehre Visionen sind gut, aber die Konzepte sollten realistisch und umsetzbar sein. Lieber ein kleines E-Business-Projekt, das funktioniert, als ein großes Konzept, das nur schwer umsetzbar ist.

- E-Business erfordert die Umstellung gewohnter Abläufe. Der radikale Umbau von Unternehmen im Namen einer neuen E-Business-Ideologie ist jedoch nicht ratsam.

- E-Business braucht Kostentransparenz.

- Ohne motivierte und kompetente Mitarbeiter läuft kein E-Business.

- Von den Besten lernen: Pioniere zeigen die Möglichkeiten auf.

- E-Business ist schnell. Was heute gut ist, kann morgen veraltet sein.

- E-Business ist ein permanenter Prozess.

1.7 Checkliste: Konzept für eine E-Business-Strategie

1. Definition eines Business-Konzepts und von Geschäftsfeldern	
Fragestellungen	⇒ Welche geschäftlichen Ziele werden mit dem E-Business verfolgt? ⇒ Welche Ziele sind kurzfristig, mittel- und langfristig erreichbar?
Voraussetzungen	☐ Klarheit über die grundlegenden Unternehmensziele. ☐ Wissen oder fundierte Prognosen über heutige und zukünftige Marktentwicklungen, Kundenbedürfnisse und Wettbewerber.

2. Markt-Evaluation	
Fragestellungen	⇒ Welches Internetangebot haben Wettbewerber? ⇒ Welche Anforderungen stellen Kunden heute und morgen? ⇒ Welche Daten sind durch Sekundärerhebungen beschaffbar?
Voraussetzungen	☐ Strukturierte Analyse von Websites. ☐ Auswertung von Marktuntersuchungen. ☐ Kundenbefragungen.

3.	Reorganisation der Geschäftsprozesse auf Basis der Internettechnologie
Fragestellungen	⇒ Welche Prozesse müssen integriert werden? ⇒ Welche Abteilungen und Mitarbeiter sind betroffen? ⇒ Können bestehende Prozesse umorganisiert, oder müssen neue Prozesse geschaffen werden? ⇒ Wie hoch sind Aufwand und geschätzter Nutzen? ⇒ Wird externes Know-how benötigt?
Voraussetzungen	☐ Evaluierung bestehender Prozesse. ☐ Know-how und personelle Kapazitäten für die Erarbeitung neuer Prozesse. ☐ Bereitschaft der Mitarbeiter, neue Arbeitsabläufe zu akzeptieren.

4.	Marketing-Konzept
Fragestellungen	⇒ Wie kann die Website promotet werden? ⇒ Welche Potenziale ergeben sich aus Cross-Marketing-Aktivitäten? ⇒ Wie groß ist das Online-Vermarktungs-Know-how? ⇒ Sollen Werbeeinnahmen erzielt werden?
Voraussetzungen	☐ Kenntnisse über Online-Vermarktungs-Möglichkeiten. ☐ Einstellung eines Online-Marketing-Budgets in den Business-Plan.

5.	**Technisches Konzept**
Fragestellungen	⇒ Wie kann das E-Business technisch umgesetzt werden? ⇒ Welche vorhandenen Applikationen sind an die Internettechnologie anpassbar? ⇒ Hat die IT-Abteilung genügend Kapazitäten und Know-how für eine E-Business-Integration?
Voraussetzungen	☐ Bestandsaufnahme der vorhandenen IT-Struktur und EDV-Programme. ☐ Bereitschaft zur Veränderung bestehender Strukturen.

6.	**Organisations- und Personal-Konzept**
Fragestellungen	⇒ Welche Aufgaben können von bestehenden Abteilungen übernommen werden? ⇒ Wie muss die Personalplanung und -entwicklung im Hinblick auf E-Business verändert werden? ⇒ Ist Bereitschaft vorhanden, neue Mitarbeiter einzustellen, auch wenn diese nicht in bestehende Gehalts- und Hierarchiestrukturen passen?
Voraussetzungen	☐ Bereitschaft in der Personalabteilung, E-Business in hoher Priorität in die Personalarbeit einzubeziehen. ☐ Mitarbeiter, die sich in Richtung E-Business entwickeln wollen. ☐ Einstellung eines Weiterbildungsbudgets in den Business-Plan.

7. **Geschäfts-Konzept**	
Fragestellungen	⇒ Welche Aufgaben können mit internen Ressourcen erledigt werden? ⇒ Welche potenziellen Kooperationspartner sind denkbar? ⇒ Welche Akquisitions- oder Beteiligungsmöglichkeiten bieten sich?
Voraussetzungen	☐ Abschätzung der eigenen Potenziale. ☐ Marktuntersuchung zu den Themen Kooperation, Beteiligung, Kauf.

8. **Business-Plan**	
Fragestellungen	⇒ Welche Kosten ergeben sich? ⇒ Mit welchen Erlösen bzw. Einspareffekten kann gerechnet werden?
Voraussetzungen	☐ Abschätzung der Kosten und Erlöse. ☐ Planung der Geschäftsentwicklung für mindestens zwei Jahre.

9. **Projekt-Konzept**	
Fragestellungen	⇒ In welchen Schritten solchen welche Aufgaben erledigt werden? ⇒ Wer übernimmt welche Aufgaben?
Voraussetzungen	☐ Aufstellung eines Projekt-Plans für die Phasen: 1. Konzepterarbeitung 2. Entscheidungsfindung 3. Umsetzung in unterschiedlichen Stufen

10. E-Business-Konzept als Entscheidungsvorlage	
Fragestellungen	⇒ Welche Daten und Informationen werden für ein entscheidungsfähiges Konzept benötigt? ⇒ Wer muss in die Entscheidungsfindung integriert werden?
Voraussetzungen	☐ Erarbeitung eines durchgerechneten Business-Plans. ☐ Erstellung einer professionellen Präsentation.

2 Organisation

Dieses Kapitel stellt den aktuellen Stand an verfügbaren E-Business-Komponenten und ihre Funktionalität vor und zeigt zugleich deren Fallstricke auf. Evaluierungskriterien und Tipps geben zusätzlich konkrete Hilfestellung zur Integration ins Unternehmen.

Nach kurzer Einführung (2.0) und der Beschreibung der Herausforderungen (2.1) werden mit praktischem Bezug die organisatorische Integration der vier Basiskomponenten des E-Business detailliert dargestellt, die in Ihrem Unternehmen implementiert sein sollten. Dies sind: Groupware (2.2), ein funktionierendes Intranet (2.3, eine Unternehmenswebsite (2.4) und eine hohe IT-Sicherheit (2.5).

Nachdem diese Basis gelegt ist (2.6) werden im zweiten Teil des Kapitels weitere E-Business-Komponenten, Optionen und Möglichkeiten des E-Business vorgestellt. Zur besseren Evaluierung aus Sicht eines Unternehmens wird ausführlich auf die Stärken, Schwächen, Optionen und Notwendigkeiten eingegangen. Denn auch wenn nicht jede Komponente für jedes Unternehmen „passt", sollte man wissen, welche Möglichkeiten es gibt, und was dies jeweils bedeuten könnte. Im Einzelnen geht es dabei um das Verkaufen im Netz (2.7), eine Reihe von Anregungen, die Ihr Unternehmen für mehr Erfolg im E-Business aufgreifen kann (2.8), einen Abschnitt über konkrete Anforderungen an eine E-Applikation für Ihr Unternehmen (2.9), Beschaffung und Einkauf im Netz (2.10), Customer Relationship Management (CRM) als ernstzunehmendes Paradigma (2.11), die oft leidvolle Entwicklung von Schnittstellen zu Altsystemen, um E-Business-Applikationen (wie z. B. CRM) zu integrieren (2.12) und den Weg zum virtuellen Unternehmen unter besonderer Berücksichtigung des immer wichtiger werdenden ASP-Marktes für Mietsoftware im Netz (2.13). Es folgen die „Wetteraussichten" über die Trends und Veränderungen im E-Business in den nächsten Monaten (2.14) sowie natürlich die Zusammenfassung, Power-Tipps und Checklisten.

2.0   Einführung

Business E-volution bedeutet einerseits den Prozess der Integration aller relevanten E-Business-Komponenten in das Business-Modell sowie andererseits die nachhaltige Fähigkeit, durch breit angelegte interne Lernprozesse die Relevanz neuer Entwicklungen auch in Zukunft zuverlässig bewerten und entsprechend handeln zu können.

Die dafür notwendigen Lernprozesse setzen unternehmensweite Beschäftigung mit E-Business-Komponenten voraus. Nicht theoretisierend, sondern ganz konkret und „aus der Praxis für die Praxis" ist beabsichtigt, Stück für Stück das Puzzle „E-Business" zusammenzusetzen, damit ein Unternehmen die vielfältigen Möglichkeiten des E-Business evolutionär integrieren, erlernen, bewerten und nutzen kann.

2.1   Die Herausforderung

E-Business macht Angebote, Service, Produkte, Leistungen und Preise schneller, direkter und vergleichbarer. In der Tat führt E-Business dazu, dass in vielen Bereichen der Wettbewerb noch stärker wird. Da heißt es: Mithalten und schneller besser werden. Denn wer in diesem Rennen mit internen Strukturen aus dem letzten Jahrtausend aufwartet, hat schlechte Karten. Wer seine Strukturen nicht ändert, verliert.

2.1.1   Zur Klarstellung, worum es geht

Wer in seinem Unternehmen nicht mit E-Business anfängt oder bereits angefangen hat, sollte sich mit dem Gedanken vertraut machen, die Firma besser heute als morgen zu verkaufen oder zu schließen.

Und wer glaubt, mit „ein bisschen E-Business nebenbei - weil das alle machen" und mit der Einstellung „diese Mode geht auch wieder vorbei", wäre es getan, wird feststellen, dass die Konflikte zwischen „alter" und „neuer" Firma dieselbe auffressen werden - nur die vermeintliche „Mode" wird genauso wichtig wie heute das Telefon.

Wer schließlich meint, man könne E-Business betreiben, ohne dass dies radikale organisatorische Umbaumaßnahmen im eigenen Unternehmen zur Folge hat, wird zu spät feststellen, dass er sich heftig geirrt hat.

Die Eisenbahn benötigte zur flächendeckenden Verbreitung 60 Jahre, das Telefon 30 Jahre, das Internet zehn Jahre, E-Business wird keine fünf Jahre brauchen.

Wie lange brauchen Sie?

2.1.2   Wer zu spät kommt, ...

Stellen Sie sich bitte Ihr Unternehmen vor. Heute, hier und jetzt. Und dann subtrahieren Sie bitte alle Telefone, Fax-Geräte, Anrufbeantworter, PCs, Notebooks, E-Mail-Clients und Handys. Wenn Ihnen dies gelingt und Ihr Unternehmen davon profitieren würde, dann lesen Sie am Besten nicht weiter, sondern klappen Sie dieses Buch zu und beginnen Sie damit, dies umzusetzen.

Falls jedoch nicht, ist es höchste Zeit, sich eingehend Gedanken über die Integration von E-Business in Ihr Unternehmen und seine Organisation zu machen. Das Internet ist in den Industrieländern und Schwellenländern flächendeckend verbreitet. Nie zuvor gab es eine sich schneller verbreitende technische Revolution. Der Einstieg ist in Form des Browsers auf jedem PC mit dabei. Und Ihre Konkurrenz schläft nicht!

E-Business macht Unternehmen schneller, schlanker und hilft dabei, Kosten einzusparen. Wer diese Chancen nicht nutzt, verliert Zeit und Geld - und somit Wettbewerbsfähigkeit. Im Folgenden soll eine Orientierung gegeben werden. Welche Komponenten des E-Business gibt es? Wozu sind sie da? Was bringen sie? Was sind die Gefahren? Und vor allem Anderen: Wie integriert man so eine E-Komponente in ein bestehendes Unternehmen effektiv und effizient?

Was Ihnen dieses Buch jedoch keinesfalls abnehmen kann, ist die Entscheidung,

- welche spezifischen Bausteine des E-Business, die E-Komponenten

- in welcher Realisierung

- oder von welchem Anbieter

für Ihr Unternehmen passen - und welche weniger. Hierbei sollten Sie sich eingehend beraten lassen.

Fangen wir also mit dem E-Business an - in Ihrem Unternehmen, in Ihrer Organisation:

2.1.3   **Ab ins Netz, aber nicht auf die Schnelle**

„E-irgendwas" ist schick, wichtig und nur Wenige kennen sich damit wirklich aus. Die bange Überlegung in der Geschäftsleitung ist oft - und nicht zu Unrecht: „Wenn wir da nicht bald mitmachen ...". So werden leider zu häufig und zu schnell Projekte übereilt aufgesetzt, Schnellschüsse beschlossen und umgesetzt, die aus mindestens einem der folgenden drei Gründe nicht funktionieren:

- **Projektvorbereitung fehlerhaft**: Die „E-Lösung" löst das Problem nicht, da der Auftraggeber nicht haargenau wusste, was er wirklich wollte (detailliertes Anforderungsprofil) oder zu wenig eigenes Fachwissen in Sachen E-Technologien ins Projekt einbringen konnte.

- **Projektdurchführung fehlerhaft**: Die „E-Lösung" löst das Problem nicht, da Auftraggeber und Auftragnehmer nicht die gleiche „Sprache" sprechen und somit statt des gewünschten Einfamilienhaus eine Nobelgarage oder eine Villa geliefert wird.

- **Organisationsstrukturen „übersehen"**. Die „E-Lösung" ändert Organisationsstrukturen und Abläufe, insbesondere diejenigen, die auf keinem Organigramm stehen. Dann kämpft die eigene Belegschaft - meist erfolgreich - gegen die neue Lösung.

Die Schnellschuss-Lösung ist also oft entweder viel zu groß - und somit zu teuer und/oder entpuppt sich als funktional unzureichend, schwer erweiterbar, leistungsmäßig schlecht skalierbar oder mit fehlender Funktionalität und/oder scheitert an den eigenen Organisationsstrukturen und Gegebenheiten.

Nach einer solchen Erfahrung tendieren die meisten Geschäftsführer und Vorstände dazu, in diesem Bereich nur noch höchst vorsichtig zu agieren - falls sie nicht inzwischen die Firma auf eigenen Wunsch verlassen haben. Denn aufgrund der Kosten und der zusätzlich im Projektverlauf entstehenden Kostenrisiken für mittlere und große E-Projekte kann ein einziges gescheitertes E-Projekt eine Firma komplett in Schieflage bringen! Und auch ein rein theoretisches Wissen über das, was entschieden werden soll, ist dem Ziel oft nicht sonderlich förderlich.

> Qualifizierte Entscheidungsträger?
>
> Haben Ihre Entscheidungsträger eigentlich schon mal einen PC-Absturz selbst erlitten und überstanden, eine E-Mail selbst versandt, in einer Newsgroup geschmökert oder ein wenig gesurft? Falls nein: Was, bitteschön, qualifiziert diese Entscheidungsträger dann dazu, bezüglich E-Business Entscheidungsträger zu sein?

2.1.4 Mit strategischem Stufenplan ins Netz

Wer E-Business - Komponenten einführen will, muss klar sagen können, warum und wozu. „Alle machen das so" oder „Der Wettbewerb ist uns da voraus" allein sind jedenfalls keine Argumente. E-Business ist kein Selbstzweck, sondern setzt genauso wie schon immer im Geschäftsleben klare Ziele wie Kostenreduktion, Vereinfachung von Abläufen und Prozessen, Abbau von Doppelarbeit, Kundenorientierung, und (die eindeutigste Stärke von E-Business) Zeitersparnis voraus.

Die E-Komponenten müssen sich jedoch nicht nur betriebswirtschaftlich rechnen, sondern gleichzeitig von Beginn an in eine vorhandene Organisation einbetten lassen. Viele E-Komponenten sind zu Anfang mit Mehrarbeit und Kosten verbunden (Definition der Ziele, Auswahl der Produkte/Dienstleistungen, organisatorische und technische Integration, Pflege des Betriebes). Andere greifen radikal in die Organisationsstruktur, die „Erbhöfe" und Machtverhältnisse im Unternehmen ein - nicht nur ab dem mittlerem Management aufwärts.

Von daher empfiehlt es sich, nicht nur eine klare mittelfristige Strategie zu haben (Was wollen wir eigentlich genau?), sondern auch einen Stufenplan mit Milestones, wie man Schritt für Schritt dorthin gelangt.

> **Nicht zu viel und nicht zu schnell!**
>
> Wer die „große E-Lösung" auf einen Schlag anstrebt, erreicht meist nur, dass das Unternehmen einen schweren Schlag versetzt bekommt. Gehen sie stufenweise vor und lassen Sie Ihrer Organisation die Zeit, die sie zum Lernen braucht.

Da E-Business dazu tendiert, zu integrieren, setzt E-Business voraus, dass im strategischen Stufenplan zueinander passende Komponenten geplant und umgesetzt werden müssen: Die technischen Schnittstellen müssen passen, die verschiedenen Alt- und Neusysteme müssen miteinander kommunizieren können. Dies setzt wiederum voraus, dass man sich für bestimmte Basistechnologien entscheidet und dabei bewusst nicht jede Technologie oder Strömung mitmacht - nur weil sie gerade am Markt ist.

Dieser Prozess der Strategiefindung und Strategieplanung ist ohne externe Beratung - also mit „Bordmitteln" im eigenen Hause - weniger empfehlenswert. Und wenn man sich extern beraten lässt, wird im (wodurch eigentlich begründeten?) Urvertrauen auf die Berater oft gleich der nächste Fehler gemacht: Das unternehmenseigene Know-how wird mangelhaft oder gar nicht eingebunden und somit nicht nutzbar gemacht.

> **Einbinden, einbinden, einbinden!**
>
> Wie soll die notwendige strategische E-Business-Beratung durch externe Unternehmensberater erfolgreich sein, wenn sie ohne die Experten im eigenen Hause stattfindet? Wer hier als „Entscheidungsträger" blockt und die eigenen Experten nicht einbindet, legt den Grundstein zum Scheitern. Also: Divide et impera!

Ein „Burgdenken" in der Chefetage erzeugt hingegen in der eigenen Organisation bestenfalls Gleichgültigkeit - oft weniger Positives. Dabei hätte man ohne Mühe einen internen Motivationsprozess auslösen können. Ihr Experte spricht Dialekt, trägt T-Shirt, zerrissene Jeans und Turnschuhe? Außerdem ist er abgebrochener Hauptschüler, Autodidakt, und auf unterster Ebene Mitarbeiter der EDV-Abteilung? Das sind dann vielleicht Argumente, die gegen ihn sprechen - aber so lange er mehr weiß als Sie oder sein Chef sicherlich keine Gründe, ihn nicht verantwortlich einzubinden.

> **Die informale Organisation**
>
> Wer als Vorgesetzter seine internen Strukturen nicht kennt (also auch und gerade diejenigen, die auf keinem Organigramm stehen), wird selten in der Lage sein, die Organisation erfolgreich, effizient und schnell umzugestalten. Da E-Business dies nicht nur bedeutet, sondern fordert, ist dieses Wissen um die informale Organisation eine ganz entscheidende Grundvoraussetzung für den Gesamtprojekterfolg.

Also müssen nicht nur die technischen Schnittstellen passen, sondern auch die menschlichen! Dazu brauchen die Entscheider die Unterstützung aller Mitarbeiter. Auf Dauer. Und das geht nur, wenn man die Belegschaft einbindet oder aktiv teilhaben lässt.

> **Wer bleibt?**
>
> Mit dem strategischen Stufenplan E-Business sollte daher auch geklärt werden, mit wem welche Stufe (nicht mehr) erreicht werden kann. Dies ist - nebenbei bemerkt - eine elegante Möglichkeit, Abteilungsrivalitäten oder -kriege in den Griff zu bekommen.

2.1.5 Der Mensch steht im Mittelpunkt - gerade beim E-Business!

Die Mitarbeiter sind das wertvollste Pfund, mit dem Ihr Unternehmen wuchern kann. Gute und qualifizierte Mitarbeiter müssen motiviert werden und sich wohl fühlen, sonst landen sie über kurz oder lang bei der Konkurrenz oder machen sich selbständig. E-Business bringt Veränderungen in Ihr Unternehmen. Manchmal starke Veränderungen. Wenn Sie hier zum Einführungszeitpunkt die Belegschaft überraschen und dann noch motivieren wollen, ist das im Wortsinne „too little and too late" - ganz abgesehen davon, was der Betriebsrat Ihnen erzählen wird.

> **Einbinden, wen es angeht oder betrifft!**
>
> Zu einer sauberen Bedarfsdarstellung gehört immer das Hören der Anwenderwünsche und möglichst das Einbinden der Betroffenen, da vorhandene Geschäftsfunktionen oder Workflows durch das E-Business-Projekt beeinflusst werden oder sich ändern.

Wie sieht es denn mit der Organisationskultur in Ihrem Unternehmen aus? Wie steht es um Stimmung, Motivation, Fluktuation und für jeden spürbare Vision?

> **Motivation kommt nicht nur vom Geld!**
>
> Incentives für Mitarbeiter kosten nicht immer gleich Geld! Es gibt Dutzende praktisch kostenloser Möglichkeiten, welche die Bindung des einzelnen Arbeitnehmers an Ihr Unternehmen steigern!

Durch Rückhalt in der Belegschaft und ihre aktive Mitarbeit wird es sicherlich einfacher werden, die anstehenden Aufgaben dauerhaft erfolgreich zu bewältigen. Um die Grundlagen für ein erfolgreiches E-Business zu legen, müssen daher im Unternehmen zunächst einige Voraussetzungen geschaffen und Lernprozesse bewältigt werden. Und auch dann, wenn in Ihrem Unternehmen die eine oder andere Komponente bereits realisiert ist, werden Sie viele Anregungen und Hinweise für die betriebliche Praxis finden. Und nun gehen wir den ersten Schritt - vielleicht haben Sie diesen Schritt in Ihrem Unternehmen bereits implementiert?

2.2   E-Komponente 1: Groupware - die Basis

Groupware besteht generell aus Applikationen, die E-Mail (elektronische Post), Terminkalender und Kontakte (Adressbuch) bereitstellen. Die Datenhaltung erfolgt über einen oder mehrere Server. Darüber hinaus gibt es je nach verwendeter Groupware-Applikation noch Optionen. So bieten nicht nur die Hersteller von Groupware sondern auch Drittanbieter funktionale Erweiterungen an (Anbindung von Außendienstmitarbeitern, Terminabstimmung von Gruppen, Aufgabenverfolgung, Projektverfolgung).

2.2.1   Was sind die Vorteile von Groupware?

Die klassischen Groupware-Applikationen ersparen Arbeitsgruppen, Abteilungen und Unternehmen viel Papierkram, Telefonate, Rückfragen und Zeitverluste. Abstimmungsprozesse können damit sinnvoll unterstützt werden, ohne telefonisch Rücksprache nehmen zu müssen. Nachrichtenaustausch findet auf einer schriftlichen und archivierbaren Ebene statt. Kurz: Prozesse werden vielfältig gestützt und oft auch noch beschleunigt.

2.2.2   Wann lohnt sich der Einsatz?

Aufgrund der bereits weit fortgeschrittenen Verbreitung von Groupware in Unternehmen hier nur in Kürze: Projekt- und/oder Abteilungsstrukturen im Unternehmen sollten durch Groupware gestützt werden. Wer diese Strukturen hat und noch keine Groupware einsetzt, sollte sich zuerst damit beschäftigen - vor jeder anderen E-Komponente.

2.2.3   Technische Umsetzung

Voraussetzung für Groupware ist ein flächendeckendes Computer-Netzwerk im Unternehmen. Die bekanntesten Vertreter sind Lotus Notes und Microsoft Exchange/Outlook. In der Regel ist ein Server notwendig, an dem sich die Client-Rechner anmelden und der eine zentrale Datenhaltung und -verteilung ermöglicht. Dieser Server sollte in jedem Fall intern sein, regelmäßig - möglichst täglich - gesichert werden und bedarf intensiver Administration und Pflege. Insbesondere den Punkten Netzwerksicherheit und Virenprophylaxe sollte bei Einführung und Betrieb von Groupware aus technischer Sicht höchste Aufmerksamkeit geschenkt werden (vgl. 2.5).

2.2.4   Organisatorische Integration

Flächendeckend

Groupware macht nur Sinn, wenn praktisch jede(r) im Unternehmen darauf zugreifen kann. Der Schulungsaufwand hält sich in Grenzen und kann per Onlineschulung durchgeführt werden. In der Regel gibt es hohe Akzeptanz und relativ wenig Schwierigkeiten oder Reibungsverluste mit der Einführung.

Klare Vorgaben

Was genau soll in welchen Schritten im Unternehmen mit der Groupware gemacht und erreicht werden (Terminabsprachen, Nachrichtenweitergabe, Projektabstimmung, Versenden von Statusberichten)?

2.2.5   Probleme und Nachteile?

Es besteht die Gefahr der Informationsüberflutung für Vorgesetzte, da sie per E-Mail praktisch immer erreichbar sind.

Oft gibt es eine Tendenz zu Trash-Mails, d. h. zur Verwendung von E-Mails ohne nennenswerten Substanzgehalt respektive mit privaten Inhalten.

Insbesondere Mitarbeiter, die weniger visuell und eher akustisch veranlagt sind, haben mit der Groupware-Nutzung zu Beginn vereinzelt Probleme. Diese sind durch entsprechende Schulung jedoch lösbar.

2.2.6   Lernprozesse

Die kurze, aber präzise, schriftliche Darstellung eines Sachverhaltes oder einer Meinung oder eines Vorschlages unter dem wichtigen Aspekt, die notwendigen Backgroundinformationen ebenfalls mitzuliefern, wird trainiert. Vorgesetzte werden es nicht lange tolerieren, Mails zu Themen zu erhalten, in die sie unter Umständen nicht so tief involviert sind wie der Absender und mit deren Inhalt sie wenig anfangen können, da für sie wichtige Informationen fehlen.

2.2.7 Alternativen

Wenn Daten und Programme sich in Sekundenbruchteilen um die Welt bewegen, warum muss dann jedes Unternehmen jede Applikation im eigenen Unternehmen haben? Wenn es billiger ist, die Applikation aus dem Netz zu beziehen und die Sicherheit nicht darunter leidet, was spricht dann dagegen, eine Groupware-Applikation von einem Service Provider (Application Service Provider, kurz ASP) zu nutzen?

In Kürze wird es auch in Europa für Groupware die Möglichkeit geben, diese Applikation durch einen Dienstleister betreiben und pflegen zu lassen und über das Internet darauf zuzugreifen. Als Client-Software im Unternehmen taugt jeder Internet-Browser, der interne Server entfällt, die interne Administration entfällt.

Die Sicherheit der Datenübertragung und das Sichern des internen Netzwerkes gegen Ausspähung von außen sind dann die großen Herausforderungen. Dem Sicherheitsaspekt kommt dann besondere Bedeutung zu, weil praktisch die gesamte interne Kommunikation via Internet transportiert wird. Netzwerksicherheit auf der Strecke zwischen Unternehmen und ASP wird in den Abschnitten über IT-Sicherheit (2.5) und ASP (2.13.1) noch ausführlich diskutiert.

2.2.8 Organisatorische Tipps zum Umgang mit Groupware

Legen Sie Regeln fest und geben sie einen Rahmen vor, was mit der Groupware (nicht) gemacht werden darf. Z. B. Versenden von Audio- oder Videoclips, Senden an „Alle im Adressbuch eingetragenen Nutzer", Verwendung von „BCC:" (Blind Carbon Copy), pro Mail nur genau ein Adressat, Andere in „CC:", maximale Größe der Mailordner, die sich jeder Mitarbeiter anlegen kann, Einhaltung von Sicherheitsstandards, Vorgaben für E-Mail-Signaturen gemäß Corporate Identity (CI), Verschlüsselung von E-Mails in die Außenwelt etc.

Definieren Sie klare Prioritätsstufen für E-Mails. Nur die wirklich wichtigen Dinge (eilige Terminsachen) sollten auch als Nachrichten mit hoher Priorität versandt werden. Auch so kann die Informationsüberflutung der Vorgesetzen wenigstens etwas abgemildert werden.

Verbieten Sie von vorneherein das Faxen von ausgedruckten E-Mails an interne Empfänger. Ist dies dennoch nötig, dann fehlt jemandem der Zugang zur Groupware. Fordern Sie alle Mitarbeiter auf, nur in wenigen Ausnahmefällen E-Mails auszudrucken und definieren Sie diese Ausnahmefälle.

2.3　E-Komponente 2: Das Intranet - Aufzucht und Hege

Ein Intranet ist eine Website für die Mitarbeiter im eigenen Unternehmen. Externe haben (in der Regel) keinen Zugriff auf das Intranet. Ein Intranet ist ein sehr schnelles Medium. Angebot und Ausgestaltung eines Intranets gliedert sich normalerweise in verschiedene funktionale Bereiche wie z. B. Firmeninformation, Projektgruppen, private Anzeigen, interne Stellenbörse, Verfahren.

2.3.1　Zielgruppen des Intranets

Die Zielgruppe des Intranets sind die Mitarbeiter, also das eigene Unternehmen.

2.3.2　Informationsfunktion des Intranets

Offenheit ist wichtig

Ein Intranet ist ein schnelles und preiswertes Medium. Information der Mitarbeiter kann (und sollte) hier ohne Schönfärberei passieren, da es sich um ein rein internes Medium handelt. So kann die Identifikation mit dem Unternehmen und die Motivation der Mitarbeiter glaubhaft gestärkt werden.

Was das Unternehmen alles bietet

Die gesamte Palette betrieblicher oder mit dem Arbeitsverhältnis im Zusammenhang stehenden Leistungen, Vergünstigungen und Möglichkeiten ist hier gemeint (Kindergarten, Sterbekasse, Direktversicherung, Tennisplätze, verbilligter Mietwagen, Betriebsrente). All dies kann mit geringem Aufwand in das Intranet gestellt werden. Die Wirkung ist maximal, wenn gerade beratungsintensive Dienstleistungen zeitsparend durch vorherige Information optimal gestützt werden können. Und vielleicht war einem Teil der Mitarbeiter Vieles davon bislang unbekannt. Warum sollten Sie zwecks Steigerung der Mitarbeiteridentifikation mit den vorhandenen Pfunden und Möglichkeiten Ihrer Firma nicht wuchern?

Standardinformationen

Was gibt es in der Kantine? Wie füllt man einen Investitionsantrag aus? Wie heißt der Chef der Lohn- und Gehaltsabrechnung?

Was ist zu tun bei Problemen mit EDV/Sanitär/Elektrik? Und auch Unfallverhütungsvorschriften, Meldewege, Beantragung von Urlaub, das Organigramm und das Firmentelefonbuch etc. gehören ins Intranet. Mit dem Hinweis „Schauen Sie doch ins Intranet" wird dann Zeit und damit auch Geld gespart.

2.3.3 Schulungs- und Trainingsfunktion des Intranets

Ein Intranet kann hervorragend eingesetzt werden, um Training und Weiterbildung der Mitarbeiter kostensparend durchzuführen. Dies erfordert zwar qualifizierte Vorbereitungszeit und die Arbeitszeit der Mitarbeiter, ist aber aufgrund der direkten Multiplizierbarkeit immer noch deutlich billiger als die ganztägige Abwesenheit vom Arbeitsplatz plus Seminarkosten. Auch Tests, Zertifizierungen und Leistungsnachweise per Intranet sind möglich, da die Mitarbeiter für diese Zwecke z. B. mittels Personalnummer und Passwort sowie zeitlich und durch weitere Mechanismen zweifelsfrei identifizierbar sind. Die Motivationswirkung solcher E-Learning-Maßnahmen quer durch das Unternehmen braucht nicht betont zu werden. Überlegen Sie auch, ob intranetgestützte Einarbeitungsprogramme für bestimmte Mitarbeitergruppen mit vergleichsweise starker Fluktuation und hohem Standardisierungsgrad in der Arbeit nicht sinnvoll wären.

2.3.4 Das Intranet als Wissenspool

Ein Intranet eignet sich hervorragend, um Rezepte, Vorgehensweisen, Verfahren, Tricks und Kniffe im Umgang mit Kunden, Lieferanten, Behörden oder Abläufen, Vorgängen und Prozessen etc. zu speichern. Damit können Sie einen wichtigen Beitrag dazu leisten, das Wissen in den Köpfen für das Unternehmen auch standortübergreifend nutzbar zu machen. Dies funktioniert jedoch nur dann, wenn die folgenden zwei Faktoren erreicht werden:

1. Bereitschaft zur Informationsweitergabe bei den Mitarbeitern.

Deshalb muss Informationsweitergabe einfach sein. Schaffen Sie Unterstützung und Hilfen für die Mitarbeiter, ihr Wissen auch einzutippen. Informationsweitergabe muss sich für den einzelnen Mitarbeiter lohnen oder schlicht Freude machen. Siehe unten „Wann funktioniert ein Intranet?" (2.3.7). Die Erfahrung der Informationsteilhabe hilft dem Mitarbeiter weiter und steigert die eigene Bereitschaft zur Informationsfreigabe.

2. Das effiziente Wiederfinden der Informationen.

Verwaltbarkeit und Wiederfindbarkeit des Wissens setzt voraus, dass eine Kategorisierung getroffen wird. Diese Kategorisierung sollte dem Denken derjenigen entsprechen, die diese Informationsschätze ins Intranet hineinstellen sollen - dem Denken der Mitarbeiter. In diese Kategorisierung sollte daher viel Denkarbeit investiert werden: Kategorisieren und strukturieren Sie Intranetinhalte daher grundsätzlich genau so und in derselben Sprache, wie die Mehrheit der Mitarbeiter ihr eigenes Tagesgeschäft erleben, z. B. prozess- oder funktionsorientiert, aber nicht Beides gleichzeitig und durcheinander im gleichen Inhaltsbereich des Intranets. Zu Beginn sollten Sie maximal bis zur achten Ebene in die Tiefe und in die Breite kategorisieren. Das reicht für ein Startangebot in der Regel völlig aus. Die weitere Kategorisierung entsteht durch die Arbeit im und der Beschäftigung mit dem Intranet fast automatisch.

Ein Start des Bereichs „Wissenspool" im Intranet ohne die zumindest rudimentäre Wiederfindbarkeit durch eine brauchbare Volltextsuche ist zum Scheitern verurteilt. Eine Volltextsuche reicht jedoch auf mittlere Sicht oft bei Weitem nicht aus. Von vorneherein sollten Sie vorsehen, Benutzergruppen flexibel einrichten zu können, damit klare Zuordnungen zu Profilen und Benutzerrechten existieren. Bestimmte Teile des Intranets sind dann z. B. für Auszubildende nicht sichtbar, Einkaufsinformationen nicht für die anderen Abteilungen. Eine saubere Segmentierung und die Möglichkeit, quasi unbegrenzt Benutzergruppen mit jeweils bestimmten Berechtigungen zu schaffen und jeden Benutzer auch in mehr als eine Benutzergruppe zu stecken macht Ihnen - und Ihren Mitarbeitern - das Leben leichter. Außerdem ist es wenigstens eine kleine Hilfe gegen Überfrachtung, Sucharbeit und Erlangung von Informationen durch Mitarbeiter, die diese Informationen im Grunde nichts angehen. Denken Sie bereits frühzeitig darüber nach, via Intranet für den Wissenspool ein Dokumentenverwaltungssystem bereitzustellen - auf unterschiedlichen Zugriffsebenen und mit unterschiedlichen Berechtigungen.

2.3.5   **Das Intranet stützt Geschäftsprozesse und Workflows**

Überlegen Sie genau, welche Geschäftsprozesse oder Funktionen - insbesondere aus den klassischen Zentralbereichen - Sie ohne große Probleme ans Intranet übergeben können.

Transferieren Sie z. B. die gesamte Abwicklung Ihres betrieblichen Vorschlagswesens ins Intranet. Das macht das Vorschlagswesen transparent und hilft, einen „intern öffentlichen" Wettbewerb zu schaffen, aus dem das Unternehmen in jedem Fall als Gewinner hervorgeht. Auch einfach machbar ist die Beantragung und Genehmigung von Urlaub auf Abteilungsbasis oder die Arbeitszeiterfassung per Intranet statt an lokalen Zeiterfassungsterminals - wenn jeder Mitarbeiter einen Intranetzugang hat.

Ein funktionierendes Intranet ist die funktionale Basis für wichtige Lernprozesse in Ihrem Unternehmen. Darauf aufbauend kann man unter derselben Oberfläche Stück für Stück interne oder externe Applikationen hinzuzufügen:

- Integration existenter Systeme z. B. die Oberfläche der Buchhaltung

- Hinzufügen neuer E-Komponenten

- Nutzung von E-Business-Applikationen externer Dienstleister.

2.3.6 Die „private" Seite(n) des Intranet

In fast jedem Intranet gibt es einen Bereich, wo Mitarbeiter private Kleinanzeigen schalten, sich zu gemeinsamen privaten Aktivitäten verabreden (z. B. Sport), ihren Firmenwagen zur Inspektion anmelden können etc. Diese Seiten sind weder „Auswüchse" noch „Verschwendung von Arbeitszeit", sondern werden schlicht erwartet. Gibt es diese „privaten Bereiche" nicht, vergessen Sie Ihr Intranetkonzept besser gleich.

2.3.7 Wann funktioniert ein Intranet?

Generell gilt: Je länger ein Intranet statisch ist, desto stärker wird es als uninteressant wahrgenommen und desto weniger wird es genutzt. Wir sprechen dabei nicht von Monaten oder Wochen, sondern von Tagen! Ein Intranet muss „leben", d. h. seine Inhalte müssen sich ändern, es muss sich füllen, es muss für die Mitarbeiter einen sinnvollen Grund geben, öfter mal ins Intranet zu schauen und dort Wissen abzulegen/zu schreiben. Dies impliziert automatisch, dass die Mitarbeiter die Redaktion des Intranets sein müssen. Machen die Mitarbeiter an dieser Stelle im Wortsinne nicht mit (und das passiert häufiger, als viele denken!), ist es ausgesprochen schwer, das „tote" Intranet wieder zum Leben zu erwecken. Gibt es neben sinnvollen Gründen, öfters ins Intranet zu schauen, auch noch eine Hilfe oder Arbeitserleichterung dort, die regelmäßig genutzt werden kann, sieht die Zukunft des Intranets schon besser aus. Beispiele hierfür können z. B. die Presseschau oder interne Stellenausschreibungen sein.

> Über den Erfolg eines Intranets entscheiden einzig und allein nur die Mitarbeiter und nicht die Geschäftsführung!

Und deshalb muss jeder einzelne Mitarbeiter sich durch das Intranet positiv angesprochen fühlen. Es muss sich für die Mitarbeiter lohnen, im Intranet zu publizieren. Tut es das nicht, stirbt das Intranet.

> **Wie das Intranet lebt**
>
> Schaffen Sie Strukturen, die „Publizieren im Intranet" für die Mitarbeiter attraktiv werden lassen. Belohnen Sie Offenheit, Geschwindigkeit und die Einsparung von Kosten. Schaffen Sie Begeisterung. Offen-siv!

2.3.8 Wann lohnt sich der Einsatz?

Ihre Organisation kann mit relativ geringen Kosten beginnen, zentral Daten zu sammeln, die viele Rückfragen unnötig machen und Zeit einsparen. Gleichzeitig wird damit das Wissen aus den Köpfen in greifbarer, schriftlicher Form gewonnen und somit für die Firma in Zukunft besser nutzbar. Bestenfalls entsteht die lernende Organisation. Das lebendige Intranet ist dafür vielleicht Auslöser, Katalysator oder technische Basis. Auf einen Nenner gebracht: Wenn Ihr Intranet „lebt", lohnt sich der Einsatz fast immer.

2.3.9 Technische Umsetzung

Ein einfaches Intranet ist zunächst technisch keine große Herausforderung. Ein Server hält das Intranet, das Netzwerk versorgt die Browser der PCs. Gehen die Anforderungen an das Intranet jedoch funktional über einfaches „Speichern und Anzeigen" hinaus (z. B bei Integration betrieblicher Funktionen oder Abläufe in ein Intranet), dann muss Applikationslogik eingebaut werden. Die Schwierigkeit solcher Erweiterungen ist abhängig von der gewünschten Funktionalität, den Ressourcen und dem Know-how der Implementierenden (intern oder extern). Je mehr Funktionalität gewünscht wird, desto schwieriger und komplexer werden naturgemäß die Herausforderungen.

Da ein Intranet aufgrund seines Charakters und der in ihm enthaltenen Informationen eine Einrichtung ist, die man nicht ohne weiteres outsourcen sollte, ist bereits zu Beginn internes IT-Know-how erforderlich. Dies ist ein guter Start in einen internen Qualifizierungsprozess im E-Business-Bereich.

Usability: Da das Intranet normalerweise von der eigenen EDV technisch umgesetzt wird, ist es empfehlenswert, die EDV mit dem Screendesign sowie der Navigation nicht alleine zu lassen oder - deutlicher ausgedrückt - dieses nicht durch die eigene EDV entwickeln zu lassen. Eine einfache, durchsichtige und durchgängige Navigation und ein intuitiv begreifbares Screen-Design sind unerlässlich für ein Intranet, das von den Mitarbeitern angenommen werden soll.

> **Gibt das Netzwerk das her?**
>
> Mit einem Intranet steigen die Anforderungen an das Netzwerk gewaltig. Das Computernetzwerk muss diese Verkehrsbelastung tragen können, im Zweifelsfalle müssen neue „Straßen" gebaut werden.

2.3.10   Organisatorische Integration

Ein Intranet ohne Regeln funktioniert nicht. Allen muss klar sein, in welchem Bereich des Intranets welche Informationen über den Nutzer (=Mitarbeiter) gespeichert und ggf. ausgewertet, wofür sie verwendet werden (z. B. Test nach Weiterbildung) und wo solche Daten nicht erhoben werden (z. B. private Seiten/Kleinanzeigen).

Versuchen Sie mit der Arbeitnehmervertretung diesbezüglich eine vernünftige Betriebsvereinbarung zum Intranet zu erreichen.

Gehen Sie das Projekt Intranet mit hoher Priorität an und nutzen Sie alle internen Ressourcen dafür - fördernd, nicht fordernd. Machen Sie das Projekt bekannt und erklären Sie immer wieder, warum es so wichtig ist. Stellen Sie dabei die Vorteile für den Einzelnen besonders in den Vordergrund, denn erfolgreiches Marketing nach Innen ist ein wichtiges Erfolgskriterium für ein Intranetprojekt. Hören Sie auf Verbesserungsvorschläge und setzen Sie diese nach Prüfung um, wenn sie Sinn machen.

2.3.11   Probleme und Nachteile?

Mangelnde Offenheit

Ein Intranet, in dem die Geschäftsführung mit den Mitarbeitern nicht kommuniziert oder nicht informiert oder mit den Mitarbeitern in der selben Art und Weise „spricht" wie mit Kunden oder Aufsichtsräten, wird sehr schnell in hohem Maße unglaubwürdig und daher tendenziell abgelehnt. Ihre Mitarbeiter kennen die Firma von Innen - sogar sehr genau. Offenheit ist daher Trumpf. Gibt Ihre Geschäftsführung also regelmäßig ein offenes Kommunikationsklima nicht her, sollten Sie diese Funktion im Intranet nicht vorsehen.

Gruppen- oder Abteilungsrivalitäten

Diese führen leider oft genug dazu, dass die Funktion Wissenspool torpediert wird, weil zu viele „wie eine Glucke auf der Information sitzen". Hier helfen dann nur gleichzeitige Aktionen in verschiedener Richtung: Aufbrechen der Rivalitäten und Belohnungen für den besten Tipp pro Woche/Monat im Intranet - vielleicht nach Sachgebiet. Nicht nur wegen des Intranets - um Ihrer Organisation Willen!

Organisatorische Verdoppelung

Achten Sie streng darauf, dass das Intranet nicht zu einer organisatorischen Verdopplung von betrieblichen Funktionen führt. Ist die neue Abwicklung im Intranet eingeführt, gehört die alte abgeschafft.

Arbeitszeit im Intranet

Wenn Ihr neues Intranet hervorragend ankommt, kann es passieren, dass viele Mitarbeiter mehr Zeit als sinnvoll im Intranet verbringen. Dies ist normalerweise eine vorübergehende Erscheinung und eigentlich ein Grund zur Freude, denn dann haben sie es richtig gemacht. Wer in dieser Situation zu hart gegensteuert, riskiert, dass das Intranet aus Angst der Mitarbeiter vor dessen Benutzung ein Flop wird. In einer solchen Situation ist also Fingerspitzengefühl angesagt.

Die interne EDV

Sie ist für die Infrastruktur und das technische Funktionieren des Intranets verantwortlich - über den (Miss-)erfolg des Intranets an sich jedoch bestimmen allein Ihre Mitarbeiter.

Scheitern des Intranets

Auch dann ist noch nicht alles verloren. Denn wenn es gelingt, die „Nicht-technischen", also organisatorischen oder kulturellen Ursachen dafür zu identifizieren, hat man in der Regel eine ganze Reihe von Ansatzpunkten für organisatorische Optimierungen. Denn das Intranet bietet auch die Möglichkeit und Chance, ein positives Kommunikationsklima im Unternehmen zu schaffen bzw. dieses zu verbessern.

2.3.12   Alternativen?

Ganz einfach: Keine.

2.3.13   Organisatorische Tipps für Ihr Intranet

Gehen Sie einen evolutionären Weg, Schritt für Schritt, Funktionalität für Funktionalität, Eines nach dem Anderen. Bilden sie eine „Intranet Task Force", eine fach- und abteilungsübergreifende Projektgruppe mit Mitgliedern aus IT und den Fachabteilungen. Interesse und praktische Erfahrung sollten dabei stärker berücksichtigt werden als die Position. Starten Sie Ihr Intranet nicht zu früh! Ein Intranet mit Nutzinhalt gleich Null wird sich nicht füllen.

Der Aufbau eines Intranets ist ein sehr guter Lernprozess für die gesamte Unternehmung. Die Mitarbeiter lernen, im Internetumfeld mit Browsern zu arbeiten, zu suchen und zu finden. Da dies Voraussetzung für viele weitere Komponenten im E-Business ist, können Sie sich ein Scheitern des Intranets nicht leisten. Von daher: Lange Leine lassen und ggf. höhere Kosten akzeptieren - nicht für die Technik - für die Motivation und die Mitarbeit der Mitarbeiter. Diverse Informationen aus dem Intranet können als Quelle für die Unternehmenswebsite, die öffentliche Präsentation Ihres Auftritts im Internet z. B. für den „Investor Relations"- oder den „Support"-Teil benutzt werden. Achten Sie daher schon früh darauf, wer (in personam) in welchen Abteilungen in der Lage ist, gut und präzise schriftlich zu formulieren. Diese Mitarbeiter werden immer wichtiger, wenn es um den Internet-Webauftritt geht.

Das Intranet braucht Hege und Pflege. Für Vorschläge und Wünsche aus den Reihen der Belegschaft, die auch „firmenöffentlich" (in Foren) diskutiert werden können, sollte es eine zentrale Stelle geben. Wichtig ist dafür: Klare Verantwortlichkeit und Kompetenz, zeitnahe und nachvollziehbare Entscheidungen sowie Feedback an alle Interessierten.

2.4 E-Komponente 3: Ihre Website - die erste Adresse im Internet

Eine Präsentation Ihrer Firma im Internet ist heute - einfach ausgedrückt - genauso wichtig und unverzichtbar wie eine Postadresse, eine Telefonnummer, eine Faxnummer und ein Geschäftsbericht. Hier können und sollten Sie Ihre Firma nach Außen (re)präsentieren.

2.4.1 Zielgruppen der Website

Mögliche Zielgruppen des eigenen Internetauftritts sind insbesondere Kunden, Lieferanten, Investoren, die Presse, mögliche Bewerber auf offene Stellen sowie Kooperationspartner und alle Anderen, die sich vielleicht durch Zufall auf Ihre Website verirrt haben.

> **Zielgruppenklarheit**
>
> Werden Sie sich zuerst absolut klar darüber, wen Ihre Website ansprechen soll - und wen nicht.

Im zweiten Schritt versetzen Sie sich für jede dieser Zielgruppen in deren Situation: Was würden Sie dann gerne wissen wollen? Was erwarten Sie zu finden? Welche Angebote, Inhalte oder Informationen könnten Ihrer Zielgruppe weiterhelfen?

Abhängig von der Art Ihres Geschäftes haben Sie bitte auch den Mut, nicht unbedingt jeden Benutzer auf der Website bedienen oder jeden möglichen Internet-Surfer zufrieden stellen zu wollen. Erstens gelingt das fast nie und zweitens steht der Aufwand in der Regel in keinem Verhältnis zum Ertrag. Konzentrieren Sie sich lieber auf Ihre Zielgruppen und kompetente Angebote für genau diese Gruppen. Das macht schon genug Arbeit und hat eine deutlich höhere Effektivität.

2.4.2 Phase 1: Vorbereitung und Planung

2.4.2.1 Sehr wichtig: Die Domain!

Sichern Sie Ihrer Firma eine gute Adresse im Internet, eine eigene Domain. Dies ist heutzutage bereits sehr schwierig, weil praktisch alle guten oder gängigen Domainnamen wie der Firmenname oft bereits vergeben sind. Denken Sie auch hier an Ihre Zielgruppen!

> **Ä, ö, ü, ß & und Domains**
>
> Wenn Ihre Firmenbezeichnung/Ihr Firmenname deutsche Umlaute benützt oder das kaufmännische ‚&'-Zeichen dann erwägen Sie mittel- bis langfristig eine Namensänderung Ihres Unternehmens.

Denn z. B. www.mueller-und-luedenscheid.de tippt sich nicht, liest sich nicht und schreibt sich nicht gut.

Eine-sehr-lange-Domain-macht-absolut-keinen-Sinn-und-hilft-dem-Unternehmen-nicht-weiter.de. Vermeiden Sie unter allen Umständen Domainnamen mit Bandwurmlänge, vermeiden Sie Unterstriche (_) in Domainnamen und verwenden Sie Bindestriche sparsam. Eine Domain wie www.dr-mueller-maschinenfabrik-neustadt.de würde dann zu E-Mail-Adressen wie zimmermann.eduard@dr-mueller-maschinenfabrik-neustadt.de führen. Wer gibt denn so etwas ein?

Bei langen Firmennamen überlegen Sie ein Vorgehen analog zu folgendem Beispiel: Die Website www.business-channel.de ist zusätzlich auch erreichbar unter www.bch.de - einfach durch Kauf eines zusätzlichen, ungebräuchlichen, aber kurzen und einprägsamen Domainnamens.

Diese zusätzliche Domain zeigt auf ein und dieselbe Website, das heißt es entstehen Ihnen keinerlei weitere Arbeiten wie doppelte Dokumente etc. Und wer als Benutzer des öfteren wiederkommt, kann sich die Kurzform merken. Benutzerfreundlich, oder?

Zu .de gehört .com! Wer international tätig ist, sollte gleich (zusätzlich) eine gleichlautende (!) Domain mit der Endung .com für „Commercial" beantragen, also ihre_firma.de und ihre_firma.com.

> Die Verfügbarkeit von freien Domainnamen kann z. B. unter www.nsi.com geprüft werden. Für Deutsche .de-Domains ist eine solche Abfrage unter www.denic.de möglich.

Eine Sparten- oder Produktgruppendomain - warum nicht? Wenn Ihr Unternehmen führend ist im Bereich X oder Y, was spricht dann dagegen, www.x.com oder www.y.de zu besetzen und von daher Ihre Kunden bei ihrem Problem abzuholen anstatt vorauszusetzen, dass diese Ihre Firma kennen?

Neben den bereits eingeführten „Superdomains" .com für „Commercial", .net für „Network" und .org für „Organisation" (sowie .gov für amerikanische Regierungsbehörden (Government) und .mil für das Militär) und den länderspezifischen Superdomains (z. B. .de für Deutschland) gibt es neuerdings weitere Superdomains: .web oder .shop oder .tv sind wahrscheinlich erst der Anfang vieler neuer Superdomains. Vielleicht findet sich der Wunschdomainname noch bei diesen neuen Superdomains - wenn der Superdomainname passt?

Oft ist Ihr Wunschdomainname bereits vergeben, wird aber eigentlich offenbar nicht benutzt. Es erscheint eine Seite wie „Hier entsteht gerade die Internetpräsenz blablabla ...". Machen Sie dann unter www.denic.de oder www.nsi.com eine sogenannte „Whois-Lookup" nach dieser Domain, die Sie gerne hätten. Damit bekommen Sie einen sogenannten „Administrativen Kontakt" angezeigt - mit E-Mail-Adresse. Dabei handelt es sich in der Regel um den Menschen, der „Ihre" Domain momentan besitzt.

Ist das Domainproblem unkonventionell lösbar? Warum diesen Domainbesitzer nicht anschreiben oder anmailen und ihn fragen, ob er diese Domain verkauft? Vielleicht ist es ein armer Student und Sie bekommen für 500 - 2000 Euro Ihre optimale Domain? Vorsicht bei „Angeboten" oder Preisforderungen jenseits der 10000 US$. Es ist ein simples Geschäft. Wägen Sie ab - entscheiden müssen Sie. www.mcdonalds.com war auf jeden Fall bedeutend teurer - ein Student wurde mit dieser Domain reich.

Die Rechtsform und die Domain

www.ihre_firma.de ist bereits vergeben? Dann kommen manche darauf, die Rechtsform mit in die Domain aufzunehmen z. B. www.ihre_firma-ag.de oder www.ihre_firma-gmbh.de.

Nachteil 1:

Falls sie - aus welchen Gründen auch immer - die Rechtsform wechseln passt Ihre Domain nicht mehr, aber wird bereits von Kunden und Lieferanten benutzt.

Nachteil 2:

Sie verlieren Interessenten oder verwirren Ihre Kunden oder Lieferanten - die suchen nämlich zuerst unter www.ihre_firma.de - und landen bei etwas völlig Anderem.

Wem gehört die Domain?

Jede Domain hat einen „Administrative Contact" und einen „Technical Contact". Der „Technical Contact" ist der Webmaster oder technisch Verantwortliche, meist beim jeweiligen Provider. Wenn Sie eine Domain kaufen, dann achten Sie darauf, dass Ihre Firma und eine natürliche Person Ihrer Firma als „Administrative Contact" geführt sind. Analog zu „Wer den Brief hat, hat das Auto." gilt: „Der Administrative Contact hat die Domain".

2.4.2.2 Provider, E-Mail in alle Welt und Sicherheitsprobleme

Der Provider

Suchen Sie sich einen externen Dienstleister (Provider), der Ihren Web-Auftritt technisch ins Internet stellt (Hosting).

> **Die Providerkosten:**
>
> Achten Sie auf Einrichtungsgebühren, monatliche Fixkosten, Volumengebühren (Datenübertragungsvolumen), Leitungskosten zum Provider sowie sonstige Gebühren des Providers. Verlangen Sie Uptime-Garantien, Ausfallsicherheiten sowie multiple Anbindung des Providers an das Internet genauso wie hohe Sicherheitsstandards (Zugangsschutz, Klimatisierung, Vorrüstungen gegen Feuer, Wasserschäden, Stromausfall etc. im Rechenzentrum des Providers/Serverstandorts) und Vergleichen Sie Angebote verschiedener Provider.

Internet-E-Mail-Integration

Lassen sie prüfen, wie man die interne Groupware am einfachsten und besten mit dem Internet verbindet, so dass Ihre Mitarbeiter von außen per name.vorname@ihre_firma.de oder name@ihre_firma.de erreichbar sind, aber gleichzeitig maximaler Schutz für Ihr internes Unternehmensnetz gewährleistet ist. Beschränken sie die max. Größe von Postfächern z. B. auf 20 MB und je versandter/empfangener Nachricht z. B. auf 2 MB für den normalen Benutzer. Das entlastet Ihre IT-Infrastruktur und zwingt die Benutzer zu etwas Disziplin.

Sicherheitsrisiken

Je nach Sensitivität der Informationen, welche dem jeweiligen Mitarbeiter zur Verfügung stehen (Berechtigungskonzept Ihres Netzwerkes!), ist es auch sinnvoll, sich zu überlegen, ob lange Textmails oder Mails mit Dateianhängen an fremde E-Mail-Internetadressen versandt werden dürfen oder nicht. Früher wurden Dokumente kopiert und in Aktenordnern aus der Firma herausgeschafft. Heute genügt dazu ein Klick auf den „Absenden"-Knopf. Lassen Sie sich von Experten in Online- und Datenschutzrecht aufklären, was in diesem Bereich gesetzlich zulässig ist. Benachrichtigen Sie Ihre Mitarbeiter bereits im Vorfeld darüber, dass E-Mails und/oder der E-Mail-Verkehr in bestimmtem Umfang überprüft werden - natürlich, ohne die exakten Details zu nennen.

2.4.2.3   Grundsätzliche Festlegungen zur Website

Treffen Sie eine Grundsatzentscheidung

Was steht im Vordergrund der Darstellung im Internet? Die Firma oder das Management (Bill Gates oder BASF)? Ziehen Sie diese Grundsatzentscheidung durch und wechseln Sie diese nicht mehr.

Ziel & Vision

Machen Sie Allen (nicht nur den direkt beteiligten) Mitarbeitern klar, warum, weswegen und mit welcher Zielsetzung die Firma ins Web geht. Ohne interne Offenheit und Klarheit riskieren Sie eine Pleite, denn Ihre Mitarbeiter werden auf Dauer entscheidenden Anteil an den Inhalten Ihrer Website haben.

Internationalität & Fremdsprachen

Wenn Ihr Unternehmen international tätig ist oder dies in Kürze sein soll, planen Sie von Anfang an, Ihre Website (auch) in Englisch anzubieten. Wenn Sie nun in Zukunft eine zweite Sprachversion Ihrer Website anbieten möchten, sollte dies schon von Beginn an vorgesehen werden (Sprache als das oberste Unterscheidungskriterium im Inhaltsbaum Ihrer Website). Dies bedeutet zu Beginn keinen Aufwand und spart später Zeit und Kosten.

Optimalerweise beherrschen die Mitarbeiter die Fremdsprache so gut, dass sie sich fließend und gewählt darin ausdrücken können. Ist dies nicht der Fall, sollte (intern oder extern) ein auf Zuruf arbeitender Übersetzungsdienst eingerichtet werden. Unter Umständen sind auch Sprachkurse für die Mitarbeiter sinnvoll.

> **Sprachkurse für Mitarbeiter?!**
>
> Achten Sie bei mehrsprachigen Websites in jedem Fall darauf, dass sprachliche Sauberkeit der Inhalte in der jeweiligen Fremdsprache gewährleistet ist („You can say you to me"-Effekt).

Bereiche & Struktur

Strukturieren Sie Ihre Website inhaltlich eindeutig von der ersten Seite (der Homepage) aus in klar definierte Bereiche wie: Home, Investor, Products, Contact, Press, Jobs, Projects, Profile etc. in eine hierarchische Baumstruktur, wie Sie dies mit Ordnern oder Verzeichnissen auf Ihrem Computer kennen.

2.4.2.4   Einheitlichkeit, Aktualität und Interaktivität

Inhaltliche Einheitlichkeit

Dem Kunden/Interessenten oder auch dem eigenen Mitarbeiter werden vertriebslinienübergreifend und funktionsbereichsübergreifend die gleichen Daten zur Verfügung gestellt.

Optische Einheitlichkeit

Sorgen Sie für klare Einhaltung Ihrer CI (Corporate Identity) bei der Gestaltung und dem Layout Ihrer Website.

Sprachliche Einheitlichkeit

Je mehr inhaltliche Bereiche Ihr Webauftritt umfasst, desto wichtiger ist eine weitgehend einheitliche „Handschrift" bei der textlichen Gestaltung (Verwendung von Abkürzungen, Schreibweisen, Rechtschreibung, Preisangaben in Euro, DM, oder US-$ etc.). Die organisatorische Herausforderung ist hierbei, dass verschiedene interne Content-Quellen sich mit „einer Stimme" ausdrücken. Andernfalls besteht die Gefahr, dass Ihr Webauftritt als Sammelsurium unterschiedlicher Stile oder - noch fataler - unterschiedlicher Firmen wahrgenommen wird.

> **Vorher sagen, wie es später sein soll**
>
> Die Ausarbeitung von verbindlichen Regeln für Formulierungen, Reaktionszeiten und CI-Bestandteile sowohl für die Erstellung von Content als auch für die Interaktivität („Eine Sprache - aus einem Guss") ist keine verschwendete Zeit, sondern notwendig.

Lassen Sie Rohentwürfe von CI- sprach- und kulturkonformen Standardantworten entwerfen, die in der jeweiligen Fachabteilung als Hilfe und Richtschnur benutzt werden können.

Aktualität

Sorgen Sie sich um Aktualität und klare Sprache. Eine „News"-Kolumne, in der die neueste Nachricht vier Wochen alt ist, hat ihren Namen verfehlt. Ein Web-Auftritt muss aktuell sein. Die

Ankündigung für September letzten Jahres ist genauso schädlich wie die Geschäftsberichte vom Vor-Vorjahr oder die veraltete Preisliste. In der Rubrik „Pressemitteilungen" hingegen ist so etwas möglich - ohne dass jemand daran Anstoß nimmt.

> **Zuständigkeiten festlegen!**
>
> Sichern Sie interne Verantwortlichkeiten und Kompetenzen für Inhalt und Aktualität der Website pro Bereich.

Interaktivität - inhaltlich

Durch eine eigene Website öffnen Sie potenziellen Kunden, Lieferanten und Interessenten eine weitere Möglichkeit, mit Ihrer Firma in Verbindung zu treten. Das bedeutet mehr Arbeit. Je nach Zielrichtung und Business-Modell Ihres Web-Auftritts sind völlig verschiedene Bereiche oder Abteilungen in Ihrem Unternehmen gefordert, mit dieser Interaktivität umzugehen.

Anfragenkanalisierung

Anfragen lösen Arbeit aus - damit diese Arbeit schnell und effektiv durchgeführt werden kann, muss jede eingehende Information an die richtige Stelle transportiert werden. Beispiel: contact@ihre_firma.de ist als einzige Kontaktadresse zu unspezifiziert, führt zu internen Verzögerungen und liegengelassener Arbeit oder wird sogar „vergessen". Wenn es „Investor Relations" sind, brauchen diese eine eigene E-Mail-Adresse und jemanden, der sich um Anfragen an diese Adresse kümmert. Genauso bei Preisinformationen, Konstruktionsanfragen, Business Development, Lieferantenangeboten etc. Für jede inhaltliche Form einer Tür, die Sie im Web öffnen, muss ein Gegenstück in Ihrem Unternehmen existieren, welches dort „am Tresen steht" - wie bei Tante Emma um die Ecke.

Geschwindigkeit

Auf dem E-Mail-Weg wird eine Reaktionszeit binnen weniger Stunden am selben Werktag, spätestens am folgenden Werktag erwartet. Definieren Sie daher feste Verantwortlichkeiten und Verteilerlisten für die Ihre funktionalen E-Mail-Adressen wie z. B.: support@ihre_firma.de oder presse@ihre_firma.de oder webmaster@ihre_firma.de oder einkauf@ihre_firma.de etc. Dazu gehört auch eine Kategorisierung der (externen) Anforderung und ggf. die Einschaltung weiterer Abteilungen. Denken Sie frühzeitig an Stellvertretungsregelungen für diejenigen Mitarbeiter, welche „am virtuellen Tresen stehen". Das kann man auch technisch (automatische Weiterleitung) realisieren.

Vorgaben & Kenntnisse

Diese Mitarbeiter sollten direkt aus den jeweiligen Fachabteilungen kommen, über gute Englischkenntnisse verfügen, sich ausdrücken können und über einen klaren, definierten Entscheidungsrahmen verfügen (Was mache ich mit ...? Darf ich Preise herausgeben/verhandeln? etc.). Gleichzeitig müssen diese Mitarbeiter auch wissen, welche Informationen sie keinesfalls benutzen oder weitergeben dürfen. Abteilungsleiter sind dafür eine schlechte Wahl; da sie oft nicht am Platz oder außer Haus sind und ebenfalls oft bereits unter Informationsüberflutung leiden.

Abteilungsübergreifende Aktivität

Diese sollte auf Fachebene spontan möglich sein, um eine schnelle und zielgerichtete Bearbeitung zu ermöglichen. Ziel: Erste Reaktion innerhalb eines Arbeitstages. Prüfen Sie Ihre interne Struktur auf Abteilungskämpfe oder Eifersüchteleien, die solchen ad-hoc-Arbeiten entgegenstehen und stellen Sie diese - so gut es geht - ab. Nimmt Web-induzierte abteilungsübergreifende Aktivität jedoch überhand, sollte man die Organisationsstruktur durchleuchten, denn wenn die Ausnahme zur Regel wird, stimmt die Struktur nicht mehr. Es ist sogar wahrscheinlich, dass dies mittelfristig passiert.

Interaktivität - technisch

Der Interessent wählt den technischen Transportweg, den er will. Im Web wählt der Interessent z. B. die E-Mail oder ein Online-Formular. Er hätte aber genauso gut auch Telefon, Fax, E-Mail, SMS oder WAP benutzen können. Der vom Kunden gewählte technische Transportweg, um an das Unternehmen heranzutreten, darf jedoch keinen Einfluss auf Qualität, Güte oder Geschwindigkeit Ihrer Antwort haben. Der technische Transportweg E-Mail und/oder Online-Formular muss als „neuer" Transportweg in Ihre technische und organisatorische Infrastruktur eingebettet sein. Dies heißt nicht, dass Sie sich für jeden Weg eine eigene separate Infrastruktur leisten sollen. Der Kunde bestimmt den Weg - die interne Bearbeitung sollte (möglichst) unabhängig vom technischen Weg stattfinden, z. B. nur mit einer oder zwei Applikationen (z. B. durch Fax-Server, E-Mail-Gateways). Stellen sie sich nicht noch den fünften neuen Fernseher hin - schaffen Sie lieber durch intelligente Lösungen zwei Fernseher ab!

2.4.2.5   Was externe Dienstleister tun können und sollten

Technische Betreuung der Website

Wenn Ihr Unternehmen genug internes Know-how besitzt, um eine Website technisch zu betreiben und ausreichend Netzwerksicherheit garantieren zu können, benötigen sie keine Hosting-Leistung von Ihrem Provider, sondern „nur" eine schnelle Standleitung ins Internet.

Design und „Look & Feel" der Website

Wenn Ihr Unternehmen genug internes Know-how besitzt, um eine Website gestalterisch und inhaltlich zu betreiben (Navigation, CI, „Look & Feel", Usability), benötigen Sie keine sogenannte „Media-Agentur" als weiteren Dienstleister für genau diese Aufgaben.

Kulturfremdheit der Dienstleister

Egal, ob Provider oder Media-Agentur: Diese Leute haben keine Ahnung von Ihrer Firma und Ihrem Geschäft, ja sie sprechen oft eine völlig andere Sprache und denken auch in anderen Kategorien und Begrifflichkeiten. Ihre Dienstleister sollten daher mindestens einmal bei Ihnen gewesen sein, Ihre Produkte „physisch" gesehen haben, eine Vorstellung vom Selbstverständnis Ihrer Firma gewonnen haben. Die Zeit für dieses „Hineinschnuppern" ist in der Regel sehr gut angelegt - im Projektverlauf der weiteren Zusammenarbeit gibt es dadurch einfach weniger Probleme.

2.4.2.6   Freigabe- und Änderungsdienst

Das Ändern und Einpflegen der Inhalte in die Website will organisiert sein. Legen Sie fest: Wer ist für die Pflege oder das Update der Website mit welchem Hilfsmittel verantwortlich? Definieren Sie dadurch den sogenannten Änderungsdienst.

- Die **inhaltliche Verantwortung** für die Website muss aufgrund des Fachwissens bei den zugeordneten Fachabteilungen in Ihrem Unternehmen liegen (diese Mitarbeiter wissen es am Besten).

- Die **technische Verantwortung** muss beim Änderungsdienst liegen - extern oder intern. Zur Veröffentlichung auf der Website geliefertes Material darf nicht verfälscht werden und muss sicher und mit messbarer Reaktionszeit auf die Website gelangen

- Die **Schnittstelle** dazwischen ist der **Freigabedienst**. Neue Inhalte sind erstellt und sollen auf die Website: Wer ist dann berechtigt (Stellvertretung nicht vergessen!), für welchen Bereich der Website welche Änderungen freizugeben und muss diese Freigabe dann auch verantworten? Fachwissen und Beherrschen der Zielsprache sowie Verfügbarkeit sind Grundvoraussetzungen für diese Mitarbeiter. Freigeber dürfen freigeben oder korrigieren oder redigieren oder ablehnen - in ihrer jeweiligen Verantwortung für das Unternehmen. Darüber hinausmuss für den Änderungsdienst klar definiert sein, wer wann und wofür Freigeber ist. Jede Änderungsanforderung sollte elektronisch und online erfolgen. Warum etwas ausdrucken, zweimal abtippen oder Disketten durch die Gegend tragen? Das führt nur zu mehr Arbeit und mehr Fehlern!

- Der **Änderungsdienst** darf (und muss dann umgehend = bis wann?) nur auf Anforderung der jeweils Freigabeberechtigten tätig werden. Seine Verantwortung ist das Einpflegen der zu ändernden Informationen in den Web-Auftritt. Das bedeutet noch einmal ganz klar: Der Änderungsdienst produziert keine Inhalte. Er bekommt Inhalte und ist dafür verantwortlich, dass diese zeitgerecht und wie angefordert ins Web kommen.

- **Zeitgesteuerte Pflege**: Wird etwas (Neues) am Montag um 0.00 Uhr (un)gültig, gibt es technische Lösungen, dies vorher einzupflegen, und es wird zum gegebenen Zeitpunkt automatisch aktualisiert. Eine schöne Angelegenheit für Preislisten, neue Produkte, Sonderangebote, Pressemeldungen etc.

- Wenn der Änderungsdienst durch einen **externen Dienstleister** geschehen soll, ist es insbesondere für den Freigabedienst wichtig, dass man exakt die gleiche Sprache spricht. Darüber hinaus müssen die Schnittstellen, die Workflows für Inhalte nach der Freigabe, die Benachrichtigungswege, die Reaktionszeiten bis zur Einpflege und die Rückmeldungen nach dem Live-Schalten des eingepflegten Inhaltes schriftlich definiert, vereinbart und installiert sein.

- Je nachdem, wie hoch der Grad an **sensiblen Informationen** ist, die der Änderungsdienst erhält und abhängig davon, welches Vertrauen Sie zu einem externen Dienstleister haben beantwortet sich die Frage fast von selbst, welche Inhaltsteile durch Externe und welche durch eigene Mitarbeiter im Änderungsdienst eingepflegt werden sollen.

- Wenn die vorhandenen **Web-Content-Management-Systeme** mittelfristig aus ihren Kinderschuhen herausgewachsen sind, kann man damit den Änderungsdienst hoffentlich abschaffen - dies bedeutet jedoch zusätzliche Arbeit und Verantwortung für die inhaltlich Verantwortlichen in den Fachabteilungen - in Bezug auf technische Kompetenz und gestalterische CI-Konformität.

- Ein Produktbild in der Print-Werbung hat ein Format und eine Größe, die für das Internet völlig ungeeignet ist. Es muss daher geklärt werden, wo und durch wen **multimediale Inhalte** (z. B. Bilder) in einer für das Web geeigneten Dateigröße und Auflösung angeliefert oder konvertiert werden. Dies kann ggf. auch durch den Änderungsdienst geschehen.

2.4.3   Phase 2: Implementierungsanforderungen

Der richtige Startzeitpunkt

Machen Sie keine halben Sachen in Ihrer Website - auch nicht zum Start. Bereiche, hinter denen sich inhaltlich nichts verbirgt, darf es nicht geben.

Die richtige Startseite

Die „Homepage", also die erste Seite, die ein Benutzer von der Website zu sehen bekommt, muss wirklich gut sein und beim Benutzer den Wunsch nach „Mehr" wecken.

Navigation

Lenken Sie Ihr Augenmerk nicht zu stark nur auf das visuelle Erscheinungsbild Ihrer Website. Mindestens genauso wichtig ist, dass der Benutzer sofort und intuitiv versteht, wie man durch die Site navigiert. Besonders wichtig ist dabei das Thema der mehrstufigen Navigation.

- Auf jeder einzelnen Seite sollte stehen, wo der Benutzer sich befindet, z. B. „Home -> Presse -> Pressemitteilungen".

- Im „Hauptmenü" der Navigation sollten nicht nur die großen Bereiche sichtbar sein, wenn der Benutzer sich innerhalb eines Bereiches bewegt. Hier hilft ein dynamisches hierarchisches Menü, das sich je nach Auswahl des Benutzers verändert oder anpasst und untergeordnete Ebenen einblenden kann.

Aufnahme der Websitein die CI

Web-spezifische Eigenheiten, welche sonst in keinem anderen der von Ihrem Unternehmen genutzten Medien verwendet werden (Website-weite gleichartige Reaktion auf Benutzeraktionen - unabhängig davon, wo diese ausgelöst wurden), sollten formalisiert beschrieben und in das unternehmenseigene CI-Konzept integriert werden.

Usability Lab

Führen Sie anonyme Befragungen Ihrer Mitarbeiter zu der neuen Website durch, bevor die Website live im Internet steht. Die Anonymität der Befragung hilft dabei, die echte Meinung zu erfahren. Nehmen Sie Kritik ernst und stellen Sie die Hauptkritikpunkte vor dem Live-Betrieb Ihrer Website ab.

Rechtliches

Jede ernstzunehmende Website benötigt eine „Legal Notice" oder eine „Nutzungsvereinbarung". Schützen Sie Ihre Firma gegen Abmahnungsritter und Schadensersatzklagen durch entsprechende Haftungsausschlüsse. Auch Warenschutzzeichen und Schutzmarken anderer Hersteller sind separat aufzuführen. Lassen Sie sich diesbezüglich eingehend beraten - am Besten von einem Fachanwalt für Onlinerecht. Vergessen Sie nicht, dies ggf. auch auf Englisch oder in weiteren Sprachen rechtlich wirkungsvoll zu tun - auch in Bezug auf Produkthaftung und internationales Recht.

2.4.4 Phase 3: Der Betrieb der Website

Aktualität der Inhalte

Helfen Sie Ihren Mitarbeitern, sich im Internetbereich freizuschwimmen - besonders dann, wenn diese Mitarbeiter Inhalte für Ihre Internetpräsenz bereitstellen, aufbereiten oder formulieren sollen, denn die Unternehmens-Website ist eine sehr wichtige Visitenkarte Ihres Unternehmens.

Immediate response

Ihre Website im Internet muss „leben" - ähnlich wie das Intranet. Gerade und im Besonderen dann, wenn Ihr Unternehmen in guten Schlagzeilen ist. Wenn Sie aktuell in den Medien sind, dann nutzen Sie Ihre Website offensiv - so viele zusätzliche Besucher bekommt Ihre Website so schnell nicht wieder! Dazu brauchen Sie jedoch die organisatorische Option einer ad-hoc -

Re(d)aktion im Internet. 24h am Tag - wenn es denn sein muss. Das gilt auch für eine angemessene Reaktion auf schlechte Nachrichten. Die Website muss für Krisensituationen in die entsprechenden Pläne eingebunden sein. Ein paar Sätze des Bedauerns mit der Zusage, an der rückhaltlosen Aufklärung der Ursachen mitzuwirken stünden z. B. mancher Luftverkehrsgesellschaft nicht schlecht zu Gesicht, wenn eines ihrer Flugzeuge abgestürzt ist.

Aber auch bei alltäglicheren schlechten Nachrichten wie z. B. nicht erreichter Ziele bezüglich Marktanteil, Umsatz oder Gewinn sollte die Website diese Ereignisse nicht ignorieren. Dann besteht wenigstens die Chance, positivere Aspekte in die Diskussion mit einfließen zu lassen und so dazu beizutragen, den Schaden zu begrenzen.

„Eine Sprache" in der Begrifflichkeit

Wenn z. B. Ihr Produkt „Aforpurati 250" heißen sollte und intern nennt es jeder „A 250", dann muss auf der Website immer der offizielle Name verwendet werden. Sonst werden Kunden oder Interessenten verwirrt. Einheitlichkeit schützt hier vor Rückfragen nach dem Unterschied (noch die Beste zu erwartende Reaktion) und der Frustration der User. Solche Dinge sind organisatorisch nur durch klare Vorgaben zu lösen: Für Alle, die im Internet publizieren. Gibt es diese nicht, passiert Wildwuchs. Und die Pflege dieser Vorgaben ist eine Daueraufgabe, welche ebenfalls organisiert sein muss.

> **Beobachten Sie Ihre Mitbewerber!**
>
> Definition und Beobachtung der direkten Konkurrenz ist wichtig! Was machen die geschätzten Konkurrenten im Netz? Schauen Sie hierbei besonders auf Konkurrenzunternehmen in den USA, da man uns Europäern im Internetbereich dort oftmals weit voraus ist. Monatsberichte für die Geschäftsleitung sollten ausreichen, aber im Falle wichtiger Änderungen (besonderer Service, besondere Werbung etc.) sollte direkt zur Führungsebene weitergegeben werden können.

Warum Konkurrenzbeobachtung?

Das ist einfach: Die eigene Internet-Website ist die schnellste und kostengünstigste Möglichkeit für das eigene Unternehmen, Änderungen zu proklamieren. Dort passiert es also meist zuerst. Sie haben somit durch „Konkurrenz-Website-Beobachtung" in der Regel einen Zeitvorteil für Ihre Reaktion. Gleichzeitig können Sie im Umkehrschluss daraus für Ihre Website lernen, dass grundsätzliche Änderungen auf verschiedenen Medien zeitgleich passieren sollten - nicht zuerst auf der Website. Wirklich erstaunlich: Dieses Verhalten ist - zumindest im Moment - noch eher die Ausnahme. Profitieren sie davon. Organisatorisch ist dies eine Aufgabe in der Größenordnung von 20-30 Stunden/Monat für einen klassischen GF-Assistenten, der Markt- und Produkteinblick haben muss, um die Signifikanz von Änderungen der Konkurrenz-Websites erfassen und entsprechend gewichten zu können.

Schlüsselworte

Definieren Sie für jeden inhaltlichen Bereich Ihrer Website eine eigene Liste von Schlüsselworten und einem oder zwei Sätzen, die Ihr Angebot im jeweiligen Bereich charakterisieren. Mit Hilfe dieser Schlüsselworte und der Inhaltscharakterisierung können Ihre Seiten im Internet mit sogenannten „Meta-Tags" versehen. Das sind spezielle Steuerzeichenketten in Webseiten die normalerweise nicht angezeigt werden. Diese Meta-Tags sind wiederum Voraussetzung für eine erfolgversprechende Aufnahme Ihrer Inhalte in die Datenbanken der wichtigsten Freunde und Verbündeten, die Sie im Internet haben: Die Suchmaschinen.

Benutzersicht

Denken Sie bei der Formulierung Ihrer Schlüsselwörter immer aus der Sicht eines suchenden Benutzers. Der sucht nicht nach Produkt- oder Firmennamen, sondern nach Überbegriffen, also z. B. eher selten „Aforpurati 250" und so gut wie nie „Müller GmbH" sondern nach „Kopfschmerzen"! Ihre Produkt- oder Firmennamen finden die Benutzer dann auf Ihrer Website. Holen Sie die Benutzer bei ihren Fragestellungen und Problemen ab, damit Websurfer überhaupt Besucher werden und Ihre Website überhaupt finden können!

Jeder Benutzer überträgt an Ihren Webserver die Adresse der letzten Seite, die er besucht hat, den sogenannten „Referer" und so zumindest grob, wo er herkommt. Diese Daten kann Ihr Webserver in eine Log-Datei schreiben, die dann relativ einfach auszuwerten ist.

> **Wer sind Ihre Besucher?**
>
> Lassen Sie sammeln und auswerten, wo Ihre Besucher sind und von welcher Website sie herkommen! Dies gibt Ihnen einen guten Aufschluss darüber, wie viele „echte" Nutzer Ihre Website hatte (Ziehen Sie diejenigen Zugriffe mit dem Referer „ihre_firma.de" ab!), wo es regionale Schwerpunkte gibt und wie viele Benutzer welche Suchmaschine Ihnen zugetragen haben.

2.4.5   Was sind die Benefits?

- Sie haben das Problem gelöst, in Kürze ohne eigene Website nicht mehr ernst genommen zu werden.

- Ihre Firma hat eine kostengünstige und strategisch wichtige Plattform erschlossen, um zukünftig auf Basis von E-Business Information, Marketing und andere Funktionen im Internet anbieten zu können (z. B. einen Online-Shop mit Standard-Katalogprodukten).

- Sie haben - ganz nebenbei - Ihre Mitarbeiter weltweit E-Mail-fähig gemacht.

- Nach Groupware und Intranet wurde jetzt eine organisations-übergreifende Redaktionsorganisation für die eigene Darstellung gegenüber Externen geschaffen.

2.4.6   Technische Umsetzung

2.4.6.1   Die Homepage muss sich schnell aufbauen

Technische Maßgabe ist hier: Ohne Proxy (das ist ein Zwischen-speicher-Rechner) über das Internet mit einem einfachen handelsüblichen Internetzugang (Modem oder ISDN - kein Firmen-netzwerk) und von einem anderen Provider als demjenigen, der Ihre Website betreut muss nach spätestens sieben Sekunden alles da sein, sonst ist der Besucher weg!

2.4.6.2   Eintrag in die Suchmaschinen

Saubere Umsetzung der Inhaltsbeschreibung und der Schlüssel-worte auf Meta-Tags in jeder Seite sowie die Eintragung der Website in die wichtigsten 10-50 Suchmaschinen sollten Sie ebenfalls verlangen. Und auch bei der „Submission", der Bitte um Eintragung Ihrer Website in eine Suchmaschine, gibt es ein paar Fallstricke. Jede Suchmaschine sagt genau, was bei der

Submission von Websites erwartet wird und was man nicht möchte. Halten Sie sich daran. Und helfen Sie den Suchmaschinen auf Ihrer Website durch entsprechende Meta-Tags (Robots) und Dateien (robots.txt).

Ärgern Sie die Suchmaschinen nicht! Übertreiben Sie es nicht mit mehrfachen Anmeldungen Ihrer Website bei ein und derselben Suchmaschine! Das könnte nämlich dazu führen, dass Ihre Website überhaupt direkt für einige Zeit oder für immer aus dem Verzeichnis der Suchmaschine verschwindet.

2.4.6.3   Die Benutzer nicht vergraulen

Verzichten Sie auf technischen Schnick-Schnack wie **Sounds, Videos oder großflächigen Animationen** auf Ihrer Startseite. So schön das vielleicht aussehen mag: Die Ladezeiten vergrößern sich dadurch. Denken Sie an die 7 Sekunden. Und beim interessierten Besucher können auf dem Bildschirm anstatt Ihrer Homepage erst einmal Hinweise erscheinen wie: „Soll ich Jetzt BlitzXYZ Version 4.658 downloaden, damit diese Seite richtig dargestellt werden kann?" Diese Besucher haben Sie damit oft schon vergrault, bevor sie überhaupt die Chance hatten, Ihren Internet-Auftritt zu sehen. Außerdem möchten Sie doch, dass der Besucher wiederkommt. Soll er sich das dann jedes Mal anhören/ansehen müssen? Fänden sie das gut, wenn Sie Benutzer wären? Je nach den Geschäftsfeldern Ihrer Firma kann ein multimedialer Einstieg in Ihre Website Sinn machen, etwa wenn Sie eine Design-Büro betreiben und so die Multimedia-Komponenten per se eine sinnvolle Präsentation Ihres Unternehmens ermöglichen. Für die überwiegende Anzahl von Unternehmen jedoch trifft dies nicht ohne weiteres zu. Für diese sollten Multimediaangebote ergänzend einsetzbar sein, etwa für Produktdemonstrationen. Faustregel hierfür: Breite und Streuung von Multimediainhalten ist abhängig vom Ziel der Website, den Zielgruppen und dem Geschäftsfeld des Unternehmens.

Verlangen Sie Cross-Browser-Funktionalität, d. h. egal, mit welcher Browser-Software ein Benutzer Ihre Website anschaut - sie sieht mit Browser X genau so aus wie mit Browser Y.

Bei der Nutzung von Scripts (z. B. **Javascript**) oder Applet-Funktionalität (**Java**) sollte man einen guten Grund für den Einsatz dieser Technologien haben. Besucher, die diese Features deaktiviert haben, sollten wenigstens eine halbwegs brauchbare Version der Website zu sehen bekommen und nicht einfach mit dem Hinweis „Schalten Sie das bitte ein" oder - noch schlimmer - mit einer leeren Seite abgespeist werden. Ist dies technisch nicht möglich, prüfen Sie erneut die Anforderung/die Gründe und die Notwendigkeit für den Einsatz dieser Features. Vielleicht kann man ja doch auf diese verzichten. Falls dies wiederum nicht möglich ist, verlangen Sie zumindest freundliche Hilfetexte für diese Besucher mit bebilderten Anleitungen, wie der User - abhängig vom jeweiligen Browser - die notwendigen Einstellungen durchführen kann.

Wenn Ihre Website **Frames** verwendet und der Browser des Besuchers kann diese nicht darstellen (dies ist besucherindividuell prüfbar), ist es ebenfalls das Mindeste, dem Benutzer eine freundliche Rückmeldung zu geben und detaillierte Hilfestellung anzubieten, wie man das Problem lösen kann (z. B. Download eines moderneren Browsers) oder - natürlich besser - automatisch eine Version Ihrer Website zur Verfügung zu stellen, welche keine Frames benutzt. Mit der jetzigen Verbreitung von Browsern, die mit Frames gut umgehen können, sollte jedoch der Hinweis im Normalfalle ausreichen und man kann sich die Kosten für eine „Frame-lose" Websiteversion sparen.

Cookies sind kleine „Datenkekse", die Ihr Webserver auf den Rechnern Ihrer Benutzer platzieren kann - sofern der Benutzer dies zulässt. Ihr Server kann dann die Cookies lesen und die Daten daraus nutzen. Bei den Cookies gehen die Meinungen weit auseinander. Manche Websites bombardieren den Benutzer mit mehreren Cookies pro Seite, andere verwenden gar keine Cookies. Empfehlung:

- Gehen Sie mit Cookies möglichst sparsam um, verwenden Sie nur temporäre Cookies, die Sie zur Navigationsunterstützung und dem Session Management wirklich benötigen.

- Vermeiden Sie große Datenpakete in Cookies (das macht für den Benutzer Ihren Server langsam oder träge).

- Weisen Sie für den Benutzer an geeigneter Stelle darauf hin, wozu Sie Cookies wirklich brauchen und einsetzen.

- Für geschlossene oder geschützte Bereiche der Website ist eine darüber hinausgehende Verwendung in Ordnung, aber der öffentliche Bereich Ihrer Website sollte auch ohne Cookies funktionieren.

Zum Thema **DHTML** (Dynamic HTML): Darunter versteht man, dass eine Seite im Web auf Aktionen des Benutzers Reaktionen zeigt (z. B. ein Untermenü aufklappt). Die dafür notwendigen

Scriptfunktionalitäten sind Ende 2000 zu unterschiedlich implementiert bzw. bei zu vielen Browsern noch nicht verfügbar. Der Standardisierung des DOM (Domain Object Model) Level 1 fehlt es an Events, die Interaktivität auslösen können und Level 2 ist noch im Vorschlagsstadium. Darüber hinaus treiben die Haupthersteller von Browsersoftware bislang ein etwas undurchsichtiges Spiel beim Füllen der Lücke zwischen diesen Standards und wirklich existierenden Browserprodukten, die sich standardkonform verhalten. Es ist traurig, aber entgegen dem Standard wird eigene Funktionalität definiert und implementiert oder gar kein Produkt herausgebracht. Das Ergebnis ist, dass „schöne" DHTML-Effekte browserübergreifend nur mit hohem Aufwand entwickelt und gepflegt werden können. Bis sich Standardbrowser, die auch den Standard einhalten, mit einer Verbreitung > 75 % auf dem Markt durchgesetzt haben werden, wird es noch eine ganze Weile dauern. Wir schätzen, dass dadurch frühestens ab ca. Anfang 2002 eine ernsthafte DHTML-Nutzung sinnvoll ist. Bis dahin kann man browserübergreifend eigentlich nur sehr wenig mit DHTML tun.

2.4.6.4   Die Website wächst - wer hält Schritt?

Je größer und umfangreicher Ihre Website wird, desto größer wird die Gefahr, dass der Änderungsdienst ein Flaschenhals wird. Dann braucht der Änderungsdienst noch nicht unbedingt gleich ein Redaktionssystem, aber zumindest ein Tool, eine Technik, eine Vereinfachung, um die Pflege des Content schneller bewältigen zu können. Oft reichen kleine selbstentwickelte Routinen aus, um Content und Layout so weit voneinander zu trennen, dass der Änderungsdienst wieder schneller wird.

2.4.7   Wann lohnt sich der Einsatz?

Als reine „Hallo hier sind wir, das machen wir" - Website werden Sie die Kosten nie hereinbekommen - nichtsdestotrotz müssen Sie höchstwahrscheinlich eine Unternehmens-Website aufbauen und betreiben.

Zur Refinanzierung und um besser konkurrieren zu können kann Ihre Firma in weiteren Stufen des Ausbaus (immer Schritt für Schritt!) standardisierte Beratungs- und Supportfunktionen in der Website genauso integrieren wie die Generierung von Umsätzen/Verkäufen durch einen Shop und vieles Andere mehr.

In jedem Fall jedoch bleibt die eigene Unternehmenspräsenz in Verbindung mit flächendeckendem Einsatz von Groupware und einem brauchbaren, die Prozesse und Workflows unterstützenden Intranet das „Dreigestirn", das fast jede Firma bereits heute benötigt, mindestens jedoch bald benötigen wird. Sehr bald. Und für jede dieser Komponenten spielt die IT-Sicherheit eine sehr wichtige Rolle.

2.4.8   Organisatorische Integration

Eine Web-Präsenz jedweder Form ohne organisatorische Integration ist wie der Kauf eines zusätzlichen Fernsehers, um ein anderes Programm ansehen zu können - teuer, sinnlos und mit Mehrarbeit verbunden.

Schaffen Sie keine separate „E-Organisation"! Vermeiden Sie grundsätzlich organisatorische E-Business-„Inseln" im Sinne zusätzlicher Organisationsstrukturen, denn dieses könnte gefährlich werden.

- Die „E-Organisation" in Ihrem Unternehmen spielt dann schnell eine Exotenrolle (vom „Rest" ignoriert oder geschnitten wird) - das produziert neue Machtkämpfe und weiteres Kompetenzgerangel.

- E-Business ist ein strategischer Erfolgsfaktor für das gesamte Unternehmen und somit muss jede Abteilung und jeder Mitarbeiter im Wortsinne daran mit-arbeiten.

- Ihr Unternehmen kann sich eine Sonderrolle für E-Business in Zukunft schlicht nicht leisten.

- Bei einer organisatorischen Insellösung haben Sie zusätzliche Probleme durch mannigfaltige neue interne Schnittstellen im Unternehmen und fehlendes Fachabteilungs-Know-how in der „E-Organisation".

> **Der (langfristig) sinnvollere Weg**
>
> Einbettung des E-Business in die Organisation ist auf Dauer der deutlich preiswertere und nachhaltigere Ansatz. Integrieren statt dividieren. Ziele: Verantwortung zu den fachlichen Kompetenzträgern, Trennung von Technik und Inhalt, Lernen der Organisation, E-volution.

Der Betrieb und die Pflege der Website ist keine Angelegenheit von Tagen oder Wochen. Es ist eine Daueraufgabe. Lieber kleiner starten und nachhaltig ausbauen als mit großem Getöse -

und schon nach wenigen Wochen tut sich nichts mehr. Die eigene Website ist ein Marathonlauf, kein 100-Meter-Sprint.

Das Web braucht Zeit. Erwarten Sie deshalb keine Wunder! Sie können nicht heute einen Sonnenblumenkern in einen Topf mit Erde stecken und morgen eine ausgewachsene, blühende Sonnenblume erwarten! Der Erfolg kommt nicht sofort Seien Sie sich darüber im Klaren, dass es in der Regel vom ersten Betriebstag an bis zu einem halben Jahr dauert, bis Ihre Website ihr normales Nutzungsvolumen durch Internetbesucher erreicht.

Dies sieht natürlich dann anders aus, wenn vorhandene Kunden und Lieferanten (per E-Mail?) auf das Angebot und seine Vorteile für die jeweilige Zielgruppe aufmerksam gemacht werden oder die Zielgruppen spezifisch mit ergänzenden Marketingmaßnahmen angesprochen wurden.

Offene Stellen?

Die Ausschreibung Ihrer offenen Stellen kann insbesondere für Ihren Bedarf an Mittel- bis Hochqualifizierten als ein eigener Bereich auf der Website durchaus Sinn machen. Dann sollte in diesem Bereich aber auch das Umfeld der Firma (Lage, Region, Infrastruktur, Freizeitangebote etc.) genannt werden, damit Bewerber sich einen umfassenden virtuellen Eindruck machen können.

2.4.9   Die Attraktivität der Website steigern

Um die Attraktivität Ihrer Website zu steigern brauchen Sie ein Merkmal, das Ihre Website aus der Masse heraushebt. Das können z. B. Gewinnspiele sein oder besondere Shop-Angebote, die Lust machen auf „Mehr!" und „Öfter!" - gerade dann, wenn Ihre Kunden und Zielgruppen überwiegend aus Endverbrauchern und Privatleuten bestehen. Der Vorteil für die Firma ist: Sie sammeln Interessentendaten und Adressen, indem sich Interessenten (z. B. für Gewinnspiele) anmelden müssen (Personalisierung). Waren früher relativ aufwendige Mailing-Aktionen für Gewinnspiele Teil Ihrer Marketing-Strategie, können Sie dies jetzt aufs WWW verlegen und sich zumindest einen Teil der Porto- und Druckkosten sparen.

Allen Attraktivitätssteigerungsmaßnahmen ist gemeinsam, dass eine zeitliche Abfolge besteht, die Benutzer zum Wiederkommen animiert werden und dass etwas Besonderes geboten wird.

> **Daueraufgabe Attraktivitätssteigerung**
>
> Durchforsten Sie Ihr eigenes Business und Ihr Unternehmen immer wieder nach Dingen, Informationen oder Sachverhalten, die sich für eine solche Attraktivitätssteigerung eignen. Auch dies ist eine Daueraufgabe.

Durch solche „Suchaktionen" sind andere schon auf Chatrooms, Newsletter, Internet-Zeitungen/E-Zines, Auktionen, Webradio, Free-Mail, Free-SMS und Marketing via E-Mail etc. gekommen. Die einfachsten und naheliegendsten Maßnahmen sind jedoch Berichte über Referenzprojekte, über die nach Absprache mit Ihren Kunden auf Ihrer Website berichtet wird.

Aber all diese Maßnahmen stellen nicht unbedingt Teile eines werthaltigen Business-Modells dar. Sollten Ihre Zielgruppe also weniger Privatleute sondern überwiegend Firmen sein, haben Sie es wahrscheinlich bezüglich der Attraktivität leichter - sowohl was Konzentration auf das Kerngeschäft als auch was die Konkurrenzsituation oder die Marketingkosten angeht.

2.5   E-Komponente 4: IT-Sicherheit darf kein Stiefkind bleiben!

Es ist wie mit der Ampel vor der Schule. Sie wird erst dann gebaut, wenn das erste Kind überfahren worden ist. Viele Entscheidungsträger unterschätzen gewaltig die Herausforderungen und Probleme der IT-Sicherheit! Nicht nur, aber besonders bei Applikationen im E-Business findet oft genug IT-Sicherheit schlicht so lange nicht statt bis etwas passiert - wenn (!) man das merkt.

Die durch die Presse gegangenen Viren-Attacken durch sogenannte „Script-Kids" sind oft lästig bis gefährlich und zeigen Verwundbarkeiten - sind aber Spielkram gegenüber der eigentlichen Gefahr: Dauerhaftes, unbemerktes Eindringen, Kopieren von Firmengeheimnissen, Angebotsunterlagen, Kalkulationen oder Verfahren, bestochene Mitarbeiter, sowie unmerkliche Datenänderung.

2.5.1   Wer nicht umfassend präventiv tätig wird, handelt grob fahrlässig!

Wenn Sie einen Verkaufskatalog ins Netz stellen und jemand ändert Ihre Verkaufspreise in der Produktdatenbank - wann merken Sie das? Ein Aktenordner voll vertraulicher Informationen ist - als Datei - binnen Sekunden verschwunden, verändert oder bei der lieben Konkurrenz. Ein nicht bekämpfter Virus kann binnen weniger Minuten Ihre IT-Infrastruktur lahm legen und/oder Ihre Daten, Dokumente, Präsentationen, Verträge, Notfallpläne, Angebote, Schriftstücke etc. rückstandsfrei entsorgen. „Intelligente Passwörter" wie Eigennamen, Namen des Lebenspartners, des Haustieres, das Autokennzeichen oder einfach der Firmenname sind schlicht gefährlich und verhelfen im Zweifelsfalle Eindringlingen auf billigste Art und Weise Zugang zu jeder gewünschten Information in jedem System.

2.5.2 Die Bedrohung von Innen

Eine starke Bedrohung für die EDV-Systeme im Unternehmen sind die eigenen Mitarbeiter! Das Verhältnis liegt ungefähr bei zwei Dritteln interner Angriffe zu einem Drittel Angriffe von außen. Bei internen Angriffen ist die gesamte Palette vertreten: Löschen oder Manipulation von Daten, Texten oder E-Mails genauso wie Virenangriffe oder das Verkaufen sensitiver Daten an die Konkurrenz.

Die Motivation für solche Angriffe ist die übliche Palette: Unzufriedenheit über Position, Vorgesetzte, Verdienst und Perspektiven etc.

> **Warum IT-Sicherheit so wichtig ist:**
>
> Die eigentliche Gefahr ist, dass in der EDV schneller größere und nachhaltigere Schäden angerichtet werden können als mit den meisten anderen Mitteln - es sei denn, entsprechende Sicherheitsvorkehrungen werden strikt eingehalten und kontinuierlich weiterentwickelt!

2.5.3 Die Bedrohung von Außen - Sicherheits-Falle des E-Business

Wenn durch E-Business Geschäftsprozesse an sich, deren Abwicklung oder deren Marktbildung auf fremde elektronische Systeme verlagert werden, bedeutet das immer die Abhängigkeit der eigenen Firma von einer IT-Infrastruktur, die man selbst nicht unter Kontrolle hat. Überspitzt ausgedrückt: Sie geben Teile der Firma in externe Hände. Externe Dienstleister erhalten sensitive Daten über Datenleitungen zum Speichern und Weiterverarbeiten. Es bestehen Risiken, dass dieser Transportweg der Daten ausgespäht wird (Industriespionage) oder ausfällt (Bagger). Auch der Dienstleister an sich kann ausgespäht werden oder in der von Ihnen benutzten E-Business-Software können sogenannte

„Backdoors" zum Ausspähen eingebaut sein. Und auch Ihr Dienstleister ist vor Wasser, Feuer, Stromausfall etc. nicht gänzlich gefeit. Achten Sie auf allerhöchste Anforderungen zur Sicherung Ihrer Daten bei Ihnen, Ihren Dienstleistern und auf dem Weg dazwischen! Auf Dauer!

- Lassen Sie sich vertraglich bindend Einblick geben in die Vorkehrungen, welche der Dienstleister zum **Schutz gegen Ausspähung** seiner eigenen Infrastruktur, seiner Datensicherungen und seiner Applikationen getroffen hat und trifft.

- Lassen Sie sich vor Abschluss eines Vertrages die **Vorkehrungen gegen Datenverlust**, Feuer, Wassereinbruch, Stromausfall, Überhitzung, Datenleitungsausfall, Serverausfall und unberechtigten Zugriff Ihres Dienstleisters vor Ort zeigen. Nehmen Sie dazu Ihre eigenen Fachleute mit.

- Die regelmäßige Durchführung eines beauftragten **Spähangriffs** auf die eigene Infrastruktur sollte selbstverständlich sein. Nach Absprache mit Ihren IT-Dienstleistern (z. B. Provider) sollten auch diese in die beauftragten Spähangriffe mit einbezogen werden.

Wenn alle diese Punkte geklärt sind, bleibt der meist erfolgsversprechendste Angriffspunkt übrig: Ihre eigene Firma und deren IT-Infrastruktur.

2.5.4   Grundregeln für das „sichere" interne Firmennetz je Standort

Glauben Sie niemals, Ihr internes Firmennetzwerk wäre „sicher". Dies wird es nämlich nie sein. Tun Sie aber alles, es so sicher wie möglich zu machen. Wie bei einer Kette ist die maximale Sicherheit genau so groß wie das schwächste Glied.

- Setzen sie bei jedem vernetzten Arbeitsplatz und Server neueste **Anti-Viren-Software** mit aggressiven und restriktiven Einstellungen - auch für E-Mails - ein.

- Benennen Sie einen **Verantwortlichen** für die komplette Installation und die Aktualität der Signatur-Updates der Anti-Viren-Software sowie dessen Sanktionsmaßnahmen (DV-Abteilung) gegenüber jedweden internen Widerständen, falls vorhanden. Lassen Sie sich regelmäßig berichten und greifen Sie im Zweifelsfalle durch!

- Machen Sie die **Diskettenlaufwerke** aller Client-PCs unbenutzbar (am Besten mit Laufwerksschlössern ausrüsten oder ausbauen, neue PCs ohne Diskettenlaufwerk beschaffen).

- Problem **Laptops**! Diese haben oft ein Diskettenlaufwerk, sind schnell im Netz, haben in der Regel keine aktuelle Anti-Viren-Signatur und sind hochgradig Diebstahlgefährdet! Halten Sie die Anzahl solcher Geräte so niedrig wie irgend möglich. Als Statussymbol völlig ungeeignet.

- Klare Benutzergruppen und **Benutzerprofile** mit dediziert definierten Rechten im Netzwerk sind nicht lästig, sondern Grundvoraussetzung und Daueraufgabe!

- Sorgen Sie für ständige **Backups** (Datensicherungen) aller wichtigen Datenbestände in mehreren Generationen (z. B. gestern/letzte Woche/letzter Monat). Nur so haben Sie im Problemfalle eine reelle Chance, mit einem blauen Auge davonzukommen. Denken Sie auch daran, wie man die **Backupmedien** physisch sichern kann (Diebstahl, Feuer, Wasser etc.)

- Erzwingen Sie häufigen **Passwortwechsel** aller Benutzer (Kombination aus Ziffern und Buchstaben - mind. 8 Zeichen, Groß- und Kleinbuchstaben, anders als die letzten sechs Passwörter für diesen Benutzer und all dies mindestens monatlich). Lassen Sie rigoros (!) regelmäßig (!) alle (!) Benutzer sämtliche (!) Passwörter ändern (!).

- Stellen Sie die Verwendung von „leichten" Passwörtern wie „Firma", „Autokennzeichen", „Mädchenname der Ehefrau", „Name der Kinder", „Telefonnummer im Betrieb", „Name der Haustiere" o. ä. per **Betriebsvereinbarung** mit großem Tamtam unter Strafe. Egal, ob Sie das nachprüfen können oder nicht.

- Verlangen Sie von Ihrer DV-Abteilung, dass keinerlei **Standardpasswörter** vergeben werden (z. B. für Test- und Installationsaufgaben), von denen nicht absolut sichergestellt ist, dass sie keinen zeitlichen Bestand haben.

- Verbieten Sie (und lassen Sie dies regelmäßig überprüfen), dass normale Benutzer lokale **Administrationsrechte** auf „ihrem" PC haben oder erlangen können - von Servern ganz zu schweigen.

- Prüfen Sie direkt nach dem bekannt werden, ob **Sicherheitslücken** der Basissoftware nicht unternehmensweit ausgemerzt werden können (CD wird gelesen sobald im Laufwerk, Dateiendung führt zu Ausführung eines unbekannten Scripts ...).

- Schützen Sie jedes einzelne Standortnetzwerk gegenüber der Außenwelt mindestens durch einen gut konfigurierten **Firewall,** also ein Stück Technik, das es Ihnen ermöglicht, aus dem (lokalen) Firmennetzwerk ins Internet hinauszugehen, aber gleichzeitig verhindern soll, dass Unbefugte über das Internet in Ihr Firmennetzwerk hineingelangen. Grundlegende Regeln für Firewalls: Machen Sie alle Ports dicht, die nicht unbedingt (!) benötigt werden, prüfen Sie Zugriffe, beschränken Sie Zugriffszeiten, -richtungen, -protokolle und berechtigte Rechner, Anwendungen und Benutzer.

- Bei höherem Gefährdungspotenzial z. B. durch sensitive Daten im lokalen Firmennetzwerk, einer großen Anzahl von PCs oder viel Datenverkehr mit dem Internet sollte man mehr tun: Dann ist eine „Stafette" von Firewalls sinnvoll. Dies sind dann nicht nur mehrfache verschiedenartige Brandschutzmauern zwischen Unternehmen und der Außenwelt, sondern auch innerhalb des Firmennetzwerkes eine Reihe von Brandschutzmauern. So entstehen verschieden arbeitende **hintereinandergeschaltete Firewalls**, die sich gegenseitig ergänzen. Solche Konzepte können zusätzlich im internen Netz bis auf jeden einzelnen Rechner durch sogenannte „Personal Firewalls" heruntergebrochen werden. So kann man erreichen, dass nicht nur Absender, Empfänger, Gewicht und Maße jedes Datenpakets geprüft werden, sondern auch deren Inhalt - und dies mehrfach an verschiedenen Stellen und mit verschiedenen Methoden.

- Jeder Internetzugriff von Client-PCs und ebenfalls jeder E-Mail-Verkehr sollten über einen sogenannten **Proxy-Server** laufen. Dieser ist entsprechend leistungsfähig zu dimensionieren und gut zu konfigurieren. Dieser Proxy hat auf der einen Seite den Firewall und dahinter das „unsichere Netz", den „Rest der Welt", das Internet. Auf der anderen Seite des Proxy-Servers liegt das interne Standortnetzwerk Ihrer Firma. Damit haben Sie einerseits eine Zentralisierung der Schnittstelle „sichere interne Welt versus unsichere Welt draußen" und die Möglichkeit, bestimmte Inhalte zu filtern. Dies hilft auch der Firewall-Sicherheit, indem Web-Zugriff nur noch dem Proxy erlaubt werden.

- Checken Sie Ihre **Telefonanlage(n)** durch und suchen Sie nach Nebenstellen, die (fast) immer nur eine bestimmte Nummer anrufen. Prüfen Sie, ob dort vielleicht schon jemand einen Internetzugang installiert hat. Wenn ja, schaffen Sie diesen ab - radikal und ohne Ansehen der Person. Dezentrale Internetzugänge sind einfach zu gefährlich (Einschleppen von Viren).

- Verbieten Sie jedem Mitarbeiter, sein **Passwort aufzuschreiben**! Das ist fast der Klassiker schlechthin: Das Passwort liegt fein säuberlich aufgeschrieben auf einem kleinen Zettel unter der Tastatur. Eine Einladung, der man doch gerne folgt, oder? Da braucht der Hacker nur für einen Monat in der Putzkolonne einen 630-DM-Job anzunehmen und all Ihre Sicherungsmaßnahmen sind für die Katz'.

- Wie gut ist eigentlich Ihr **Altpapier** geschützt? Welche Regelungen gibt es für die Vernichtung von Papier - auch und gerade das Altpapier aus dem EDV-Bereich?

- Verbieten Sie jedem Mitarbeiter, sein **Passwort irgendjemandem mitzuteilen**. Keinem Kollegen und auch dann nicht, wenn der Benutzerservice anruft oder der Vorstandsvorsitzende das wissen will. Auf diese Weise sind schon zu viele faule Hacker prompt mit besten Passwörtern versorgt worden!

> **Sekretariat/Urlaubsvertretung**
>
> Wie kann man auf die Termine/E-Mails z. B. vom Chef zugreifen, ohne sein Passwort zu benutzen? Wie kann man eine Urlaubsvertretung durchführen, ohne die Zugangscodes des Kollegen zu haben? Die Antwort ist eine temporäre Berechtigung auf den notwendigen Systemen mit eigenem Passwort. Möglichst nur mit der Berechtigung zum Lesen (z. B. Lesen des Posteingangs oder der Termine). Wo eine Schreibberechtigung unvermeidlich ist, sollte diese (Neuen Termin eintragen) durch einen eigenen Benutzer (Sekretariat) erfolgen. So kann man besser nachvollziehen, wer tatsächlich was getan hat. Diese zusätzliche Arbeit für Berechtigungen etc. lohnt sich im Vergleich mit der dadurch gewonnenen Sicherheit!

- Anruf beim Benutzerservice: „Hier ist Frau Meyer. Ich habe mein **Passwort vergessen**". Selbst, wenn der Mitarbeiter Frau Meyer kennt und an der Stimme am Telefon genau hört, dass es sich um Frau Meyer handelt. Er kann Frau Meyer nicht sehen. Wer sein Passwort nicht mehr weiß, sollte daher persönlich zum Benutzerservice kommen müssen, bevor es ein Neues gibt, das nur für maximal 2 Stunden gültig ist und beim Ersten Anmelden sofort geändert werden muss. Es ist klar, dass dies z. B. aus räumlichen Gründen nicht immer möglich ist. Entscheidend ist jedoch, sich sehr bewusst zu machen, wie wichtig praktikable und gleichzeitig sichere Regelungen sind!

- Ihr Standort verteilt sich auf mehrere Gebäude und zwischen diesen gibt es **Datenleitungen**? Achten Sie auf Bauarbeiter, die diese Datenleitungen nicht nur zerstören, sondern vielleicht noch einfacher abhören können!

> **Betrachten Sie IT-Sicherheit immer als Daueraufgabe!**
>
> Nur ein Beispiel dafür: Ein einmal installierter Firewall kann morgen schon ein Sicherheitsleck offenbaren und muss möglichst schnell eine neue Softwareversion erhalten, welche die Lücke schließt. Denn die Sicherheitslücke ist damit weltweit bekannt und kann ausgenutzt werden.

Ein Firewall ist eben keine physische Mauer, sondern nur ein Damm. Und der kann brechen. Analoges gilt aber auch für Datenbanken, Betriebssysteme, Web- oder Application-Server (siehe unten) oder kurz: für fast jede Software.

2.5.5.   Grundregeln für das „unsichere" Netz der Außenwelt

Die Außenwelt - das Internet - ist wahrlich nicht sicher. Wer unverschlüsselte Daten oder Dokumente über das Internet versendet, läuft Gefahr, dass diese Daten schlicht kopiert und mitgelesen werden können.

Wenn Ihr Webserver nicht bei einem Provider, sondern technisch bei Ihnen in Ihrem Unternehmen steht, dann steht er nicht im internen, sondern im „unsicheren" Netz jenseits von Proxy und Firewall. Fast jede E-Applikation (z. B. Ihr Webserver, vielleicht Ihr Verkaufssystem oder ein Beschaffungsmodul) erlaubt oder benötigt Zugriffe durch das Internet auf Daten der Firma (z. B. Produkte, Verfügbarkeit, Preise). Diese Daten liegen meist in Produktivsystemen in Ihrem internen Netzwerk, der Webserver jedoch nicht. Die Datenbank oder Datenbasis, auf die der Webserver zurückgreift, darf daher für den Benutzer nur lesende und eingeschränkte Zugriffe auf Daten via Firewall auf die Produktivdatenbank Ihrer Firma erlauben. Am sichersten ist es hier, entweder einen Application Server (vgl. 2.12) zwischenzuschalten oder Sie halten die Daten für den Webserver in einer eigenen, im unsicheren Netz stehenden Offline-Datenbank, die nur von „innen" aus dem Firmennetzwerk regelmäßig beschickt wird und so Updates erhält.

Vorteile:

- Es stehen nur die Daten drin, die es auch im Webserver gibt und nichts anderes.

- Es gibt keine unsicheren Schnittstellenkonstruktionen zwischen sicherem und unsicherem Netz.

- Jemand, der diese Datenbank knackt, hat keinen Zugriff auf das Produktivsystem und ist noch nicht im internen Netz.

Nachteil:

- Die Daten sind möglicherweise nicht immer ganz aktuell.

Alle Datentransfers (Anfragen, Bestellungen, E-Mails, Faxe, Voice-over-IP, d. h. Telefonieren über das Computernetzwerk) aus dem „internen" zu einem „unsicheren" Netz (oder in anderer Richtung zurück) sollten hochgradigst verschlüsselt sein. Dies umfasst z. B. auch jede E-Mail zwischen zwei Standorten - auch dann, wenn Sie ein VPN (Virtual Private Network) gemietet haben. Denn vielleicht wird Ihr Provider oder dessen Provider gerade ausgespäht.

Wenn Sie z. B. für Beschaffung oder Vertrieb eine E-Applikation zusammen mit einem Partner nutzen möchten oder betreiben wollen oder von einem ASP (siehe unten) nutzen, stellen Sie neben den ganzen betriebswirtschaftlichen Fragen bohrende Fragen bezüglich der technischen Sicherheit der Angebote, der Verbindung etc. Denn Sie sind dann im Begriff, vitale Geschäftsprozesse in ein „unsicheres" Umfeld zu verlagern oder zumindest über ein unsicheres Umfeld hinweg zu transportieren.

Es ist besser, weniger zu faxen und zu telefonieren - was ja bekanntermaßen ebenfalls höchst unsicher ist - und dafür mehr gut(!) verschlüsselten Datenverkehr zu haben!

2.6   Nach den Pflichtkomponenten nun zu den Optionen

Die vier wichtigsten Komponenten, um überhaupt E-volution betreiben zu können stehen jetzt bereit: Die Groupware steht, das Intranet wird genutzt, wächst und gedeiht, der Internetauftritt ist gestalterisch und inhaltlich ein Glücksfall und die IT-Sicherheit wurde entscheidend verstärkt. Das Unternehmen und seine Organisation lernen, E-Business-Komponenten sind jedem Mitarbeiter vertraut und werden aktiv genutzt.

Also ist doch alles bestens? Leider noch nicht ganz. Alle vier E-Komponenten können Sie als „Pflichtprogramm" betrachten.

Ohne diese vier Komponenten werden Sie sehr bald einen extrem harten Gegenwind vom Markt spüren. Und bis dahin verlieren Sie Zeit. Da jedoch ein E-volutionärer Weg als Prozess Zeit voraussetzt, stellt sich noch einmal die Frage: Können Sie sich das leisten?

Lassen Sie uns nun im zweiten Teil dieses Kapitels zusammen ansehen, was E-Business noch an wichtigen Entwicklungen und Möglichkeiten bereithält oder in Kürze bereithalten wird und wie Sie dies für Ihre eigene Firma nutzen können. Aber Vorsicht: Nicht alles, was glänzt, ist Gold!

2.6.1   Jeden Tag eine neue Technologie oder ein neues Schlagwort

In immer kürzeren Zeitabschnitten kommen neue technische Möglichkeiten auf den E-Business-Markt und niemand weiß genau, ob die Kunden und Verbraucher diese auch annehmen und bezahlen werden, damit Investitionen sich auch lohnen können.

Z. B. scheiterte die großflächige Verbreitung eines hervorragenden und wirklich sicheren Systems zur Verschlüsselung von Daten auf Basis von Hardware-Verschlüsselungschips, die es jeweils nur ein einziges Mal weltweit gibt. Die Sicherheit war fraglos extrem hoch, aber das galt leider auch für die Herstellungskosten dieser singulären Chips, die z. B. zum Homebanking natürlich nicht an alle Kunden kostenfrei weitergegeben werden konnten.

> **Gold und Glanz**
>
> Die bestmögliche oder technologisch am weitesten fortgeschrittene Lösung ist nicht immer diejenige, welche sich am Markt durchsetzen kann - oder bezahlt macht.

2.6.2   Welches IT-Know-how Sie für E-Business zusätzlich brauchen

Egal, was Sie über die vier Grundkomponenten des E-Business hinaus an E-Applikationen nutzen werden: Fast alles hat oder benötigt „ganz unten" eine Datenbank und ein Netzwerk, um Daten zu speichern und zu transportieren. Und damit Sie Angebote von Dritten nicht nur nach dem Hochglanzprospekt und den Marketingaussagen beurteilen können und beim kleinsten Hauch von Technologienebel die Flügel strecken müssen, sondern das Angebot auch technisch sauber evaluieren können, benötigen Sie sehr gutes internes Datenbank-Know-how. Passen nämlich dort die Strukturen nicht zu den Ihren (nicht passendes

Datenmodell oder nicht abbildbarer Workflow), haben Sie wahrscheinlich viel Geld gespart, wenn Sie weitersuchen. Ein sehr gutes Testbett und Schulungslaboratorium für die Aufzucht und Hege des internen Datenbank Know-hows sind E-Applikationen im Intranet.

Grundvoraussetzung für das gesamte E-Business ist jedoch, dass die Straßen wenig Schlaglöcher haben und den Verkehr aufnehmen können. Das bedeutet: Man braucht gute LAN- und Netzwerkspezialisten.

2.7 Verkaufen im Netz - aber wie denn?

Wer online verkaufen will, muss sich im Vorfeld Gedanken machen. Ein Shop oder eine Shop-Lösung (also ein Stück Software, das einen Internet-Shop nachbildet) ist zwar schnell eröffnet, aber damit ist weder gesagt, ob die gewählte Shop-Lösung für Ihre Produkte oder Kunden passt, noch ist dieser Vertriebsweg damit in Ihre Bestellabwicklung und Logistik eingebunden. Es ist wie mit Autos - kundenindividuell.

2.7.1 Der Psychologie der Käufer im Netz berücksichtigen!

Ein Kauf setzt immer voraus, dass die psychologischen Hürden des Interessenten überwunden wurden. Das Internet hat hier ein paar Besonderheiten. Sicherheit, intuitive Bedienbarkeit und Schnelligkeit sind gefordert.

2.7.1.1 Sicherheitsbedürfnisse potenzieller Kunden

Firmen als Käufer sollten bezüglich Bonität, Zahlungsbedingungen und Logistik der Abwicklung genau so behandelt werden wie normale Firmenkunden und erwarten dies auch.

Private Konsumenten und Verbraucher als Käufer im Netz sind jedoch nach wie vor eine höchst ambivalente Mischung: Die Gruppe derjenigen, die niemals Kreditkartendaten im Internet preisgeben würden, sinkt zwar stetig, ist aber durchaus noch nennenswert vertreten. An diese Kunden kommt man nach wie vor nur mit Nachnahme-Versand oder Lieferung auf Rechnung heran.

> **Wie soll man den Käufern entgegenkommen?**
> Versand per Nachnahme anbieten und alle persönlichen Daten verschlüsseln. Ab dem ersten Buchstaben.

2.7.1.2   Geschwindigkeits- und Usability-Bedürfnisse

Niemand wartet gern. Insbesondere Kunden revidieren ganz schnell ihre Entscheidung zum Kauf, wenn es nur ganz wenige Sekunden zu lang dauert, bis der Shop auf eine Aktion des Kunden reagiert hat. Zur eigenen Website haben wir das Ziel „7 Sekunden bis alles auf dem Bildschirm steht" vorgegeben. Für einen Online-Shop hat man keine Sekunde mehr Zeit! Und auch die Benutzerführung, die Navigation muss einfach und intuitiv sein. Dies hat erhebliche Auswirkungen auf die Anforderungen bezüglich

- Übertragungsgeschwindigkeit und Anbindung des Shops im Netz

- Geschwindigkeit der Hardware, auf der das Shop-System läuft

- Effizienz der Datenbankabfragen aus dem Katalog der Produkte

- Grafik-Ladezeiten

- logischem Ablauf des Aussuch- und Bestellvorganges sowie der Optionen, die ein Kunde anwählen kann (z. B. Warenkorb anzeigen, Mengenänderungen, direkter Rücksprung zum ausgewählten Produkt).

> **Dimensionierung**
>
> Wer Shops zu schmalbrüstig dimensioniert oder schmalbrüstig dimensionierte Shops zu langsam ins Netz stellt oder Benutzer durch lange Ladezeiten oder Datenbankabfragen ärgert, wird mit starkem Kundenentzug bestraft.

Dazu braucht jeder Shop einen richtigen Belastungstest mit allen Artikeln in der Datenbank und einigen Dutzend aktiven Besuchern gleichzeitig - und muss dann noch richtig schnell sein.

2.7.2   Die Basisanforderungen an einen Shop im Netz

Wer online verkaufen will, muss vorher wissen, was er braucht. Erstellen Sie ein detailliertes Anforderungsprofil an Ihren Shop:

Verkaufen Sie an Endverbraucher, Firmen, oder an beide Kundengruppen?

Ist der überwiegende Teil Ihrer Produkte individuell angepasst, z. B. durch Optionen, Farben, Größen oder Geschmacksrichtungen? Falls ja: Prüfen Sie, ob ein sogenannter „Konfigurator", wie ihn z. B. Computer- oder Autohersteller auf ihren Websites anbieten, nicht ein wichtiger Teil Ihres Shops sein sollte.

Verkaufen Sie standardisierte Ware? Eine 1-Liter-Flasche braune Brause ist standardisiert, ein Apfel hingegen nicht! Im Internet kann man umso besser verkaufen, je standardisierter die Ware ist. Das ist auch der Grund, warum Buch- und CD-Shops die ersten richtig großen Verkaufssites im Internet waren.

Ist der Shop in der Lage, Ihre vorhandenen Strukturierungen von Produkten, Produktgruppen, Variationen, Kundenstammdaten und Katalogangaben zu übernehmen? Falls nicht, könnte es mittelfristig Schwierigkeiten bei den Schnittstellen zwischen Altsystemen und dem Shop geben, wenn Sie weitere Funktionalitäten (Bestellabwicklung, Bonitätsprüfung, Logistiküberwachung) anflanschen wollen.

Wie wichtig ist Auslandsumsatz im Shop? Falls dies ein Thema ist: Kann Ihr Shop in- und ausländische Bestellungen nicht nur annehmen sondern auch, z. B. steuerlich korrekt darstellen und in verschiedenen Währungen bearbeiten?

Eine Personalisierung der Shops ist Standard. Kann der Shop darüber hinaus personalisierte Bonitäts- oder Umsatzgrenzen verwalten bzw. auf diese zugreifen, ist ein wichtiger Schritt in Richtung auf eine Stammkundenpflege getan. Dann kann man auch diejenigen Inhalte und Angebote, welche den Kunden besonders interessieren, in ein kundenspezifisches Profil ablegen und den Kunden somit gezielter ansprechen.

Verkaufen Sie überwiegend Produkte mit Verkaufspreisen von z. B. mehr als 500 Euro brutto? Kann dann der Shop Workflows anstoßen, die z. B. online eine automatisierte Bonitätsprüfung erlauben, bevor der (neue) Kunde eine Auftragsbestätigung sieht? Denn das muss schnell gehen.

Können Ihre Kalkulationsschemata durch den Shop so abgebildet werden, dass der Kunde die genauen Kosten vor Bestellung komplett sehen kann? Hier sind insbesondere zu beachten: Versandarten und Logistikkosten sowie Stückzahlen- oder auftragsvolumenabhängige Rabatte und Fremdwährungsspesen.

Spielen u. a. Geschenksendungen eine Rolle, muss der Shop z. B. auch „abweichende Lieferadresse" können. Dann spielen auch die Funktionalitäten „Geschenkverpackung" und „Grußkarte" eine Rolle.

Wie sieht die Benutzbarkeit aus? Wie soll das Design des Shops aussehen? Sind die Abläufe und die Navigation logisch und intuitiv zu verstehen und vollständig konsistent mit Ihrer „Rest-Website"?

Erarbeitet man daraus ein klares Anforderungsprofil und klopft die in Frage kommende Shop-Software daraufhin ab, stellt man vielleicht fest, dass es gar nicht so einfach ist, den „passenden" Shop zu finden. Diejenigen Systeme die diese erste Runde überlebt haben, kommen in die zweite Runde:

2.7.3   Auswahlkriterien für die Shop-Integration

Auswahlkriterien	
Manuelle Pflege des Shops	Wie lange dauert das Einfügen eines Artikels in den Shop? Und wie lange dauert das Ändern eines Artikels im Shop?
Datenbank	Falls Sie bereits eine Datenbank haben: Kann eine vorhandene Produktdatenbank mit kompletten Daten über Preise, technische Daten, Verfügbarkeit, Produktdarstellung etc. ganz oder teilweise importiert werden? Und wenn ja, zu welchen Kosten?
Grafiken	Gibt es eine vom Shop-Anbieter empfohlene Lösung für das Umsetzen von Produktabbildungen für Print-Medien in Web-fähige Produktbilder?
Datenmanagement	Welche Möglichkeiten und Schnittstellen gibt es, die Daten des Shops zeitgesteuert oder bei Änderung automatisiert aus Ihren hauseigenen Systemen zu ändern respektive Daten hinzuzufügen?
Kreditkarten	Wie sieht die Kalkulation bei Kreditkartenbestellungen aus? Wie hoch ist die Provision für den Finanzdienstleister und was passiert bei Rückbelastungen der Kreditkarten?

Auswahlkriterien	
Sicherheitstechnik	Welche Technik wird im Shop zum Bezahlen verwendet? SET oder SSL? Und werden alle gängigen Kreditkarten akzeptiert?
Identitätsprüfung	Gibt es eine Möglichkeit als Shop-Betreiber, von der Bank nach Prüfung der Kreditkarte eine Mitteilung zu bekommen, ob der Name der Kreditkarte mit dem Namen des Bestellers identisch ist oder läuft dies alles völlig anonym an Ihnen vorbei?
Zahlungsoptionen	Kann der Shop Kauf per Nachnahme oder auf Rechnung abbilden - mit den entsprechenden Spesen und Voraussetzungen?
Bestellabwicklung	Wie erfolgt die Übergabe der Bestellung aus dem Shop in die Bestellabwicklung im Unternehmen? Brauchen Sie vielleicht eine geänderte oder angepasste Logistik?
Sendungsverfolgung	Kann der Käufer im Shop nachvollziehen, was seine Ware gerade macht (Kommissionierung; abgeschickt mit … um x.y Uhr)? Falls Sie eine solche Funktionalität wünschen oder brauchen: Wie sieht die Schnittstelle zu Ihrer Logistik aus? Gibt es solche Daten? Fordert die Kundschaft solche Daten? Wäre dies ein Alleinstellungsmerkmal?
Statistiken	Wie viele Besucher pro Zeitraum? Was haben sich diese angesehen? Was wurde gekauft? Durchschnittsumsatz pro Kunde? Mittelwert? Median? Zeitliche Verteilung? Kundenprofile? Besucherauslandsanteil nach Ländern/Providern?

Tabelle 6: Auswahlkriterien - Shop-Integration

Mit diesen Fragen nach der Integration des Shops in die betrieblichen Abläufe und Gegebenheiten wird die Luft schon dünner und man kann sich auf einige wenige hoffentlich passende Anbieter konzentrieren.

2.7.4 Sonderbedingungen der Shop-Integration

Angebot des Tages - spezielle Bewerbung auf der Shop-Eingangsseite, gültig von 00:00 - 23:59 Uhr, täglich wechselnd. Leistet der Shop dies, ohne dass jemand täglich manuell das Angebot wechselt, sondern indem z. B. eine Liste gepflegt wird und zeitgesteuert jeweils um Mitternacht der nächste Datensatz live geschaltet wird?

Benutzerfreundlichkeit: Wenn man als Kunde 1 Stück von Produkt X im Warenkorb liegen hat, kann man die Menge dann noch kurz vor der eigentlichen Bestellung ändern oder muss man umständlich zurück zur Produktauswahl dieses Produktes?

Läuft die **Eingabe persönlicher Daten** (Profil und Bezahlung) für den Kunden ausschließlich über die maximale Verschlüsselung, die sein Browser individuell zulässt?

Welche **Sicherheitsvorkehrungen** gibt es gegen unbefugten Zugriff auf die Kundendaten, die sich im Shop ansammeln?

Ihnen werden sicher noch Hunderte andere Kriterien einfallen, aber Sie kennen ja auch Ihr Unternehmen viel besser. Zur Auswahl der „passenden" Shop-Software jedoch noch ein paar Tipps:

> **Komplexitätsmix**
>
> Je mehr Informationen ein Shop dem Benutzer bieten soll (Verfügbarkeit, Rabatte etc.), desto mehr Schnittstellen braucht er, aber desto attraktiver wird er auch in der Regel.

Sammeln Sie das gesetzlich zulässige Maximum an Benutzerdaten und auch über (nicht personalisierte) Verhaltensmuster der Benutzer. Wir kommen später beim Thema CRM noch auf die Wichtigkeit dieser Daten zurück.

> **Unabdingbar für jeden Shop**
>
> Verfassen sie eine „Legal Notice" und eine „Nutzungsvereinbarung"
> oder „Privacy Policy" in der Sie über das Sammeln von Benutzerda-
> ten aufklären. Vergessen Sie auch keinesfalls Ihre AGBs, in denen
> wasserdicht auch bei internationalen Geschäften das Recht Ihres
> Heimatlandes Anwendung finden sollte. Ebenfalls nicht fehlen sollte
> eine klare Rückgabe-Politik für Ihre Kunden.

Insbesondere beim E-Commerce gibt es Aktivitäten, durch Zusi-
cherungen für den Kunden Vertrauen zu schaffen, indem
bestimme Mindeststandards festgeschrieben und durch eine un-
abhängige Institution garantiert werden.

> Weiterführende Informationen finden Sie auch auf unserer Website
> unter http://www.business-e-volution.de.

2.7.5   Der eigene Shop

Sie haben ein gutes und umfangreiches Angebot mit einigen Al-
leinstellungsmerkmalen? Dann sollten Sie sehr ernsthaft erwägen,
einen eigenen Shop - angeflanscht an Ihre Website - zu betreiben.

2.7.6   Der Miet-Shop

Sie haben ein eher standardisiertes Angebot mit eher simpler Logistik und verkaufen über Volumen und Preis - insbesondere an
Endverbraucher im B2C-Markt? Dann macht auch ein Miet-Shop
Sinn. Das könnte kostengünstiger sein und bedeutet weniger Arbeit, aber auch wenig Gestaltungs- und Erweiterungsmöglichkei-
ten.

2.7.7   B2C: Angebotskonzentration in „Shop-of-Shops"

Wie findet aber nun ein Interessent den Shop? Kennt er die Domain? Oder denkt ein User nicht eher aus der Suche nach einem
bestimmten Produkt oder Produktgattung heraus? Wie wäre es,
den vorhandenen Shop mit dem jeweils aktuellen Produktkatalog
in eine Datenbank zu geben, die User bei ihrer Suche abholt und
so zusätzliche Benutzer und Käufer bringt, die den „normalen"
Shop von selbst wahrscheinlich nicht gefunden hätten?

„Shop-Suchmaschinen" oder „Shops-of-Shops" oder „Best-Price-Suchmaschinen" sind Firmen, die anbieterübergreifende Produktdatenbanken ins WWW stellen. Jeder Benutzer hat dann dort direkten Preis-/Leistungsvergleich bezüglich standardisierter Produkte und gelangt dann von der „Shop-Suchmaschine" zum vom Benutzer ausgewählten Anbieter.

+ **Vorteil**: Man kann Kunden gewinnen, die sonst im Wortsinne nie den eigenen Shop gefunden hätten.

− **Nachteil**: Die Preissensibilität der Interessenten ist sehr groß. Wenn Preisführerschaft also kein Ziel des Angebotes ist, wird die Listung in „Shop-of-Shops" kaum starke Erfolge bringen

> **Preisführerschaft ohne Preisführerschaft?**
>
> Die meisten „Best-price-Suchmaschinen" vergleichen die Preise einzelner Artikel, nicht jedoch Steuern, Porto, Versand, Sonderleistungen etc. Mit einer geeigneten Mischkalkulation daraus kann man hier den Kundenstrom besser nutzen. Aber Übertreiben Sie es nicht, sonst kaufen die Kunden nur genau einmal und danach bei der Konkurrenz.

Was natürlich auch möglich ist: Man nehme eine Domain, die schon begrifflich den Kundenbedürfnissen der Zielgruppe eine Shop-Plattform bietet und baut mit Partnerfirmen, die das eigene Angebot ergänzen, einen „Shop-of-Shops" auf. Über diesen Shop hat man dann selbst die Kontrolle.

2.7.8 B2B: Angebotskonzentration im B2B-Marktplatz

Im Business-to-Business-Bereich nennt man solche Konstruktionen „B2B-Portale" oder „B2B-Marktplätze". Um bei einem B2B-Portal als Anbieter aufzutreten, ist deutlich mehr erforderlich als die Personalisierung als Benutzer einer normalen Website, wo man auch als „Peter Pan" oder „Boris Becker" registriert wird. Die Motivation, an einem B2B-Portal als Anbieter teilzunehmen ist sicherlich ähnlich wie im B2C-Bereich:

Ein eingeführtes Portal, in dem wirklich Geschäfte abgeschlossen werden, ist als Marktplatz für das eigene Angebot eine interessante Bereicherung. Denn dort kommt man den potenziellen Kunden entgegen - gerade auch über den eigenen Shop hinaus, den die möglichen Kunden vielleicht gar nicht kennen. Wenn die Teilnahme an einem oder mehreren B2B-Portalen für Ihre Firma zur Debatte steht, sollten Sie folgenden Punkt abklopfen:

Welcher Typ von B2B-Portal?	
Mischportal	**Spezialportal**
Entweder eines, bei denen unterschiedliche Anbieter aus überwiegend unterschiedlichen Bereichen vertreten sind und die sich im Portal selbst kaum gegenseitig Konkurrenz machen. **Vorteil**: Sie sind dann Einäugiger unter den Blinden. **Nachteil**: Kein Mensch sucht gezielt in diesem Portal nach Ihren Produkten oder Dienstleistungen.	Oder ein Portal, das anbieterseitig eher einer Monostruktur unterschiedlicher Anbieter aus dem selben Segment gleicht. **Vorteil**: Wenn jemand Produkte oder Dienstleistungen aus Ihrem Bereich sucht, wird er auf diesem Portal suchen, falls dieses Portal etabliert ist. **Nachteil**: Der mögliche Kunde ist zwar in dem Portal, in dem Sie auch sind, aber die Auftragswahrscheinlichkeit für Ihre Firma ist geringer.

Tabelle 7: Auswahl - B2B-Portaltypen

Welches Business-Modell liegt dem B2B-Marktplatz aus Sicht dessen Betreibers zu Grunde? Anmeldegebühr und/oder Abschlussgebühr, und/oder Kontaktgebühr? Welche Geschäftsvolumina sind daher für den Anbieter notwendig, um gute Geschäfte zu machen?

Gibt der B2B-Marktplatz für die Variationsdichte und den Spezialanfertigungsgrad Ihrer Produkte respektive die Individualität Ihrer Dienstleistungen einen konkreten Workflow von der Kontaktaufnahme bis zum Abschluss her?

Oder ist Ihr Engagement bei dem Marktplatz dann eher eine reine Hochglanz-Marketingveranstaltung? Oder einfach ein Verweis (Link) auf Ihren Shop. Wenn dem so ist und die Kosten vertretbar sind: Was spricht dann dagegen?

Sichern Sie sich rechtlich ab!

Welches Recht findet Anwendung, wenn eine Firma aus Timbuktu auf einem amerikanischen B2B-Portal bei Ihnen etwas bestellt? Und welche Absicherungsmaßnahmen sind gegenüber jedem unbekannten neuen Kunden notwendig und sinnvoll?

Es ist ein offenes Geheimnis, dass viele Geschäftsabschlüsse zwischen internationalen Partnern in B2B-Portalen nur angebahnt und danach auf konventionellem Wege mit Telefon, Fax, Wirtschaftsauskunfteien, Handelsregisterauszügen etc. zustande kommen.

Sind geeignete Schnittstellen vorhanden?

Natürlich muss das B2B-Portal Ihrer Wahl auch technisch in der Lage sein, sich wie Ihr Shop veränderten Preisen, Verfügbarkeiten, Lieferbedingungen, Produktupdates etc. blitzschnell und möglichst automatisiert anzupassen.

2.7.9　　Micropayments

Ein Verkauf unter 20 Euro Umsatz per Kreditkarte ist für Sie als Shop-Betreiber uninteressant. Aber vielleicht haben Sie Waren oder Informationen, die - online verfügbar - direkt für relativ geringe Summen verkauft werden sollen. Hier bieten sich Micropayments an. Leider ist das Thema aber im Moment noch nicht zufriedenstellend gelöst. Es gibt zwei Wege für Micropayments:

Sie führen eine eigene Währung ein (z. B. „Punkte"). Kunden können dann per Kreditkarte „Punkte" kaufen und wie bei einer Prepaid-Karte fürs Handy auf Ihrer Website „ab-kaufen". Nachteil: Es besteht normalerweise wenig Neigung unter den Internetbenutzern, Geld auf Guthabensbasis auszugeben. Denn das Geld ist erst mal weg, egal, ob die Kunden ihre Punkte verbrauchen oder nicht. Aber vielleicht ist dieser Weg noch besser als der folgende:

Es gibt zwei bis drei ernstzunehmende miteinander konkurrierende und natürlich zueinander inkompatible Systeme für Micropayments, von denen sich keines bislang wirklich durchgesetzt hat. Diese arbeiten im Prinzip sehr ähnlich: Bevor ein User auch ein Kunde werden kann, muss er beim jeweiligen Hersteller eine Software downloaden und installieren, Geld von seiner Kreditkarte auf „seine Festplatte" speichern lassen. Davon kann der Benutzer dann seine Micropayments bei Ihnen umsetzen. Natürlich müssen sie sich als Betreiber für einen Anbieter von Micropayments entscheiden. Und für den Benutzer kann unter Umständen ein elektrischer oder mechanischer Defekt seiner Festplatte den Verlust seines Geldes bedeuten.

> **Wann Micropayments?**
>
> Wenn Minimalumsätze nicht vitaler Bestandteil Ihrer Online-Businessmodelle sind, sollten Sie versuchen, auf Micropayments zu verzichten.

Verkaufen Sie lieber Produkte und Dienstleistungen, die in einem Umsatzbereich liegen, bei dem sich der Einsatz von Kreditkarten rechnet - zumindest so lange, bis es eine benutzerfreundliche und verbreitete Alternative für Micropayments gibt.

2.7.10   Bezahlen per Handy

Es gibt auch Alternativen zur Kreditkarte, z. B. Zahlungsdienste via Handy. Ob Taxi oder Website: Der Handybesitzer ist ausreichend personalisiert durch seinen Anschluss und gleichzeitig stellt seine zeitnahe Eingabe einer Geheimnummer einen direkten Bezug zum gewünschten Kauf her. Bekommt ein solcher Dienst eine ordentlich starke Verbreitung, sollte Ihr Shop das auch können!

> Weiterführende Informationen finden Sie auch auf unserer Website unter http://www.business-e-volution.de.

2.8   Anregungen für Ihr E-Business

Dieser Abschnitt will Ihnen ein paar Anregungen geben, wie man im Online-Dschungel Geschäfte machen kann, an die Sie vielleicht bislang noch nicht gedacht haben: Wie man Alliierte finden sowie hilfreiche und fruchtbare Kontakte knüpfen kann. Und es macht durchaus Sinn, wenn Sie Ihr Unternehmen, Ihre Dienstleistungen, Ihre Produkte und das Know-how Ihrer Firma beim Lesen auch weiterhin immer daraufhin abklopfen, ob es Überschneidungspunkte gibt, die es Ihrer Firma ermöglichen, Synergieeffekte zu nutzen oder ein zusätzliches lohnendes Geschäftsfeld zu finden. Denken Sie dabei auch ruhig quer, in eine andere Richtung. Denn Vieles von dem, was in diesem Abschnitt folgt, wurde genau aus solchen Überlegungen heraus geboren.

2.8.1   M-Business - E-Business fürs Handy

Wer kennt das nicht: Der Online-Broker schickt dem Kunden eine SMS aufs Handy, wenn der Kurs seiner Aktie einen bestimmten Schwellenwert überschritten hat. Eine E-Applikation des Online-Brokers. Aber das ist beileibe noch nicht alles. Für die jetzt verbreiteten Handys gilt aus Sicht eines potenziellen Serviceanbieters wie Ihrer Firma:

- Aufgrund der kleinen Displays gibt es keine nennenswerte Präsentationsmöglichkeit (Bilder/Video).

- Die Interaktivität ist trotz WAP stark eingeschränkt, langsam und nicht jeder hat ein WAP-fähiges Handy.

Dies ändert sich durch die Ablösung des GSM-Standards für Handys. Da gibt es dann größere Displays und dickere Bandbreiten für mehr Datenfluss und Interaktivität. Aber das ist momentan noch nicht weit genug beim Verbraucher verbreitet.

Folgende Hinweise mögen Ihnen weiterhelfen, das Potenzial von M-Business für Ihre Firma zu definieren:

> **Wer M-Business betreiben will, muss**
>
> 1. entweder etwas mitzuteilen haben, das die Kunden veranlasst, etwas auszulösen, was Ihnen dann Umsatz beschert und/oder
>
> 2. eine Dienstleistung in Form von Daten, Benachrichtigungen etc. zum Abonnement anbieten und/oder
>
> 3. eine klare interne Aufgabenstellung oder Funktion auf diese Weise sinnvoll und kostengünstig stützen lassen.

Überwiegend in der klassischen B2C-Rolle mit Endverbrauchern als Kunden kann M-Business solche Nutzerzahlen bringen, die ein erfolgversprechendes Business Modell zulassen. Dann spricht man von M-Commerce. Wird jedoch z. B. für den Außendienst oder eine bestimmte Mitarbeitergruppe eine Applikation via Handy abgewickelt, spricht man von M-Business.

Auf Grund der schwachen Datenübertragungsleistungen und der mangelhaften Interaktivität von GSM erscheint es wenig sinnvoll, Geld für die Unterstützung praktisch toter Standards auszugeben.

Handys wissen, wo sie sich befinden! Insbesondere die Tatsache, dass jedes im Netz angemeldete Handy sich nachprüfbar im Bereich einer bestimmten Netzstation aufhält, ermöglicht den Aufbau eines Business Modells, welches sich diese geographische Eigenart zu Nutze macht, z. B. regionale Informationen, grobes

Verkehrsleitsystem, Angebote von Firmen in der direkten Umgebung. Auch für interne Zwecke in der Firma ist eine sinnvolle Anwendung z. B. durch die dynamische Routenoptimierung von Außendienstmitarbeitern denkbar.

> **M-Business versus heutige Handy-Technik**
>
> Bis zur weitverbreiteten Nutzung von Handys jenseits von GSM und WAP ist M-Business eher wenig sinnvoll für fast alle Unternehmen, deren Geschäftsgrundlage keine zeitkritischen Daten (wie z. B. Börsenkurse) sind und für die es ebenfalls keine geographische Anwendung gibt.

2.8.2   Content Providing und Content Syndication

Firma A hat Inhalte, z. B. Fachinformationen oder Nachrichten und bietet diese Inhalte in einer Form an, dass Ihre Firma diese Inhalte auf Ihrer Website Ihren Besuchern zur Verfügung stellt. Oder anders herum: Sie haben Inhalte, die auch für Andere interessant sind? Warum verkaufen Sie diese Informationen nicht? Schließlich sind Informationen (und Software) die optimale Ware für das Internet, denn man kann sie elektronisch transportieren.

2.8.3   Affiliates - virtuelle Verkäufer generieren echte Umsätze

Man bietet anderen Betreibern von Websites an, die eigenen Produkte auf deren Websites zu verkaufen und so Affiliates, also Vertriebspartner zu werden. Gegen Provision, natürlich. Besser etwas weniger Umsatzrendite als gar kein Umsatz. Die bekanntesten Beispiele für solche Partner-Programme gibt es im B2C-Buchvertrieb. Inzwischen wird fast jede B2C-Ware mit Affiliate-Programmen vertrieben. Der Verkauf an sich läuft über den eigenen Shop. Die Technik, um für das eigene Unternehmen und die Affiliates sicherzustellen, dass man weiß, welcher Affiliate welchen Umsatz gebracht hat, ist wiederum relativ einfach.

> **Genauigkeit bei Affiliate-Programmen**
>
> Seien Sie bei Affiliate-Programmen ganz genau: Betrachten Sie Ihre Vertriebspartner, Ihre Affiliates nicht als Sklaven, sondern als echte Partner. Seien Sie korrekt, fair und zuverlässig - insbesondere dann, wenn es um die korrekte Abrechnung und die pünktliche Überweisung/Versendung des Schecks mit den erreichten Umsatzanteilen geht.

Wenn Sie diesbezüglich Grund zur Klage geben, können Sie Ihr laufendes Affiliate-Programm sofort beerdigen und jedwede Idee an ein neues Programm vergessen. Sie sind dann bei potenziellen Vertriebspartnern im WWW erst einmal „verbrannt".

2.8.4   Kooperationspartner

Im B2B-Bereich können Sie sich Partner suchen, die Ihr eigenes Angebot ergänzen oder veredeln. Das gibt dann gemeinsame Marketingaktionen, Pressemeldungen und führt beiden Partnern die Interessenten des jeweils anderen Partners zu. Im B2C-Bereich geht dies auch mit Cross-Marketing. In jedem Fall kann solch eine Partnerschaft auch dazu führen, dass man Erfahrungen im Internet austauscht und voneinander lernt. Das ist auch wieder eine Pressemitteilung wert.

2.8.5   Awards

Wer gewinnt nicht gerne einen Preis? Für jede denkbare und undenkbare Sache und jeden Inhalt gibt es im Internet „Awards". Wenn Sie in den USA eine Website unterhalten, sollten sie mindestens einen Award haben. Dabei ist es in der Regel wichtig, dass er schön aussieht und bombastisch klingt. Und wenn Sie keinen bekommen, fragen Sie Ihren Provider oder Ihre Media-Agentur oder machen Sie sich selbst einen Award. Oder - verkaufen Sie doch welche ...? Gott sei Dank ist diese Award-Manie in Europa nicht so schlimm. Wer hier einen Award bekommt, hat ihn auch meistens verdient. Und Awards sind hierzulande glücklicherweise nicht so wichtig.

2.8.6   Vereinigungen

Kein Berufsstand ohne Verband in Deutschland. Auch die Internet- und Multimedia-Branche hat einige Verbände. Die Mitgliedschaft ist relativ einfach, die Informationen in der Regel für Entscheider und Experten wertvoll und man kann sich austauschen. Das ist wichtig, um Fehler zu vermeiden, die andere bereits gemacht haben.

2.8.7   Rechtliches

Holen Sie sich einen der noch seltenen Fachjuristen für Online-Recht ins Haus. Bis dahin sollten Sie zumindest solche Dinge wie die EU-Richtlinie zum E-Commerce, das Fernabsatzgesetz und das Gesetz über die digitale Signatur Ihrer Rechtsabteilung zur Verinnerlichung empfehlen. Und beobachten Sie Änderungen und Erweiterungen. Das Onlinerecht entwickelt sich für juristische Verhältnisse zwar exorbitant schnell, verglichen mit der rasanten Online-Entwicklung jedoch im Zeitlupentempo. So fehlt für fast alle Online-Belange die jahre(zehnte)lang geübte Rechtspraxis. Dadurch gewinnt die Interpretation der Gesetzestexte durch die Gerichte in ihren Entscheidungen deutlich mehr Gewicht als in anderen Rechtsbereichen. Dies macht es notwendig, die Urteilslage ständig zu beobachten.

2.9   Service & Support im Netz

Sie verkaufen ausschließlich Dienstleistungen oder Produkte, die nie kaputtgehen, keinen Schaltplan haben oder keine Bedienungsanleitung? Dann überlesen Sie diesen Abschnitt einfach. Ansonsten: Kostensenkungen durch das Web können schon sehr einfach sein!

2.9.1   Kundensupport

Vergessen Sie die gesamten Kosten für Bestellung, Übermittlungsfehler, Fakturierung, Druck, Versand und Arbeitszeit für die Nachlieferung von Bedienungsanleitungen Ihrer Produkte. Stellen Sie diese einfach ins Netz. Dann kann jedermann weltweit sie downloaden. Ist dies auf Grund der Branche oder der Art des Produktes nicht angeraten, kann man die Bedienungsanleitungen in einen zugangsbeschränkten Bereich der Website stellen.

> **Auto-Responder**
>
> Wenn ein Kunde ein Problem mit Ihrem Produkt „Aforpurati 250" hat und deshalb eine Mail an support@ihre_firma.de schreibt, schicken Sie automatisch eine freundliche Standardmail zurück, dass das Problem an die richtige Stelle weitergeleitet wurde und man sich dort umgehend darum kümmere und kurzfristig direkt wieder den Kontakt aufnehmen würde. Das kostet Sie eine E-Mail (also praktisch nichts) und bringt zunächst Kundenzufriedenheit. Dem Kunden ist zwar noch nicht geholfen, aber er fühlt sich so, als ob.

Das Problem des Kunden muss aber auch gelöst werden. Hierbei geht es um die Informationslogistik. Sie erinnern sich an den Abschnitt über die Betriebsphase der Website? An „Bearbeitung der Interaktivität", „schnelles Medium", „erwartete Antwortzeiten" etc.? Ganz nebenbei sparen Sie und Ihre Kunden noch Zeit. Keine langwierigen Telefonate mit Missverständnissen, sondern schriftliche Kommunikation in Minutenschnelle.

Und wenn die Kunden schon einen eigenen Bereich auf der Website haben, warum dann die Kunden nicht danach fragen, was man verbessern soll, und was sie sich noch wünschen? Um das Angebot rund zu machen kommt noch die elektronische Kundenzeitschrift mit Neuheiten, Trends und wichtigen Informationen. Falls dies dann bei der Kundschaft ankommt, braucht man zusätzlich weniger Kapazität im Call-Center.

2.9.2 Beispiel: Eine E-Applikation für den Kundendienst

Ziel der Applikation soll eine Stützung des weltweiten Kundendienstes sein. Also werden Interne oder beauftragtes Personal per E-Learning ausgebildet und geschult. Die Beschreibung der Wartungsarbeiten, die Reparaturanleitungen, Updates und Fehlerdiagnosehilfsmittel werden für den autorisierten Kundendienst oder auch für den Kunden (produktabhängig) vor Ort bereitgestellt - einfach per geschütztem Bereich auf dem Webserver inklusive Leistungs- und Qualifizierungsnachweis.

Nach der Qualifizierung kommen dann z. B.: Baugruppen- und Teilenummern, eine Nachbestellungsfunktionalität mit Verfügbarkeitsprüfung etc. Begleitend durchgeführte Fortbildungen und Schulungen für die ausführenden Mechaniker und Servicekräfte auch in Bezug auf Freundlichkeit und Umgang mit dem Kunden runden die E-Applikation ab.

Spinnen wir diesen Faden weiter, kommen wir schnell darauf, dass neben dem Troubleticket und der Einsatzplanung die Kundendienstmitarbeiter die Beschreibung der Leistungsausführung nach dem Einsatz auch online regeln könnten. Dies stößt dann automatisch den Workflow „Abrechnung von Kundendienstleistungen" an - mit automatischer Prüfung von Wartungsverträgen bis zum Ausdruck und Versand der Rechnung, zur Be- und Entlastung der Kostenstellen und zum Inkasso. Willkommen in einer denkbaren E-Applikation.

Nur einmal angenommen, dies alles wäre vorhanden und funktionierte. Auch in Englisch. Dann könnte man mit dieser technischen Support-Infrastruktur im WWW sogar auf dem Mond einen funktionierenden Kundendienst eröffnen. Sie brauchen nur einen Internetanschluss und die entsprechende Zugriffsberechtigung. Stück für Stück implementierbar, E-volution eben.

2.10 Beschaffung und Einkauf im Netz

Als Nachfrager kann Ihre Firma im Internet generell dort einkaufen, wo es am preiswertesten ist. Ob dies nun der Shop eines Anbieters ist oder eine Börse, wo man ein Gut oder eine Dienstleistung ersteigern kann oder ein B2B-Portal, ist erst einmal völlig egal. Entscheidend sind die klassischen Lieferantenqualitäten wie Preis, Qualität, Verfügbarkeit und Seriosität des Anbieters. Was Ihnen das Netz anbietet, ist eine blitzschnelle Preis- und Verfügbarkeitsübersicht und somit Markttransparenz für die nachgefragten Güter. Langwieriges Telefonieren und Suchen entfällt.

2.11 Customer Relationship Management (CRM)

Wie schon angesprochen erhöht E-Business die Geschwindigkeit, die Vergleichbarkeit und den Wettbewerbsdruck. Natürlich bietet die IT-Industrie unter dem Schlagwort „CRM" Vitaminpillen gegen diesen Druck an.

2.11.1 Was ist CRM?

Es gibt viele Definitionen von CRM. Besonders treffend ist diese: „Know almost all about your customers and put them rather than your products in the center of your business!" Oder - neutraler: CRM ist eine Bezeichung für Methoden, Software und E-Business-Applikationen, die einem Unternehmen helfen, Kundenverhältnisse in einer organisierten Art und Weise besser zu handhaben. Gemeint jedoch ist ein radikaler Paradigmenwechsel in der Geschäftspolitik: Weg vom produktzentrierten Geschäftsbild hin zum kundenzentrierten Geschäftsbild.

Und was heißt das dann konkret? Man kann z. B. im Rahmen eines CRM-Projektes eine sehr umfassende Kundendatenbank aufbauen. In dieser Datenbank sind dann genügend übergreifende Daten vorhanden, dass die Mitarbeiter in Vertrieb, Support, Service, Marketing und vielleicht auch der Kunde selbst direkten Zugriff auf alle kundenspezifischen Informationen haben. Ziele hierbei könnten sein: Die optimale Befriedigung von Kundenbedürfnissen (Produkte, Dienstleistungen und Angebote), das Wissen, welche Produkte der Kunde noch einsetzt, und die optimale Service-Betreuung des Kunden. Mit CRM sollen Sie also:

- Ihre Kunden in A-, B- und C-Kunden segmentieren können, so dass man sich auf die wichtigsten und rentabelsten konzentrieren kann und ihnen eine Sonderrolle z. B. beim Service zukommen lassen kann.

- Bei jedem Kontakt des Kunden mit Ihrem Unternehmen dem betroffenen Mitarbeiter eine ganze Fülle möglicherweise relevanter Daten zur Verfügung stellen können, um so intern Zeit und Kosten zu sparen und gegenüber dem Kunden eine „Relationship aus einem Guss" aufzubauen.

2.11.2   Und wie bekommt man CRM integriert?

Abgesehen davon, dass die Ziele von CRM durchaus sinnvoll sind, z. B. um Produktplanung und -entwicklung mehr an den Kundenbedürfnissen auszurichten bedeutet CRM für die allermeisten Unternehmen eine riesige Herausforderung und sehr viel Arbeit und Kosten. Beantworten Sie folgende Frage für Ihr Unternehmen:

> In wie vielen verschiedenen EDV-Systemen (Programme, Applikationen, Datenbanken etc.) gibt es in Ihrem Unternehmen Kundendaten?

Diese vorhandenen Alt-Systeme müssen nun im laufenden Betrieb miteinander verbunden, integriert, zumindest jedoch die Kundendaten in ein neues CRM-System importiert werden. Und natürlich müssen diese Daten auch über Schnittstellen gepflegt werden.

Der Paradigmenwechsel hin zum kundenzentrierten Geschäftsmodell ist nicht zu unterschätzen. Es ist die umfassende komplette Ausrichtung des Unternehmens an Kundenbedürfnissen.

> **Menschen + Technik = Erfolg**
>
> CRM setzt nicht nur ein paar E-Business-Applikationen voraus, sondern ein Umdenken der Mitarbeiter!

Damit das funktioniert, muss CRM verstanden und gelernt werden können, d. h. es braucht Zeit. Jedes CRM-Projekt sollte daher die schrittweise Implementierung von nützlichen Einzelfunktionen zum Ziel haben. Dies ist dann auch finanzierbar und für die Organisation lernbar.

> **Nehmen Sie CRM ernst!**
>
> Betrachten Sie CRM als ernst zu nehmende Aufgabe. Wer seine Kunden und ihre Bedürfnisse besser kennt als die Konkurrenz, kann schneller und bedarfsgerechter anbieten und somit profitabler wirtschaften und dem Markt eine Nasenlänge voraus sein.

Aber auch für CRM gilt: Schritt für Schritt, E-volutionär. Je nach Situation Ihres Unternehmens werden Anforderungen aus dem Marketing kommen, die durch CRM-Komponenten sinnvoll abgebildet werden können. Klare Aufgabenstellungen und Anforderungsprofile sind auch hier Pflicht. Die individuellen Schwierigkeiten dabei sind dann:

- Genau die Kundendaten, die man bräuchte, gibt es (bislang) nicht. Dies ist normalerweise relativ einfach zu lösen, denn man kann beginnen, die fehlenden Daten zu sammeln.

- Die vorhandenen Kundendaten sind weit verstreut über diverse Systeme und müssen integriert werden, um ein umfassendes Bild der Kundenbeziehung zu gewinnen. Das dann notwendige „Aussaugen" von Altsystemen zur Integration ist in der Regel keine einfache Angelegenheit, da oft genug widersprüchliche Informationen über ein und denselben Kunden in verschiedenen Systemen stecken. Welche Information ist also richtig?

- Die benötigten Kundendaten sind praktisch nicht zu bekommen und/oder die Erhebungs-/Kodierungsqualität der Daten ist schlecht und/oder die Daten sind veraltet. Dies sind dann richtig schwerwiegende Probleme, die ein teures CRM-Projekt aus Ergebnissicht völlig ad absurdum führen können.

2.12   Integration von Altsystemen

Sie haben ein Altsystem und überlegen die sichere Nutzung dieser Applikation via Internet? Oder Sie brauchen Daten aus Altsystemen für ein neues System (z. B. CRM)? Willkommen bei der Integration.

2.12.1   Web-Enabling von Altsystemen durch Application Server

Ihr Altsystem bleibt unverändert. Nur „ganz oben", also zwischen Benutzer und System wird etwas verändert:

Ein sogenannter „(Web) Application Server" setzt die Bildschirmanzeige des Altsystems z. B. mit Java-Applets so um, dass es in einem Browser praktisch identisch aussieht und bedienbar ist. Gleichzeitig wird der Datenverkehr oft wenigstens einigermaßen verschlüsselt. Gegenüber dem Altsystem verhält sich der Web Application Server wie ein paar angemeldete Benutzer, es ergibt sich also für das Altsystem kein Änderungsbedarf. Und auch für den Benutzer bleibt alles wie gewohnt und Ihre Applikation kann weltweit genutzt werden.

2.12.2   Web-Enabling von Altsystemen ohne Application Server?

Haben Sie ein Altsystem, das unbedingt ins Web soll oder muss, aber es gibt keinen Application Server dafür? Dann steht Ihnen ein Kraftakt bevor. Denn Alles, was im vorhergehenden Punkt steht, muss ja wieder programmiert, getestet und implementiert werden. Das ist ohne Frage teuer, langwierig und fehleranfällig,. Ob es sich dennoch lohnt, kann im Rahmen dieses Buches nicht entschieden werden. Vielleicht reicht es ja auch aus, nur einzelne Teile des Altsystem web-fähig zu machen oder dies kann mit einer Schnittstelle zum Altsystem durch ein kleines Neusystem erledigt werden. Denn Web-Enabling von Altsystemen ohne Application Server ist in der Regel ein langes, teures und steiniges Abenteuer ohne Erfolgsgarantie.

2.12.3   An Schnittstellen fließt Blut!

Immer dann, wenn ein weiteres DV-System eingeführt werden soll, z. B. eine E-Applikation, stellt sich die Frage, ob dieses nicht auf vorhandene Datenbestände aufsetzen kann. Für eine sinnvolle E-Applikation wäre es geradezu widersinnig, diese Daten nicht aus dem vorhandenen Altsystem zu beziehen. Und jetzt wird es blutig, denn Sie brauchen Schnittstellen zwischen diesen Systemen, um auf die benötigten Daten und Informationen zugreifen zu können. Und immer, wenn es um Schnittstellen geht, gibt es technisches und organisatorisches Konfliktpotenzial en masse.

2.12.4   Die Grundregeln für Schnittstellen

Ein wenig von diesem Konfliktpotenzial kann man im Vorfeld abbauen, wenn man das Design der jeweiligen Schnittstelle richtig wählt. Sonst kostet dies dann viel Geld. Beispiele:

- Ein Neusystem brauchte eigentlich nur ein paar wenige Daten (lesend), die Schnittstelle wurde jedoch so implementiert, dass technisch der gesamte Datenbestand gelesen und überschrieben werden konnte. Die E-Applikation benutzte die

Schnittstelle brav nur lesend. Ein Hacker bediente sich der Schnittstelle schreibend. Der Schaden war groß.

- Die Alt-Software benutzte eine eigene Datenbank. Zunächst wurden für das Neusystem nur lesende Zugriffe benutzt, bis man die Daten im Neusystem auch ändern und zurückspeichern wollte. Das Unternehmen bastelte eine entsprechende Schnittstelle und drei Tage später klappte das Altsystem zusammen, da es in „seiner" Datenbank inkonsistente Daten vorfand.

> **Sauber und detailliert definieren!**
>
> Eine saubere Definition (wer liefert wann welche Daten wie wohin?) jeder einzelnen Schnittstelle hilft ungemein im Nachhinein! Dies wird zu oft unterlassen - manchmal mit fatalen Folgen.

Der folgende Grundsatz soll Ihrem Unternehmen helfen, von solchen strukturellen Schnittstellenproblemen verschont zu bleiben:

> **Schnittstellenaufträge an Dienstleister**
>
> Wer eine Schnittstelle extern bauen lässt, sollte im Projektteam gutes internes Know-how sitzen haben. Das hilft nicht nur während des Projektes, sondern auch, wenn später die Schnittstelle klemmen sollte!

Und nun zwei wichtige Grundregeln für das Design von Schnittstellen, um Überraschungen vorzubeugen:

> **Schnittstellen-Design**
>
> 1. Wenn nur Daten gelesen werden sollen, darf eine Schnittstelle einen Mechanismus zum Schreiben nicht enthalten!
>
> 2. Wer Daten ändern will und die Datenbasis ist die Datenbank eines anderen Systems, definiere lieber zwei Schnittstellen: Eine lesend aus dem Datenbestand und eine, die das Altsystem beschickt wie ein „normaler Benutzer".

Das Vorgehen ist also bei schreibenden oder Daten ändernden Zugriffen genau so wie bei einem Application Server: Er verhält sich gegenüber dem Altsystem genau so wie ein Benutzer. Folge: Keine Inkonsistenzen, aber höhere Kosten bei der Schnittstellenentwicklung.

2.12.5   Die Schnittstelle funktioniert nicht - was tun?

Die benötigte Schnittstelle wurde definiert, ein externer Dienstleister hat sie programmiert, getestet, installiert und wenig bis nichts funktioniert. Die Termine drängen und die Experten sind uneins über Ursache und Problembehandlung. Eine Krise wird ausgerufen. Alles eskaliert, der Ton wird frostig, die ersten Rückzugsgefechte beginnen, Schuldzuweisungen kommen auf. Was kann man tun?

> **Alles zu seiner Zeit!**
>
> Sie sparen am meisten Zeit, wenn Sie in der konkreten Krisensituation erfolgreich versuchen, die technische Ebene von der politischen zu trennen!

Die Techniker müssen unter Zeitdruck eine Lösung des Problems finden. Fragen Sie, was sie brauchen, wo man sie unterstützen kann. Hier helfen motivierende Worte, ein paar Flaschen Cola, Zigaretten und Süßigkeiten - bei 10 Minuten Ihrer Anwesenheit - eher als Diskussionen über Rechnungskürzung oder Schadensersatzforderungen. Diese Themen beschäftigen Sie als Verantwortlichen zwar momentan viel mehr, aber helfen in der Situation nicht, das zugrunde liegende Problem zu lösen. Daher greifen Sie diese Fragen erst später auf. Denn zuallererst einmal muss die Schnittstelle laufen! Wer in der konkreten Situation als Vorgesetzter versucht, Ruhe hereinzubringen und die Spannung herauszunehmen und so ein Arbeitsklima zu erhalten, das am ehesten schnelle Ergebnisse verspricht, erwirbt auch gleichzeitig bei den eigenen Mitarbeitern in diesem Projekt Respekt. Dies könnte - besonders bei Spezialisten - auch ein weiterer Bindungsfaktor an das Unternehmen sein.

2.13   Der Weg zum virtuellen Unternehmen

2.13.1   ASP - ein Weg zum virtuellen Unternehmen

Die Nutzung von ASP bedeutet, dass eine Applikation nicht im Unternehmen, sondern bei einem Dienstleister liegt, dem Application Service Provider (ASP).

Vielleicht erinnern Sie sich an die „guten alten" Host-Zeiten mit der 3270. Um ASP zu begreifen, begreifen Sie den Host als das Internet, seine Jobs als Applikationen der ASPs und die 3270-Terminals als die PCs in Ihrer Firma. Und durch ASPs gibt es freien Wettbewerb über die Kosten, Leistungsfähigkeit und Funktionalität der Jobs.

2.13.1.1   Mieten statt kaufen!

Warum für eine Taxifahrt zum Flughafen nicht nur den Fahrpreis bezahlen, sondern gleich das ganze Taxi kaufen? Dieser sehr eingängige Werbespot einer großen amerikanischen Firma machte recht deutlich, was gerade im großen Stile Realität wird: Reisekostenabrechnung, Lohnbuchhaltung oder gleich die gesamte betriebswirtschaftliche Standardsoftware sind bereits per ASP aus dem Netz beziehbar. Und Ihre Groupware? Oder Ihre Textverarbeitungssoftware und Ihre Tabellenkalkulation? Muss denn wirklich Alles einzeln pro Arbeitsplatz installiert, bezahlt und dann die Administrations-, Wartungs- und Upgrade-Kosten durch die Firma finanziert werden? Die volle Funktionalität wird bezahlt und nur ein kleiner Teil davon genutzt.

ASPs bieten Firmen die Nutzung von Software über das Internet an, die einzelne Funktionalitäten, betriebliche Funktionen oder ganze betrieblichen Prozesse als Funktionalität bereitstellen. Dabei handelt es sich um Firmen, die Rechnerfarmen mit Application Servern und Softwaresystemen betreiben, welche betriebliche Prozesse oder Funktionen abbilden. Beispiele dafür sind in Deutschland ASPs für Lohnabrechnung, Reisekostenabrechnung, Inkasso oder dem Bereich der betriebswirtschaftlichen Standardsoftware.

Weiterführende Informationen zu ASP in Deutschland finden Sie auch auf unserer Website unter http://www.business-e-volution.de.

Einige ASPs bieten als zusätzliche Funktionen Markplätze oder Portale z. B. für die Supply Chain (Beschaffung/Einkauf) und für den Vertrieb an. Der ASP-Dienstleister ist für den reibungslosen Betrieb verantwortlich.

2.13.1.2   Vorteile von ASP

Früher wurde EDV angeschafft, um Kosten zu sparen und Arbeitsabläufe effizienter zu gestalten. Dann stellte man fest, dass Administration und Betrieb der Systeme und die Wartung der Software hohe Kosten verursachten. Und die heimlichen „Könige der Firma" waren plötzlich die Chefs der EDV-Abteilungen oder die Softwareingenieure.

E-Business bietet heute die Möglichkeit, per ASP ganze Prozessketten auf fremden Rechnern laufen zu lassen, deren Wartung und Pflege durch einen Dienstleister gewährleistet ist. So kann man die Personaldecke im Administrations- und IT-Bereich im Unternehmen abspecken - und damit auch die Macht der heimlichen Könige.

Das Einsparpotenzial ist groß: Dezentrale Updates und deren Kosten, dezentrale Installationskosten, Unverträglichkeiten von Soft- und Hardware, Abstürze, Fehlinvestition durch falsche Dimensionierung der Hardware, Erweiterung des Rechenzentrums, Operatoren, Systemadministratoren sowie der Aufbau internen applikationsbezogenen IT-Know-hows können ganz oder teilweise entfallen.

2.13.1.3   Nachteile von ASP

Wie schon beim Business Process Reengineering in den 90er Jahren des letzten Jahrhunderts besteht die Gefahr der Anpassung der Organisation an die Software, was nicht immer optimal ist.

Know your partners! Wer steht hinter dem ASP, wem gehört er, wie geht es ihm wirtschaftlich, wie sieht die Bonität aus? Hier ist eine noch viel genauere Prüfung angesagt als bei einem „normalen" Lieferanten. Denn dieser Lieferant wird virtueller Teil Ihrer Firma!

ASP heute heißt momentan entweder „Weitgehend isolierte Bereiche beim ASP rechnen" oder „Die ganze Firma beim ASP rechnen". Genau der Bereich dazwischen ist aber bis heute nicht zufriedenstellend gelöst. Aber man kann hoffen, dass es demnächst Spezialdienstleister gibt, die genau dieses lösen. Denken Sie dann immer an die Empfehlungen zum Thema „An Schnittstellen fließt Blut".

Einen Applikationsserver vom Netz zu nehmen und damit bezüglich der gemieteten E-Applikation Ihre Firma praktisch stillzulegen ist so einfach wie das Ausschalten des Lichts in Ihrem Zimmer! Wer also unternehmenswichtige Funktionen, Funktionalitäten oder Prozesse aus dem Netz bezieht, kann bei Problemen des ASP oder der Netzwerkinfrastruktur zwischen ASP und der eigenen Firma kalt erwischt werden

Ganz wichtig! Die IT-Sicherheit nicht vergessen! Gerade beim ASP-Einsatz!

2.13.1.4   Ausblick für ASP

ASP hat die Goldgräberzeit bereits weit hinter sich gelassen und wird zweifelsohne in allerkürzester Zeit erheblichen Einfluss auf die Organisationsstrukturen jedes EDV-einsetzenden Unternehmens haben. Denn ASP schafft Arbeitslosigkeit im IT-Bereich der Kundenunternehmen in den unteren Hierarchieebenen.

Was Sie hingegen mehr brauchen werden sind wenige, aber richtig teure höchstqualifizierte IT-Sicherheitsexperten, Netzwerkspezialisten und Datenbankfachleute. Es ist möglich, dass diese dann die freiwerdende Machtrolle als heimliche „Könige der Firma" spielen wollen. Das können sie aber nicht, weil reine IT-Fachleute sich in Ihrem Kerngeschäft nicht auskennen. Das macht sie austauschbar. Damit entsteht jedoch Fluktuation und sehr sensitives und vertrauliches Wissen über Ihre IT-Sicherheit verlässt das Unternehmen.

> **Ablösung eines Altsystems**
>
> Ihre wichtigste Backoffice-Software ist ein Altsystem, in die Jahre gekommen und Sie überlegen eine Neuentwicklung oder einen Systemwechsel mit Adaption? Schauen Sie sich zuerst einmal im ASP-Markt um!

Abhängig von den konkreten Gegebenheiten Ihres Unternehmens: Das Business-Modell Ihrer Firma oder Teile Ihrer Produkte oder Dienstleistungen könnte ASP-fähig sein. Sie könnten dieses Wissen oder diese Dienstleistung in eine halbwegs standardisierte Form bringen und (ggf. zusammen mit Partnern) als Miet-Software ins Internet stellen. ASP-Division founded. Denken Sie daran, denn Ihre Konkurrenz denkt bestimmt schon daran.

Internalisierung externen Know-hows

Warum eigentlich nicht? Eine Beteiligung an Internetfirmen: Wozu sich teures Know-how einkaufen oder Spezialisten am angebotsbestimmten IT-Arbeitsmarkt suchen, wenn Sie praktisch vor der Haustür eine kleine Internetfirma haben? Deren Finanzdecke ist in der Regel dünn.

Ein kleiner Auftrag, ein mittlerer Auftrag und, wenn alles gut geht, eine Expertenuntersuchung vor Ort zur Klärung der Frage, ob diese Firma das Potenzial und das Know-how hat, was Sie auch zukünftig benötigen. Ist dieses fachlich gegeben, dann folgen Prüfung durch Steuerberater und Rechtsanwalt, Verhandlungen und ein mehrheitlicher Einstieg. Und schon haben Sie quasi-internes Know-how sowie einen Haus-Dienstleister, bei dem Sie mitreden können und in den Sie Einblick haben.

> Denken Sie auch an:
>
> 1. die Steuerreform in Deutschland: Beteiligung an Kapitalgesellschaften
>
> 2. die ggf. vorhandenen steuerlich verwertbaren Verlustvorträge
>
> 3. die Pressemitteilung: Ihr Unternehmen beteiligt sich an einem Internet-Dienstleister.

2.13.2   Virtuelle Organisationsstrukturen

Wenn die Firmenapplikationen per ASP schon im Netz verteilt sind, warum müssen dann die Angestellten fünfmal die Woche mit Stechkarte am Arbeitsplatz erscheinen? Oder anders ausgedrückt: Steht alles, was der Arbeitnehmer zum Arbeiten benötigt, im Netz, reichten ein oder zwei Tage im Büro! Oder - provokatorisch: Reißen Sie Ihr Verwaltungsgebäude ab. Es kostet nur unnötig Geld, wenn es leer steht. Und vergessen Sie nicht, die leeren Parkplätze zu vermieten!

Natürlich kann man ohne persönlichen Kontakt in einer Organisation nicht zusammenarbeiten. Ginge dies ohne Probleme, hätten wir keinen steigenden Flugverkehr und Tausende gut verdienende Anbieter von Videokonferenzsystemen. Aber virtuelle Organisationsstrukturen können für das Unternehmen und die Mitarbeiter in gleichem Maße ein erheblicher Gewinn sein - wenn die Technik stimmt.

2.13.2.1   Mitarbeitermotivation und Bindung an das Unternehmen

Wenn Ihr Unternehmen und Ihre Mitarbeiter im Einzelfall folgende Voraussetzungen erfüllen:

- klar definierte Aufgaben, Termine und Kontrollmöglichkeit

- Vertrauen in die Mitarbeiter

dann kommt Heimarbeit in Betracht. Dieses Instrument ist gerade für hochqualifizierte Key-player nicht zu unterschätzen:

Heimarbeit/Telearbeit

Beschäftigen Sie Angestellte mit Routineaufgaben oder klar definierten Aufträgen, deren Terminierung und Ergebniskontrolle ebenfalls einfach sind? Dann ist Heimarbeit mit ggf. „Ein Tag pro Woche im Büro" zumindest ein mit Geld oft nicht zu bezahlendes Incentive für den/die betreffende(n) Mitarbeiter.

Denn wo ein Telefon ist, ist eine Netzwerkverbindung. Denken Sie z. B. an alleinerziehende Mütter. Warum sollen diese denn die Zeit am Tag nicht auch zur Arbeit nutzen können, in denen das Kind betreut wird? Eine unbezahlbare Motivation und Bindung an das Unternehmen!

Automatische Folgen wären dann z. B. virtuelle Teams, virtuelle Abteilungen und am Ende gar:

2.13.2.2   Die virtuelle Firma

Nach wie vor sind es die Menschen, die Ihre Organisation, Ihr Unternehmen ausmachen. Und wenn die Funktionalitäten als E-Komponenten von überall auf dieser Welt herkommen, wer sagt dann, dass diese Menschen in Ihrer Organisation alle an einem Platz sitzen müssen?

Jetzt wird es richtig virtuell - ist jedoch ganz ernst gemeint. Ein paar Fingerzeige, was virtuelle Organisationsstrukturen noch alles bedeuten könn(t)en:

Outsourcing in die Provinz:

Lagern Sie z. B. Ihre Belegerfassung oder Rechnungsprüfung in den tiefsten Bayerischen Wald, in die Lausitz oder nach Mecklenburg aus. Da gibt es genügend Arbeitskräfte, ein interessantes Lohnniveau, Sie helfen einem strukturschwachen Gebiet, schaffen Arbeitsplätze und kassieren auch noch Fördergelder.

Outsourcing in Nachbarländer:

Wenn die Sprache keine herausragende Rolle spielt: warum dann nicht betriebliche Funktionen z. B. nach Polen oder Tschechien geben? Die Leute dort sprechen häufig Deutsch, sind nicht nur billiger, sondern auch motivierter als Manche denken - und besser als ihr Ruf!

Es ist noch nicht heraus, ob virtuelle Unternehmen wirklich auf Dauer besser funktionieren. Sie sind jedoch möglich. Und zumindest in Bezug auf Heimarbeit von qualifizierten Kräften und das Nutzen von Kostenvorteilen sollte man aus den genannten Gründen in dieser Richtung denken.

2.14　　Die Aussichten für die nächsten Monate

Die technische Entwicklung schreitet so rasend schnell voran, dass es eigentlich beruhigend ist, dass der Weg von „technisch möglich" zu „ausreichend verbreitet beim Endkunden" ein wenig Zeit benötigt. Folgende Trends kann man absehen:

Web-TV: Filme und Video-Anwendungen werden in guter Qualität über stationäre und mobile Geräte erreichbar sein. Denken Sie an Werbung mit dem Beduinenpärchen in der Wüste, das sich eine Multimediabrille aufsetzt und sich „I'm singing in the rain" ansieht. Diese Vision ist nur noch bezüglich der Wüste und der Brille eine Vision. Aber individuelles Video on demand aus dem Internet wird in Europa, den USA und Japan sehr bald Realität sein. Damit folgt auch:

- Wer braucht dann noch bespielte Kaufkassetten oder Kauf-DVDs?

- Die jetzt aktuelle Copyright-Problematik im Musik-Bereich (MP3) wird sich auf den Video-Bereich ausdehnen. Die Suche nach Geschäftsmodellen (wie die Kooperation Bertelsmann-Napster) wird Vermarktungsformen und Entgeltabrechnung für Rechteinhaber grundlegend verändern.

Mobile devices: Ob über GPRS, UMTS oder XYZ: Handys von heute werden uns in wenigen Monaten vorkommen wie aus der Steinzeit. Die dann aktuellen Geräte werden sich genauso schnell im Internet bewegen können wie PCs heute, können als Laptop-Ersatz eingesetzt werden, werden die eigene E-Mail aus dem Büro empfangen, werden farbige Displays haben und unter Umständen auch Videokameras bekommen. Möglich ebenfalls ist die Integration eines GPS-Empfängers, d. h. das Handy weiß auf 10 Meter genau, wo auf der Welt es sich gerade befindet.

Somit sind ganz neue Business-Modelle auf Basis von Geographie und/oder Video-Applikationen möglich. Ganz nebenbei kann man damit auch noch telefonieren. Unwahrscheinlich hingegen ist, dass es dann immer noch unter dem Namen „Handy" verkauft wird. Für solche „Handys" wird in Deutschland in 2005 ein Marktanteil von ca. 80 % prognostiziert. Ich persönlich halte dies für viel zu hoch - etwa 40 % mögen realistisch sein.

Der Begriff „Internet": Das Internet ist nur eine Transportstruktur auf einem guten technischen Standard, das aus einem Netzwerk von Strohhalmen und Schläuchen besteht, in dem Daten fließen. Heute ist es die Regel, dass ein Benutzer mit einem PC und einem Modem oder einer ISDN-Karte seinen Rechner an das Internet anschließt. Dies wird sich in zweierlei Hinsicht ändern:

- Erstens werden die **Bandbreiten** (das heißt: die Dicke des Strohhalmes oder Schlauches) größer werden, sodass deutlich mehr Daten hindurchpassen. Das analoge Modem und auch ISDN werden als „Standardanschluss" des Durchschnittsverbrauchers abgelöst werden durch Funkmodems, Modems im Kabelnetz und Satelliten-„Modems" sowie ADSL oder DSL ((Asynchronous) Digital Subscriber Line). Die Zeit, wo Endverbraucher mit „dünnen Strohhalmen" am Internet angeschlossen waren, ist vorbei. Das ermöglicht Video und Grafikapplikationen.

- Zweitens wird es **Zugangsgeräte** geben: Mobile devices werden „Handys" endlich vollwertig ins Internet bringen und später werden „Haushaltsrechner" als „Server" alle Funktionen einer Wohnung oder eines Hauses via Funknetz (z. B. Bluetooth-Technologie) steuern können (Heizung, Rollladen, Mikrowelle, Beleuchtung, etc.) und nebenbei alles integrieren, wozu wir heute PC, Stereo-Anlage, Fernseher, Festnetztelefon und Videorekorder benötigen.

Das WWW wird also nur ein Medium von Vielen sein. Die Technik des WWW, die Transporttechnologie des Internets, wird zu vielen anderen Zwecken benutzt werden. Was aber nicht bedeutet, dass man mit der Mikrowelle im Internet surfen können wird. Es werden Produkte und Dienstleistungen entstehen, die technisch zu 100 % auf Internettechnologie basieren, aber nicht als „Internet" vermarktet oder verstanden werden.

> **Technologie-Frühwarnsystem**
>
> Richten sie ein ständiges Gremium ein, das sich um technische Entwicklungen im Frühstadium kümmert, die in der näheren Zukunft in Ihr Unternehmen einwirken - um die Chancen und Risiken abzuwägen. Aufgrund der Geschwindigkeit der Entwicklung ist ein Zeitvorsprung hier der entscheidende Faktor für die Wettbewerbsfähigkeit von morgen..

2.15   Zusammenfassung

Die organisatorische Integration des E-Business ist eine Riesenaufgabe. Die gesamte Organisation ist nachhaltig betroffen. Machen Sie also Betroffene zu Beteiligten und schaffen Sie dadurch die Möglichkeit zu breitem Lernerfolg in Ihrer Organisation. Dies ist eine Grundvoraussetzung, um langfristig erfolgreich die E-Business-Revolution am Markt bestehen zu können. Denn in schnelllebiger Zeit muss man flexibel agieren können, und das setzt die Fähigkeit zur kompetenten Beurteilung der Auswirkungen und der Lage genauso voraus wie die notwendigen Assets - finanziell, technisch und menschlich.

Gehen Sie die Basis-Komponenten Groupware, Intranet, Unternehmenswebsite und (last but not least!) die sehr wichtige IT-Sicherheit an. Schritt für Schritt. Nutzen Sie die Möglichkeiten zur Stärkung der Motivation der Mitarbeiter und der Identifikation mit dem Unternehmen, die Ihnen dadurch geliefert werden. Beachten Sie insbesondere gegenüber Ihren Mitarbeitern das interne Marketing unter den Aspekten Klarheit und Offenheit.

Prüfen Sie die Möglichkeiten für Kooperationen mit Partnern - inhaltlich, technisch, im Vertrieb, beim Einkauf, unternehmensweit. Seien und bleiben Sie stets in der Lage, ein E-Business-Produkt auch technisch durch internes Know-how evaluieren zu können. Verfolgen Sie die Entwicklung und das Verhalten Ihrer Konkurrenten sehr genau. Prüfen Sie, ob CRM für Sie der richtige Ansatz ist. Halten Sie auf dem ASP-Markt Ausschau nach geeigneten und sicheren Rationalisierungspotenzialen und beantworten Sie die Frage, ob in der Zukunft M-Business für Ihre Firma interessant wird, oder nicht.

Nehmen Sie sich die Freiheit, genau zu evaluieren, ob eine neue technische Möglichkeit eine praktikable Option zu Kosteneinsparungen oder mehr Umsatz bietet oder Ihrem Business-Modell langfristig die Grundlage entziehen könnte. Und räumen sie mit organisatorischen Verdoppelungen auf.

Dies alles sollte dazu führen, dass Ihr Unternehmen kompetenter und schneller wird, ja vielleicht sogar ein lernendes Unternehmen. Und mit diesen Attributen brauchen Sie keinerlei Angst vor der Zukunft zu haben.

2.16   Power-Tipps: Die Organisations-Falle des E-Business

Aus organisatorischer Sicht sind viele der neuen elektronischen Helferchen eher ein Fluch als ein Segen. Wer zur Selbst- und Teamorganisation bislang nur Handy und Notebook brauchte, ist völlig out. Mindestens ein Palmtop oder Organizer, ein klassischer Terminkalender sowie die Nutzung aller eingeführten Kommunikationssysteme (E-Mail, Fax, Telefon) müssen zusätzlich genutzt werden und machen das Chaos in der Regel erst perfekt:

2.16.1   Es ist nicht alles wichtig!

Genau das, was man jetzt gerade benötigt, ist mit hoher Sicherheit gerade eben nicht da, wo man selbst ist. Denn ineffizienterweise werden allzu oft viele Organisationsmittel und -formen gleichzeitig nebeneinander verwendet - für viel Geld. Das Paradebeispiel ist die erst ausgedruckte dann kopierte und danach gefaxte E-Mail-Nachricht - gefolgt vom Anruf, ob das Fax auch angekommen ist. E-Business wird Ihnen und Ihrer Organisation auch von innen heraus helfen, Zugang zu und Informationen an sich zu kanalisieren, zu integrieren und somit organisierter und schneller zu verwerten und zu nutzen. Räumen Sie also mit organisatorischen Verdoppelungen auf!

2.16.2   Die Kappung des Alten

Das Problem des E-Business ist weit weniger die Einführung einer E-Business-Applikation oder die Änderung von Geschäftsprozessketten, Abläufen und Workflows. Die organisatorische Schwierigkeit ist die Tendenz, die „alte" Abwicklung zusätzlich noch beizubehalten. Das Ergebnis ist in der Regel ein Mix aus unnötigen Kosten, Zeitverlust, Doppelarbeit und steigender Belastung der Mitarbeiter.

Wer durch E-Business Zeit und Geld sparen will (und warum sollte man das sonst machen?) muss sich darüber im Klaren sein, dass alle Prozesse, die durch die Applikation gestützt werden, in ihrer jetzigen Form nicht beibehalten werden können, sondern zumindest umgestaltet oder sogar gekappt werden müssen, denn niemand braucht ein Auto zuviel. Diese Umgestaltung oder Kappung sollte von daher Teil jedes sauberen Projektplanes für die Phase nach dem Roll-out jeder E-Komponente sein. Wer sie versäumt, produziert oft genug das Gegenteil von dem, was eigentlich erreicht werden sollte.

Als Beispiel seien hier Kommunikationslösungen genannt, die Sprache, Fax, Datenübertragung, SMS, E-Mail und vieles mehr integrieren („Unified Messaging"). In Bereichen Ihrer Organisation, wo so etwas eingeführt ist, hat z. B. ein Faxgerät nichts mehr zu suchen. Unterschätzen Sie aber nicht Ihre Mitarbeiter oder sich selbst als Gewohnheitstiere: Das Faxgerät verschwindet gewisslich nicht von allein und auch seine Benutzung nimmt von selbst nicht völlig ab! Andererseits: Gut, eine Notlösung zu haben, wenn das neue System mal ausfällt. Hier hilft auch die regelmäßige Kostenkontrolle z. B. von Nebenstellen recht gut.

> **Vermeiden Sie organisatorische Verdoppelung!**
>
> Wer zu A, B und C auch noch D und E einführt, sollte mindestens vier von diesen fünf integrieren, diese integrierte Lösung nutzen und die alte Nutzung im normalen Tagesbetrieb abschaffen.

2.16.3 Die nicht ganz unbegründete dumpfe Angst in der Belegschaft

E-Business ist - richtig ausgewählt und eingesetzt - zweifellos ein Gewinn für die meisten Unternehmen. Aber dies gilt nicht automatisch für jedes Unternehmen und schon gar nicht für jeden Mitarbeiter, Lieferanten oder Kunden. E-Business-Portale zwingen Lieferanten, bei Preisen und Logistik gegen härteste Konkurrenz zu bestehen. Kunden haben in Sekundenschnelle Vergleichbarkeit und Auswahl zur Hand. Hier ist dann Ihr Unternehmen härterem und schnellerem Wettbewerb ausgesetzt. Genau so, wie einige Firmen diesen Prozess nicht überleben werden, wird es auch eine ganze Reihe von Arbeitsplätzen nicht mehr geben, denn die Rationalisierung geht weiter.

Die Zeit, in der für den normalen Angestellten der erste Arbeitgeber bis zur Rente auch der Einzige war oder in dem das in der Berufsausbildung Gelernte auch bis zur Rente ausreichte, ist vorbei. Häufigerer Wechsel des Arbeitgebers ist die Regel und ohne ständiges Lernen und andauernde Weiterbildung sind die Perspektiven in immer mehr Tätigkeitsbereichen düster. Schon macht das Wort des „digitalen Proletariats" die Runde. Und leider scheint sich diese Vision zu bewahrheiten, denn E-Business beschleunigt dies noch:

- Wer braucht eine telefonierende oder faxende Einkaufsabteilung in der jetzigen Stärke, wenn ein mit Bedarf und Terminen gefütterter intelligenter Softwareagent auf mehreren E-Business-Marktplätzen gleichzeitig 24 Stunden am Tag nach der günstigsten und schnellsten Belieferungsmöglichkeit sucht - oder mit Agenten anderer Firmen direkt verhandelt?

- Wer braucht eine Druckerei, um Preislisten zu produzieren, wenn die Preise sich aufgrund der Konkurrenz- und Marktlage binnen Tagen oder Sekunden ändern können?

- Wer braucht einen Großhandel oder Einzelhandel, wenn mit sauberer Logistik zu entsprechenden Konditionen auch kleine Mengen direkt beim (einen oder anderen) Hersteller geordert werden können?

- Ein Außendienst mit Firmenwagen und/oder Büros für den Vertrieb standardisierter Produkte im Massenmarkt? Wofür? Beispiel: Direktversicherungen.

- Im Gegensatz z. B. zu den USA gibt es in Deutschland wenig Bereitschaft, für Service zu bezahlen (Beratung in der Filialbank, Kauf beim B2C-Broker im Internet). Daher kann im Endkundengeschäft Service in zunehmendem Maße neben Standardisierung nur Automatisierung bedeuten - jedoch nicht Bindung von Personal.

Ihr Unternehmen besteht aus mehr als einem Briefkopf und einem Handelsregistereintrag: Es sind die Menschen, die Ihr Unternehmen ausmachen, Ihre Mitarbeiter. Wer seine Firma erfolgreich in eine gesicherte Zukunft führen will, muss sich Gedanken machen, wie die beschriebenen Änderungen in der Arbeitswelt auf die eigene Belegschaft wirken, wie man die Mitarbeiter besser an das Unternehmen binden kann. Um dies zu erreichen, sollte man vielleicht überlegen, die Organisationsentwicklung mit der Personalentwicklung und der Weiterbildung zusammenzulegen?

Denn auch in Ihrem Unternehmen wird E-Business die Organisation ändern. Der „direkte Draht" des Internets ermöglicht ein einfacheres Outsourcing von Bereichen, die keine Logistik an physischen Gütern voraussetzen, z. B. der Rechtsabteilung, und ASP-Dienstleister übernehmen betriebliche Funktionen.

Es ergibt sich ein zwiespältiges Bild: Viele - insbesondere gewerbliche - Mitarbeiter werden gehen müssen, während im IT-Bereich schwer zu bekommende und teure Spezialisten gebraucht werden, damit die Firma langfristig überlebt. E-Business beschleunigt diesen nicht ganz neuen Trend noch. Und insofern ist die dumpfe Angst um den Arbeitsplatz in Ihrer Belegschaft nicht unbegründet. Beziehen Sie diese Ängste in Ihre Überlegungen und Planungen mit ein.

2.16.4　　Achtung: Die Revolution frisst ihre Kinder!

Auch, wenn Eile geboten ist: Gehen Sie Schritt für Schritt vor. Betreiben Sie E-volution. Schließlich ist jede Einführung von E-Business ein Prozess und während dieses Prozesses muss Ihr normaler Betrieb weiterlaufen. Überlasten Sie Ihre Organisation nicht. Wenn Sie vielleicht später wegen E-Komponenten und deren Eingriff und Implikationen in die Organisation gezwungen sind, Mitarbeiter freizusetzen - bis dahin ist es ein steiniger und harter Weg, für den Sie jede Hilfe brauchen, die Ihr Unternehmen hergibt.

Fahren Sie hingegen eine revolutionäre Strategie, dann riskieren Sie Ihr Unternehmen als Ganzes. Denn jeder ist ersetzbar - aber nicht in beliebig kurzer Zeit. Schon gar nicht beim E-Business. Nun gilt ja der Spruch „No risk, no fun.", aber das wäre vielleicht ein wenig zu viel „Fun". Wohlverstanden: Ich meine nicht „Machen Sie langsam", nein, gewisslich nicht. Ich meine nur „Machen Sie es zusammen mit den Menschen; denn wenn die gehen, geht nichts mehr."

2.17　　Checklisten Organisation

1.　Checkliste für Groupware
Wofür soll die Groupware genutzt werden? Offener Dialog mit Mitarbeitern. Ergebnis: Funktionaler Anforderungskatalog.
Welche Mitarbeiter werden keinen Groupware-Zugang erhalten (Diese Gruppe möglichst klein halten)?
Qualifiziertes Schulungsprogramm für Mitarbeiter erarbeiten und testen.
Systemauswahl: Welches Groupware-System passt am Besten zum Anforderungskatalog?
Ist die IT-Basis (Netzwerk) stark genug für Groupware-Datenverkehr (falls Bedenken bestehen: ausbauen)?
Alle Regeln zur Nutzung festlegen (Mailboxgröße, Verwendung von CC. und BCC. etc.).
IT-Sicherheit „sicheres" internes Netz sicherstellen (Daueraufgabe - vgl. 2.5.4).

Bei Anschluss an das Internet oder Vernetzung mehrerer Standort durch Groupware zusätzlich:
IT-Sicherheit für alle betroffenen Standorte sicherstellen (Daueraufgabe - vgl. 2.5.4).
IT-Sicherheit für Internet-Gateways (Proxy/Firewall) sicherstellen (Daueraufgabe - vgl. 2.5.4).
Internet-E-Mail-Anbindung integrieren (s. 2.5.4 und 2.4.2.2).

2. Checkliste für das Intranet
Offene Kommunikationskultur gegenüber Mitarbeitern und Arbeitnehmervertretung!
„Standardrubriken" des Intranets festlegen (inkl. „private Seiten").
Entscheiden: E-Learning/Einarbeitungsprogramme via Intranet?
Im Anwenderdialog sehr frühzeitig die Usability an einem Prototyp testen und verfeinern.
„Intranet Task Force" einrichten, die direkt aus der Belegschaft ansprechbar ist (inkl. bekannt machen dieser Option!).
Festlegen der Motivationshilfen zur Informationsweitergabe.
Sicherstellung einer guten und schnellen Volltextsuche.
Erste Strukturierung der Funktion „Wissenspool" durchführen.
Authentifizierung für bestimmte Teile des Intranets klären.
Festlegung: Welche betrieblichen Funktionen können ins Intranet (z. B. Vorschlagswesen). Am Anfang immer nur Eine.
Betriebsvereinbarung zum Intranet.
Die Werbetrommel rühren und nicht zu früh starten!
Dauerhafte Redaktionsstruktur für Vorschläge und Wünsche einrichten - mit Entscheidungsverantwortung.

3. Checkliste für die Unternehmens-Website

Eine gute Domain sichern. Gleichlautend als .de und .com.

Einen Provider finden (Preis-/Leistungsvergleich).

Was soll präsentiert werden? Unternehmen, Produkte oder das Management? Was ist die Story?

Inhaltsstruktur festlegen. Breite x Tiefe sollte zu Beginn maximal 8x8 sein. Fremdsprachenaufbau beachten. Dabei immer ausschließlich aus Sicht des Benutzers denken!

IT-Sicherheit/Firewall(s)/Proxys sicherstellen (Daueraufgabe!).

Design, Navigation und Usability testen und verbessern. Wenn nötig, externe Media-Agentur einbeziehen.

Die Kulturfremdheit der Dienstleister verkleinern!

Einheitlichkeit und Aktualität sicherstellen.

Änderungsdienst und Freigabedienst organisieren und integrieren (keine separate Organisationsform!).

Alle Vorbereitungen für die Behandlung der Interaktivität treffen (E-Mail-Weiterleitungen, Standardantworten, Stellvertretungen, Verantwortlichkeiten etc.).

Nach dem Start der Website:

Interaktivität angemessen bearbeiten, Aktualität sichern, Alle Reibungsverluste konsequent abstellen.

Suchmaschinen: Submission der Website.

Konkurrenten beobachten.

Benutzerverhalten analysieren. Benutzerströme analysieren. Benutzerherkunft analysieren. Benutzer profilieren.

Vorbereitet sein auf Flaschenhälse und höheren Arbeitsaufwand.

Attraktivität der Website steigern.

4. Basiskomponenten - Checkliste für die IT-Sicherheit
Die IT-Sicherheit darf niemals unterschätzt werden! Ihre Firma hängt davon ab!
Die IT-Sicherheit ist eine Daueraufgabe!
Sie brauchen hochqualifiziertes Personal für die nachhaltige Sicherstellung der IT-Sicherheit!
Die Sicherheitskette ist nur so stark wie ihr schwächstes Glied!
Setzen Sie den gesamten Abschnitt 2.5 um. Ständig.

3 Marketing

Marketing ist ein zentraler Bestandteil von erfolgreichem E-Business. Schließlich dient E-Business in erster Linie dazu, die unternehmerischen Zielsetzungen besser zu erreichen - und in deren Mittelpunkt sollten die Kunden und Ihre Bedürfnisse stehen. In diesem Kapitel werden nicht nur alle wichtigen E-Marketing-Ansätze, sondern auch die Voraussetzungen für erfolgreiches E-Marketing beschrieben.

Einführung

E-Business-Projekte sind überwiegend erfolgreich, wenn sie mit einer erfolgreichen Marketingarbeit einhergehen. Dies betrifft nicht nur den Verkauf von Waren via Website (E-Commerce), sondern grundsätzlich die gesamte E-Business-Strategie. E-Marketing bedeutet letztlich die absolute Einstellung auf die Bedürfnisse der Kunden. Diese Bedürfnisse können durch E-Marketing-Instrumente schneller und vielfältiger ermittelt und auch befriedigt werden. Unternehmen können so noch näher an ihre Zielgruppen kommen - eines der wichtigsten Ziele von E-Business. Dies ist allerdings mit einer Reihe von Voraussetzungen verbunden, die kaum ein Unternehmen per se erfüllt. E-Marketing muss deshalb professionell geplant und durchgeführt werden. E-Marketing umfasst die Bereiche:

- Analyse der Kundenpotenziale
- Laufende Analyse der Kundenbedürfnisse
- Abstimmung der Marktleistung (Produkte, Dienstleistung) auf den Bedarf
- Neudefinition der Preispolitik
- Werbung für die Marktleistung im Internet
- Bewerbung der Website(s) (Web-Promotion)
- Abstimmung der Distributionsstrategie
- Entwicklung von Kundenbindungsprogrammen
- Marketingkooperationen

Das vielfältige E-Marketing-Instrumentarium verändert sich beinahe täglich. Unternehmen sollten in der Lage sein, schnell und flexibel die jeweils wichtigsten Marketingformen zu benutzen. Damit verbunden ist oft eine Veränderung der bisherigen Arbeitsweise, langfristige Planung wird durch Adhoc-Reaktionen auf Kunden- und Marktbewegungen abgelöst. E-Marketing sollte deshalb in E-Business-Projekten eine hohe Priorität erhalten.

3.1 Marketing und E-Business

Marketing ist sowohl ein zentraler Bestandteil als auch einer der entscheidenden Erfolgsfaktoren des E-Business. Um es drastisch auszudrücken: Ohne Marketing kann kein Internet-E-Business funktionieren. Junge Start-up-Unternehmen zeigen, wie notwendig und gleichzeitig erfolgreich Marketingaktivitäten sind. Auch etablierte Firmen sollten sich nicht nur auf ihre Firmen- und Markennamen verlassen, sondern in E-Marketing investieren.

Die Marketingabteilung muss von Beginn an in alle E-Business-Aktivitäten integriert werden. Die Praxis hat immer wieder gezeigt, dass ein von der EDV- oder IT-Abteilung gestartetes Website-Projekt keinen Erfolg hat, wenn Marketingaspekte nicht oder zu spät berücksichtigt werden. In vielen Fällen bildet der Marketinggesichtspunkt den Kern von E-Business-Projekten: Ob erhöhte Kundenbindung durch zusätzliche Services oder aber E-Commerce-Aktivitäten - immer geht es um die Verbesserung der bestehenden Marketingaktivitäten.

Auch die Bekanntmachung und Vermarktung der eigenen Internetaktivitäten muss vom Marketing betreut werden. Eine Website ohne Web-Promotion existiert nicht.

3.1.1   Das Internet als Marketing-Plattform

Das Internet wurde und wird im kommerziellen Bereich als Marketing-Plattform wahrgenommen und genutzt. Zahlreiche Befragungen zeigen, dass die Mehrzahl der User das Internet als Informationsquelle für Produkte, Dienstleistungen und Unternehmen nutzen. Dies lässt sich auch an den hohen Zugriffszahlen auf Firmen- und E-Commerce-Websites ablesen.

Jedes moderne Unternehmen sollte das Internet als Marketing- und Vertriebs-Plattform nutzen. Dafür bieten sich grundsätzlich verschiedene Möglichkeiten an:

	Marketing	**Vertrieb**
Eigene Website	Bekanntmachung der eigenen Produkte und Dienstleistungen auf eigenen Websites	Vertrieb der eigenen Produkte und Dienstleistungen auf eigenen Websites (E-Commerce mit Shop-System)
Andere Website(s)	Bekanntmachung der eigenen Produkte und Dienstleistungen auf anderen Websites (über Werbung, Sponsoring, PR-Arbeit)	Vertrieb der eigenen Produkte und Dienstleistungen auf anderen Websites (Versandhändler, Affiliate-Programme)

Tabelle 8: Marketing- und Vertriebs-Plattformen

Vor allem der direkte Kontakt zu Kunden und Interessenten ist eine der Stärken von modernem E-Business. Sogar Unternehmen, die im niedrig-preisigen Consumer-Bereich tätig sind, können mit ihren Kunden einen direkten Dialog beginnen. Diese Form der Kundenintegration stellt jedoch hohe Anforderungen an ein Unternehmen, das bisher hauptsächlich Handelspartner betreut hat. Der Einstieg in die Endkundenbetreuung via Website muss daher sorgfältig überlegt sein und sollte nur erfolgen, wenn damit die Erreichung von wichtigen Unternehmenszielen verbessert werden kann.

Internet-Marketing bietet neue Chancen, hat allerdings auch eine Reihe von unternehmensinternen Voraussetzungen:

- Internet-Marketing erfordert **schnelle Reaktionen**, da Kunden und User Responsemöglichkeiten nutzen. Eingehende E-Mail-Anfragen, Informationsanforderungen oder auch Produktbestellungen müssen schnell und zuverlässig bearbeitet werden. Der User bestellt via Web, weil er eine schnelle Reaktion erwartet.

- Internet-Marketing bietet **Kontrollmöglichkeiten**, die allerdings auch genutzt werden wollen. Ähnlich wie beim Direktmarketing ist eine sehr gute Erfolgskontrolle möglich (z. B. Click-Raten auf Werbebannern, Informationsabrufe auf der eigenen Website zu bestimmten Produkten, Reaktionen auf Sonderangebote, Responsequoten bei E-Mail-Marketing).

- Internet-Marketing muss ständig an das **Userverhalten** angepasst werden. Reaktionszeiten verkürzen sich dramatisch. Fallbeispiel: Der Wettbewerber bietet ein vergleichbares Produkt auf seiner Website oder in einer Banner-Kampagne aus Promotion-Gründen mit Rabatt an. Hier muss sofort reagiert werden, und zwar sowohl auf der eigenen Website als auch in der Web-Promotion.

- Internet-Marketing erfordert eine **Integration** der verschiedenen Marketingbereiche. Klassische Werbung und Web-Promotion dürfen nicht separat betrieben werden (vgl. 3.1.3).

- Internet-Marketing erfordert **neues Know-how**, das in dieser Form in der Regel nicht in den bestehenden Marketingabteilungen vorhanden ist. Hier müssen entweder neue Mitarbeiter gewonnen oder vorhandene Mitarbeiter entsprechend qualifiziert werden. Es ist nicht ratsam, sich hier ausschließlich auf externe Dienstleister zu verlassen.

Das gesamte Marketing erhält durch E-Business eine neue Dynamik, auf die das Unternehmen vorbereitet sein sollte.

3.1.2   Erweiterung des Marketing um Online-Aspekte

Der klassische Marketing-Mix behält auch im E-Business-Zeitalter seine Bedeutung, muss allerdings um zahlreiche Aspekte erweitert werden.

Produktpolitik

Eine Website muss zunächst keinerlei Einfluss auf die bestehende Angebotspalette haben. Doch dies kann sich schnell ändern, wenn Kunden oder Wettbewerber die neuen Online-Möglichkeiten nutzen. Die gravierendste Folge kann in einer zunehmenden Individualisierung der Produkte liegen. „Customization" heißt das Zauberwort, mit dem die Vision des One-to-One-Marketing verfolgt wird. Ob Auto-, Hardware- oder Buchbranche: Praxisprojekte zeigen, dass Kunden sich via Website Produkte nach ihren Bedürfnissen konfigurieren können. Auch die verbesserten Möglichkeiten, Kundenmeinungen einzuholen und das Userverhalten zu analysieren, können Einfluss auf die Produktpolitik haben. Trends und Einstellungen können wesentlich schneller erfasst werden, Reaktionszeiten verkürzen sich. Insgesamt müssen Unternehmen schneller und vor allem flexibler auf Marktveränderungen und Kundenbedürfnisse eingehen können.

Preispolitik

Auch in diesem Bereich müssen zunächst keine wesentlichen Änderungen erfolgen - es sei denn, der Markt erfordert dies. Das Internet hat eine neue Möglichkeit für preisaggressive Einkaufsstrategien geschaffen.

Einkaufsstrategien	
Einkaufsportale	Unternehmen betreiben gemeinsam eine webbasierte Plattform zur Beschaffung von Produkten und Dienstleistungen. Ausschreibungen können dabei nach dem Prinzip der „umgekehrten" Auktion erfolgen, bei welcher derjenige den Zuschlag erhält, der das niedrigste Angebot unterbreitet.

Einkaufsstrategien	
Auktionen	Internetauktionen sind eine der spektakulärsten Neuerungen, die sich im E-Business ergeben haben. Firmen wie QXL oder Ricardo zeigen, wie sich im Web die Schnäppchen-Mentalität der Kunden nutzen lässt. Versteigerungen finden dabei in allen Märkten statt: B2C, B2B und vor allem im C2C-Markt, in dem nach dem Flohmarktprinzip die Verbraucher untereinander Waren verkaufen.
Co-Shopping	Kaufinteressenten finden sich zusammen, um ein bestimmtes Produkt zu erwerben. Je mehr Interessenten bieten, desto geringer wird der Preis pro Produkt.
Preis-Brokering	Bei diesem Verfahren geben Kaufinteressenten einen Preis vor, das Brokerunternehmen sucht einen Lieferanten, der auf dieses Angebot einsteigt. Dieses Verfahren wird mittlerweile auch von Herstellern selbst praktiziert. Beispiel: Bei LTU kann der Interessent einen Preis nennen, den er für einen Flug bezahlen möchte („Biet und Flieg").
Preisvergleichs-agenten	Ähnlich wie das Preis-Brokering funktioniert dieses Verfahren. Der Kaufinteressent gibt ein Produkt oder eine Dienstleistung an, eine Agentensoftware sucht auf den entsprechenden Websites nach dem günstigsten Angebot. Diese Suche kann auch permanent stattfinden, so dass sich beispielsweise Wettbewerber gegenseitig überwachen können.

Tabelle 9: Einkaufsstrategien im Web

Welche Verfahren letztlich in welchen Branchen marktbeeinflussend werden können, steht noch nicht fest. In jedem Fall werden durch E-Business die Märkte transparenter und preisaggressiver.

Distribution/Vertrieb: E-Business verändert die Distributionspolitik erheblich, vor allem dann, wenn aktiv E-Commerce betrieben wird. Die wesentlichen Veränderungen sind dabei:

- Direkter Kundenkontakt: Unternehmen, die bisher nur über Handelspartner vertrieben haben, treten jetzt in direkten Kontakt zu Interessenten und Kunden. Dies hat weitreichende Konsequenzen, die vom Aufbau von Customer Relationship Systemen bis zum Aufbau von Direktvertriebsstrukturen reichen können.

- Neue Kundenpotenziale: Durch eine Website können neue Kunden gewonnen werden. Gerade ursprünglich lokal, regional oder national agierende Unternehmen mit Spezialangeboten können so neue Kundengruppen erschließen.

- Betreuung der Handelspartner: Viele Firmen haben ein „Extranet" eingerichtet, das Handelspartnern einen in der Regel passwortgeschützten Zugang zu spezifischen Informations- und Servicebereichen auf einer Website ermöglicht. Handelspartner können dort z. B. aktuelle Promotion-Aktionen, Produktankündigungen, manchmal sogar auch individuelle Daten abrufen.

- Partnerprogramme: Affiliate-Programme gehören zum Kern-Instrumentarium von E-Business. Online-Shops wie Amazon wären ohne diese Programme wesentlich weniger erfolgreich. Die Idee ist einfach und auch nicht neu: Wer als Affiliate-Partner einen Kunden bringt, erhält dafür eine Provision, die sich in der Regel an der Kaufsumme orientiert. Derartige Partnerprogramme bieten beiden Seiten Vorteile: Der Partner kann seinen Usern interessante Produkte anbieten (Beispiel: Ein Suchportal bindet einen Online-Buchversender ein), der Affiliate-Initiator multipliziert seine Präsenz im Web und erhält Bannerplätze auf Provisionsbasis.

- Prozess-Integration: Anfragen, Bestellungen, Reklamationen, Warenverfolgung durch den Kunden - all dies kann potenziell über eine Website abgewickelt werden. Damit dies funktioniert, muss ein Unternehmen die dahinter liegenden Geschäftsprozesse webfähig gestalten.

- Integration bestehender Vertriebswege: Oft kommt es zu einer Konkurrenz der bestehenden Vertriebskanäle mit dem E-Commerce. Sowohl Handelspartner als auch Vertreter stehen einem Direktverkauf aus Eigeninteresse oft skeptisch oder ablehnend gegenüber. E-Commerce muss also mit den bestehenden Strukturen vereinbar sein bzw. es müssen neue Strukturen geschaffen werden. In jedem Fall sollten absehbare Konfliktherde rechtzeitig erkannt und beseitigt werden.

E-Business kann weitreichende Folgen für die Distributionspolitik haben, es liegt an jedem Unternehmen, wie viele der Potenziale es ausschöpfen will.

Werbung: Die Vermarktungsmöglichkeiten des Internets fügen der bestehenden Werbung neue Bereiche hinzu. Das gilt in dreifacher Hinsicht:

- Die eigene Website und das eigene Angebot werden im Internet beworben.

- Die Websites werden mit klassischen Werbemedien (Print, TV, Radio, Events, Sponsoring) promotet (vgl. 3.1.3).

- Eigene Websites werden als Werbeträger vermarktet. Dies ist mittlerweile nicht nur für Medienwebsites eine interessante Einnahmequelle, sondern auch für E-Commerce-Websites, die hohe Zugriffsraten haben und/oder qualifizierte Usergruppen nachweisen können.

Vor allem die Bewerbung des eigenen Angebotes im Internet stellt neue Anforderungen und verlangt spezifisches Know-how, das in den meisten Werbeabteilungen noch nicht vorhanden ist (vgl. 3.4.1.)

Das klassische Marketing verändert sich durch E-Business erheblich: Es wird schneller, kundennäher, flexibler und damit auch weniger planbar. Gerade Start-up-Unternehmen, die eine neue Marke aufbauen, agieren oft sehr schnell und mit erstaunlich großen Marketingbudgets. Unternehmen der Old Economy können diesem Wettbewerb dann gelassen entgegensehen, wenn sie den Stellenwert von E-Marketing erkennen. Im klassischen Marketing-Mix sollte E-Marketing deshalb große Bedeutung haben, und dies vor allem auch in finanzieller Hinsicht. Viele Unternehmen haben bei ihren E-Business-Plänen das Marketingbudget im Verhältnis zu den Ausgaben für Technik, Programmierung und Personal viel zu gering veranschlagt - und sich dann gewundert, wenn die Zugriffszahlen und E-Commerce-Umsätze weit hinter den Erwartungen zurück geblieben sind.

3.1.3   Integration von Online- und Offline-Marketing

Die Integration von E-Business in das bestehende Marketing kann nur gelingen, wenn die Online- und Offline-Bereiche so aufeinander abgestimmt sind, dass sie sich gegenseitig unterstützen. In der Praxis werden hier oft Werbepotenziale verschenkt, z. B. wenn in Print-Produkten (vom Briefpapier bis zum Prospektmaterial) nur die Internetadresse angegeben wird. So werden die auf der Website befindlichen Inhalte und Services sowie der Zusatznutzen für den Kunden oder Interessenten nicht dargestellt.

Die moderne E-Marketing-Praxis geht nicht mehr von einer Konkurrenz der verschiedenen Marketingmedien aus, sondern versucht, jedes Medium gemäß seiner Stärke in ein Gesamtkonzept zu integrieren. So kommt es, dass reine Online-Unternehmen neben der Web-Promotion zunehmend die klassischen Werbemedien einsetzen.

Für integriertes Marketing gibt es zahlreiche Beispiele:

- **Medienneutrale Katalogproduktion**: Die Daten für den Produktkatalog werden so gespeichert, dass aus einem einzigen Datenbestand ein Katalog für Print und Online produziert werden kann. Die Website greift dabei immer auf diesen Bestand zu, so dass hier stets das volle Sortiment mit den aktuellsten Informationen abgerufen werden kann. Im Print-Katalog und in allen anderen Werbemitteln wird auf die Website verwiesen. Dies ist z. B. dann sinnvoll, wenn Produkte extremen Preisschwankungen unterliegen.

- Eine konventionelle Direct-Mailing-Aktion wird durchgeführt mit dem Ziel, die bestehenden Kundendaten um die E-Mail-Anschrift zu erweitern. Daher sollte der **Response via Website** erfolgen. Die Antworter erhalten für die Angabe ihrer E-Mail-Adresse eine Belohnung. Dies funktioniert allerdings nur, wenn die Antworter klar über den Umgang mit der E-Mail-Adresse informiert werden.

- Eine **Online-Kampagne** mit einem besonderen Banner (Transactive Banner, vgl. 3.4.1) bietet Kunden den Versand des neusten Kataloges an. So werden online Adressen für das Direktmarketing generiert.

- Parallel zu einer Roadshow zur Einführung eines Produkts wird allen Interessenten, welche die Präsentation nicht besuchen konnten, der **Download** der Präsentationsdatei und des Informationsmaterials per Website angeboten.

- Als Bestkundenaktion erhalten ausgewählte Kunden per Mailing ein Passwort, das ihnen den Zugang zu einem **exklusiven Bereich** auf der Website ermöglicht.

- Per E-Mail erhalten Kunden einen **personifizierten Gutschein**, den sie bei einem Händler einlösen können.

Voraussetzung für integriertes Marketing ist eine Koordination der Bereiche Online und Offline. So dürfen keine Web-Promotion-Aktionen durchgeführt werden, über die das Marketing und der Vertrieb nicht informiert worden sind. Sonst es kann beispielsweise passieren,

- dass ein Außendienstmitarbeiter auf ein Web-Promotion-Angebot angesprochen wird, das er noch nicht kennt

- dass eine Banner-Kampagne, bei welcher der neue Katalog beworben wird, scheitert, weil Werbe- und Versandabteilung nicht darauf eingestellt sind, innerhalb von kurzer Zeit auf die Nachfrage zu reagieren.

Zukünftig wird es nur noch ein Marketing geben, das unter Nutzung aller Medien die Kommunikation mit Kunden und Interessenten sucht.

3.2 Online-Medien im externen Marketing

Das Internet ist kein Ersatz für die herkömmlichen Marketingmethoden. Es ist eine Ergänzung, eine Erweiterung des klassischen Marketing und somit auch eine Bereicherung. Die Voraussetzung für ein erfolgreiches Marketing mit Online-Medien ist die Qualität: Inhalt, Service, Bedienerfreundlichkeit und mediengerechtes Design müssen vorhanden sein.

3.2.1 Grundlagen

Vor jeder gut durchdachten Aktion im Geschäftsleben steht eine klare und unmissverständliche Zielsetzung, die allen im Unternehmen bekannt ist. Selbstverständlich verhält es sich im externen Marketing mit Online-Medien genauso.

Die Zielsetzung ist eines der wichtigsten Kriterien, auch für den Erfolg im Einsatz des Internets als Marketing-Instrument. Vergewissern Sie sich: Was wollen Sie mit Ihrer Aktion bewirken? Wie genau soll das Ergebnis aussehen? Innerhalb welcher Zeitspanne soll das Ergebnis erreicht werden? Welche Ressourcen stehen der Aktion zur Verfügung und welche Ressourcen benötigen Sie - kurzfristig, wie auch kontinuierlich?

Ebenfalls wie im klassischen Marketing geht es um die Erschließung neuer Marktanteile sowie um die Vertiefung und die Pflege bereits bestehender Geschäftsbeziehungen.

Es gilt auch hier die AIDA-Regel (Aufmerksamkeit/Interesse/Bedürfnis=Desire/Aktion): Ihr Marketing soll die Aufmerksamkeit beim User wecken. Die Inhalte müssen ihn interessieren und ihn bei seinen Bedürfnissen abholen, so dass er in Aktion tritt und Sie Ihrem Ziel näher kommen.

> Marketingwissen aus den bisherigen Bereichen sollte konsequent auf das Online-Marketing angewendet werden. Die Marketingziele bleiben gleich. Geändert haben sich nur die Mittel und Wege. Jetzt haben Sie größere Wahlmöglichkeiten zum Erreichen Ihrer Ziele.

3.2.2 Was ist zu beachten?

Wie auch bei jedem anderen Medium, gibt es ganz bestimmte „Spielregeln", die Ihnen helfen, Ihr Projekt zum Erfolg zu führen.

Aktualität: ist ein absolutes Muss. Es besteht die absolute und unabwendbare Notwendigkeit, ständig Neues auf Ihrer Site zu bieten. Die Site sollte abwechslungsreich gestaltet sein, Trends aufzeigen sowie den Dialog mit dem Kunden bzw. Interessenten suchen und aufbauen.

Die Inhalte des Internets sind äußerst kurzlebig und müssen kontinuierlich aktualisiert werden. Seien Sie sich darüber bewusst, dass ein Missachten dieser Regel einem Gesichts- oder Imageverlust gleichkommt - vor allem wenn das Thema Innovation in Ihrem Unternehmen zur Unternehmensphilosophie oder zur Unternehmensidentität gehört.

Ansprache der Zielgruppe: Bei der Ansprache Ihrer Zielgruppe ist die Unterscheidung B2B und B2C sehr wichtig. Im Bereich B2C haben Sie eine sehr große und internationale Zielgruppe, die Sie nicht gezielt angehen können. Die Streuverluste sind somit sehr hoch, die Konkurrenz in der Regel sehr groß und die Kosten pro Besucher liegen bei bis zu einem Euro.

Im Bereich B2B haben Sie eine kleinere Zielgruppe, die Sie ziemlich klar abgrenzen und somit entsprechend gezielt ansprechen können. Die Streuverluste sind dadurch relativ gering. Das bedeutet, dass Sie weniger Traffic auf Ihrer Site haben, dafür ist dieser Traffic in der Regel qualifizierter. Der Bereich B2B wächst aus diesen Gründen derzeit sehr viel schneller als B2C.

Diese Aussagen sind zunächst sehr allgemein gehalten und sollten daher noch auf Ihr Unternehmen und Ihre Branche speziell angepasst und zielgerichtet umgesetzt werden.

Content is King: Das Internet ist vorrangig ein Informationsmedium. Wenn Sie dieses Medium als reine Werbeplattform benutzten, werden Sie Ihre Kunden und Ihre Interessenten mit sehr großer Wahrscheinlichkeit verärgern. Und die wiederum werden Sie mit Missachtung Ihrer Site bestrafen.

Nutzwert: Bieten Sie Inhalte, mit denen Ihre Kunden direkt etwas anfangen können. Das Internet ist das ideale Medium, Ihre Kompetenzen deutlich zu machen und Ihren Kunden/Interessenten dabei gleichzeitig die Unternehmensidentität zu vermitteln.

> Die besten Inhalte helfen jedoch nichts, wenn diese nicht sehr sorgfältig gepflegt und kontinuierlich aktualisiert werden.

Offenheit - die Herausforderung an die Unternehmenskommunikation: Das Internet schafft eine neue Qualität durch standardisierte Inhalte, die nicht nur einer bestimmten Zielgruppe - intern oder extern - zukommen, sondern die allen Usern zur Verfügung stehen. Findet der User die für ihn relevanten Informationen - zu Ihren Produkten, zu Ihrem Unternehmen, zu Ihrer Branche und insbesondere zu seiner Problemstellung - auf Ihrer Site, schafft das für den User Transparenz und somit Vertrauen in Ihr Unternehmen. Wenn nicht, wird er die Informationen woanders oder gar nicht finden, und für sich wohl eine Entscheidung treffen - zu Ungunsten Ihrer Site und damit Ihres Unternehmens.

3.2.3　　　Die Chancen des Internets im Marketing

Das Internet und somit das damit verbundene Marketing stellt eine hohe Herausforderung an Sie und Ihre Mitarbeiter dar. Dies ist die hohe Schule der Marketing-Kommunikation. Ihre Marketingabteilung hat nun endlich die Möglichkeit, Ihre Kunden und Interessenten wirklich in den Mittelpunkt zu stellen und der eigenen Kreativität fast freien Lauf zu lassen.

Eines der herausragenden Merkmale des Internets ist die **Interaktion:** Das bedeutet für Sie und Ihr Unternehmen neue Möglichkeiten, wie zum Beispiel:

- Das Erfragen von **Meinungen**. Richten Sie auf Ihrer Site eine Rubrik ein: „Was ist Ihre Meinung zu Thema XXX?" und zeigen Sie dem User nach Beantwortung das Ergebnis der Befragung. Dies ist im Übrigen auch eine sehr schöne und praktische Variante, den User immer wieder auf die Site zu holen.

- Sie können Ihre Kunden online - durch E-Mails - oder durch das Einrichten von FAQ (Häufig gestellte Fragen) schnell und mit relativ wenig Aufwand **beraten**.

- Sie können von Ihren Kunden **Bestellungen** und Reservierungen entgegennehmen. Das ist vor allem für Kunden vorteilhaft, die eher visuell als auditiv orientiert sind und somit keine sonderlich große Affinität zum Telefon haben.

- Sie können Ihren Kunden und Interessenten Beiträge, **Hintergrundinformationen** und Neuigkeiten zu Ihren Produkten und Ihrer Branche zur Verfügung stellen und damit eine solide Vertrauensbasis aufbauen.

- Durch E-Mail-Korrespondenz bekommt das Direktmarketing eine neue Qualität: **One-to-One-Marketing**. Der Vorteil liegt eindeutig in der Schnelligkeit. Die Kommunikation kann fast One-to-One stattfinden und Sie können die Kommunikation individueller sowie umfassender gestalten.

Eine weitere Besonderheit des Internets sind die **Hyperlinks**. Durch Hyperlinks haben Sie die Möglichkeit, Ihre Inhalte innerhalb Ihrer Site zu vernetzen. Sie können Informationen auf sehr individuelle, sinnvolle und kreative Weise verbinden, wie es im klassischen Print-Bereich nahezu unmöglich ist. Es besteht außerdem die Möglichkeit, sich sehr sichtbar mit Kooperationspartnern zu verlinken, um ergänzende Bereiche zu erschließen und Ihren Kunden/Interessenten auch dadurch einen Vorteil zu bieten.

> Ein in diesem Zusammenhang sehr wichtiger Punkt ist die sogenannte „Sprechende Domain". Eine Domain, die sofort offenbart, was sich darunter finden lässt. Nähere Informationen zu diesem Punkt finden Sie unter 2.4.2.1
>
> Ebenfalls zu bedenken sind „sprechende" URLs, wie zum Beispiel: www.ihre_firma.de/presse/mitteilungen/2000/November

3.2.4   Welchen Zweck verfolgt meine Site?

Eine sehr wichtige Unterscheidung in der Ansprache Ihrer Zielgruppe und der Auswahl der Inhalte ist, ob Sie eine Content-orientierte Site oder eine produkt-orientierte Site ins Netz stellen.

Für welche Art Sie sich entscheiden, hängt letztlich von den Zielsetzungen ab, die Sie mit Ihrem Auftritt verfolgen. Wichtig ist, dass Sie sich klar und eindeutig für eine Variante entscheiden und dann dieser gewählten Form konsequent folgen. Ein Mischen der Varianten führt bestenfalls zur Verwirrung der Besucher.

Bei einer produkt-orientierten Site sollte der User alle Informationen finden, die sich auf das Produkt und den Erwerb des Produkts beziehen. Bei einem solchen Auftritt darf der Online-Shop auf keinen Fall fehlen.

Bei einer content-orientierten Site liegt der Schwerpunkt auf den zur Verfügung gestellten Inhalten. Es geht um Informationen, über Ihr Unternehmen, über Ihre Produkte, den Markt und alles andere, was für Ihre Kunden/Interessenten von Interesse ist. Bei einem solchen Auftritt handelt es sich um inhaltsstarke Seiten, die sich ausgezeichnet für Syndication, d. h. für den kostenpflichtigen oder auch kostenfreien Vertrieb von Informationen im Internet, anbieten.

3.2.5   Online Marketing-Maßnahmen im Überblick

Sprechende Domains: Wie schon erwähnt, ist es sehr vorteilhaft, über einen Domainnamen zu verfügen, der keine großen Fragezeichen aufkommen lässt. Erwarten Sie nicht von Ihren Kunden und schon gar nicht von Ihren möglichen Kunden, dass sie sich Ihre Domain merken. Machen Sie Ihren Kunden das Leben leicht und besorgen Sie sich eine sprechende Domain. Die einzige zulässige und auch wichtige Ausnahme ist, wenn Ihr Unternehmen eine oder mehrere Marken hat. Trifft dies zu, dann nehmen Sie den oder die Markennamen als Domain(s).

Suchmaschinen und Kataloge gehören mit zu den wichtigsten Marketing-Instrumenten im Internet. Wichtig ist es, in Suchmaschinen/Katalogen ein gutes Ranking zu erreichen. Voraussetzung dafür ist, dass Sie Ihre Kunden und Interessenten bei den genutzten Schlüsselbegriffen/Bedürfnissen abholen. Setzen Sie sich damit auseinander, nach welchen Begriffen wirklich im Internet gesucht wird. Ausführliche Informationen zu Suchmaschinen und Katalogen finden Sie unter 3.4.1.1.

„**Virus-Marketing**": Machen Sie sich überall bemerkbar. Vor allem wenn Sie sich im B2C-Bereich tummeln: Empfehlungsformulare, Vermerke in Signaturen, geschickte Beteiligung an Listen/Newsgroups, Syndication (kostenlos), Online-Give-Aways, wie Bildschirmschoner oder Spiele (Denken Sie nur an die berüchtigten Moorhühner!). Alles Instrumente, die Sie für sich nutzen können, um sich immer wieder in Erinnerung zu bringen und sich bekannt zu machen.

E-Mail-Marketing ist die elektronische Form des Direktmarketings. Denken Sie daran, dass Sie immer die Erlaubnis des Empfängers brauchen! (vgl. 3.4)

Banner: Die Online-Werbebranche beschäftigt sich schon seit einiger Zeit mit Alternativen zu den Bannern, noch ist jedoch keine wirkliche Konkurrenz in Sicht. Banner sind derzeit im Internet das Werbemedium Nummer Eins. Der Begriff „Button" wird für kleinere Banner benutzt. Grundmerkmale eines Banner/Button: Banner werden in eine Website integriert, sie haben ein rechteckiges Format und bieten Interaktionsmöglichkeit durch den User.

⇒ **Statische Banner:** Hier wird die Aufmerksamkeit lediglich durch ein Bild erzeugt. Interaktionsmöglichkeit: Durch Klicken wechselt der User auf die beworbene Site.

⇒ **Animierte Banner:** Die Animation wird durch das Zeigen von hintereinanderliegenden Einzelbildern in einer Sequenz erzeugt. Ein animierter Banner verfügt über eine bessere Aufmerksamkeitswirkung als ein statischer Banner. Voraussetzung dafür ist, dass nicht zu viele Banner auf einer Site geschaltet sind, und dass die Schnelligkeit der Sequenzfolge dem User keine Kopfschmerzen bereitet. Interaktionsmöglichkeit: Siehe Statischer Banner.

⇒ Ein **HTML-Banner** besteht nicht aus einer Graphik, wie die oben genannten Bannerarten, sondern aus HTML-Befehlen, die innerhalb des Quellcodes in der Site des Werbeträgers eingesetzt werden. Dadurch können Pull-down-Menüs, Auswahlboxen, Spiele mit oder ohne Gewinnmöglichkeiten zum Einsatz gebracht werden. Interaktionsmöglichkeit: User kann eines der Angebote im Banner auswählen, und wechselt dann zur entsprechenden Site.

⇒ Der **Nanosite-Banner** ist eine Mini-Website in der Größe eines Banners mit der vollen Funktionsfähigkeit einer Website, und der Möglichkeit zu verlinken.

⇒ Der **Transactive Banner** ist in seiner Funktionsweise dem Nanosite-Banner sehr ähnlich. Der Transactive Banner findet z. B. im Verkauf von Produkten Einsatz: Der User bleibt auf der ursprünglichen Seite (das Unternehmen geht zum User und nicht umgekehrt). Der User hat im Banner alle relevanten Informationen. Es besteht z. B. die Möglichkeit, einen Rückrufservice zu bieten, der direkt im Banner gestartet wird. Der

User kann sich so ein Auftragsformular herunterladen oder wie gehabt per Mausklick auf die beworbene Site gehen.

⇒ Der **Rich-Media-Banner** ist noch Zukunftsmusik und verspricht mehr Multimedia als bisher üblich. Die derzeitigen Probleme bestehen in viel zu langen Ladezeiten und einer noch nicht ausgefeilten Technik.

Ein **Interstitial** ist eine Unterbrecherwerbung, die unabhängig vom Userverhalten gestartet wird. Klare Empfehlung: Lassen Sie es bleiben! Möchten Sie Ihre Kunden besonders schnell vergraulen, ist dies eine der sichersten Methoden. Bei Aufruf einer bestimmten HTML-Seite wird zuerst das Interstitial gestartet. Der Betrachter ist somit gezwungen, dieser Werbung seine Aufmerksamkeit zu widmen. Die Nutzung großer Grafiken und anderen speicherintensiven Objekten verlangsamt dann auch noch die Ladegeschwindigkeit.

PopUp-Advertisements sind Interstitials sehr ähnlich, haben aber einen entscheidenden Vorteil für den User: Er wird nicht direkt bei seiner Navigation unterbrochen. Das PopUp-Advertisement wird in einem neuen Browserfenster gezeigt, welches sich automatisch öffnet. Es kann auch wieder ausgeblendet werden.

Newsletter-Advertisement ist Werbung in einem E-Mail-Newsletter und besteht meist aus reinem Text. Der Vorteil ist, dass diese Werbung im Newsletter integriert ist und nur durch Trennzeichen vom Inhalt abgegrenzt wird. Ein weiterer Vorteil ist die gezielte Ansprache Ihrer Zielgruppe. Interaktionsmöglichkeit mit dem User: Hyperlink auf die eigene Site.

3.2.6   Marktdaten, Zielgruppen und Zukunftsprognosen

Die Zahl der Studien, Untersuchungen und Prognosen über das Internet und seine User, E-Business und E-Commerce und alle nur möglichen Teilaspekte von Online-Medien hat in den letzten Jahren ebenso dramatisch zugenommen wie die Nutzung des Internets selbst. Begrüßenswert ist in diesem Zusammenhang auch die zunehmende Aktualität der verfügbaren Daten, die für jeden Interessierten frei zugänglich sind. Im Internet selbst gibt es eine ganze Reihe seriöser und zuverlässiger Websites, die eine Fülle von Informationen bieten. Aktualität und die Verfügbarkeit im Internet sind auch die zwei Hauptaspekte, aufgrund derer in diesem Buch keine „aktuellen" Zahlen über Marktdaten, Zielgruppen und ähnliche Fakten zu finden sind. Wahrscheinlich wären sie kurze Zeit nach Erscheinen schon wieder veraltet.

> Auf der Website zum Buch finden Sie jedoch eine ausführliche Link-liste zu einer Reihe von Organisationen und Anbietern, die Informationen, Studien und Statistiken über das Internet, E-Business und E-Commerce (sowohl für Deutschland als auch weltweit) kostenlos zur Verfügung stellen: http://www.business-e-volution.de.

3.3 E-Business im Rahmen des externen Marketing

Vision und Rolle sind klar: Prinzipiell soll E-Business externe Marketingaktivitäten sowohl in Response als auch in Datenqualität und Streuverlusten schneller und präziser messbar machen als bislang möglich. Alle Medien im Marketing-Mix werden so miteinander verwoben, ein ganzheitlicher Marketingauftritt entsteht - von der Kundenansprache über den Verkauf bis zu Service und Support. E-Business ergänzt und verändert das externe Marketing auf Grund von vier Charakteristika bei der Ansprache und dem Kontakt mit dem User oder Kunden:

- Die Kommunikation vom Unternehmen mit dem Kunden/ Interessenten ist **keine Einbahnstraße** mehr (z. B. Radio oder TV) oder durch langen Zeitverzug (Mailing oder Brief) gekennzeichnet, sondern kann sehr zeitnah und interaktiv durch das Web erfolgen. Der User kann (re-)agieren. Und dies - gegenüber z. B. dem Telefon - mit einer sehr viel höheren Informationsfülle und einem ungleich höheren Detaillierungsgrad. Folgen: Die Interaktivität muss entsprechend behandelt werden, Prozesse der Kundenbetreuung beschleunigen sich.

- Der User ist nicht mehr wie z. B. bei TV-Spots darauf angewiesen, diese einfach über sich ergehen zu lassen, um den Spielfilm weitersehen zu können. Es gibt eine **Wahlmöglichkeit**, eine Steuerungsmöglichkeit für den User, gezielt und selektiv auf Marketingmaßnahmen eines Unternehmens einzugehen - oder auch nicht. Folgen: Der richtige Einsatz des Marketing-Instrumentariums für den „hybriden Kunden" wird schwieriger, klassische Werbekampagnen in zunehmendem Maße weniger wichtig, neue Formen und Konzepte über alle Medien hinweg z. B. auf Mehrwertbasis oder per „Anfüttern" zunehmend wichtiger.

- Die **medienneutrale Erstellung** von Materialien für das Marketing wird durch E-Business sowohl notwendig als auch erleichtert. Egal, ob auf der Website, in Print- oder Videomedien (z. B. TV), auf CD-ROM, Videotext oder Handy: E-Business-Komponenten stellen die benötigten Informationen zur Verfügung und das Marketing bestimmt den Weg des Transportes. Folgen: Einheitlichkeit und Konsistenzverbesserungen in der Darstellung des Unternehmens - optisch und inhaltlich.

- Das gezielte **Sammeln, Clustern und Profilieren** von Kundendaten und Kundengruppen (Database) erleichtert es der Marketingplanung, die richtigen Kanäle für die Zielgruppen zeitlich und inhaltlich präziser anzusteuern und somit einen guten Mix im Verhältnis Aufwand zu Ertrag zu finden.

Diesen - dem E-Business immanenten - Dimensionen verdankt das externe Marketing erhebliche Änderungen und die Notwendigkeit neuer Konzepte.

> Interaktivität, Kundenselektivität, Medienneutralität und Profilierung durch das Internet drücken diversen Marketingoptionen ihren Stempel auf und machen Änderungen in Kommunikation und Instrumentarium unumgänglich.

Ergänzend können sämtliche E-Business-Komponenten dazu genutzt werden, internes Marketing zu treiben, um die Mitarbeiter (wieder) zu gewinnen.

3.3.1   Neuausrichtung des Marketing

Gefordert wird ein integrierter Marketing-Plan über alle Medien hinweg. Er benutzt einerseits E-Business-Komponenten, um die Onlineaktivitäten zu promoten (vgl. 3.4) und nutzt andererseits E-Business, um in einem ständigen Verfeinerungsprozess Schritt für Schritt die gesamte Marketingplanung durch das schnellere Liefern exakterer Daten zu verbessern zu.

Um die dafür notwendigen qualitativen und quantitativen Daten zu sammeln, aufzubereiten und auszuwerten, reicht selbst eine gut gepflegte herkömmliche Kundendatenbank (Database) nicht mehr aus, denn sie ist wie ein Telefonbuch ohne Telefon: Man sieht die Personen, aber kann nicht in Aktion treten. Man hat die Stammdaten in der Datenbank, aber die Interaktionsdaten, die Transaktionsdaten, die Anrufe, Beschwerden, Käufe, Serviceanforderungen, Beratungsergebnisse etc. - all diese Daten sind oft nicht vorhanden oder in anderen Systemen (vgl. 2.12). Die Zusammenführung dieser Daten in ein CRM-System und die klare Ausrichtung des gesamten Unternehmens - nicht nur des Marketings - am Kunden und seinen Bedürfnissen ist das Ziel solcher Projekte (vgl. 2.11).

Die Vorteile eines solchen Vorgehens liegen klar auf der Hand: Kundensegmentierung und umfassendes Wissen über den Kunden können und sollten genutzt werden, um Zielgruppen genauer und feiner zu definieren, Streuverluste weiter zu verkleinern und am Markt nachgefragte Produkte zielgruppengerecht mit optimiertem Einsatz vermarkten zu können.

3.3.2   E-Commerce und Marketing

E-Commerce als integraler Teil des E-Business spielt eine sehr wichtige Rolle als Vertriebskanal und in der Distributionspolitik des Marketing. Gleichzeitig werden durch E-Commerce Daten über Kundenverhalten, -interessen und -präferenzen gewonnen.

Klare Vorgaben und Zielsetzungen für Art und Umfang des E-Commerce sind daher bereits zu Beginn unerlässlich, um die Produktpräsentation und den Vertrieb via E-Commerce erfolgreich umzusetzen. Dies gilt für beide Wege der Information, sowohl für die eigene Präsentation als auch für die gewonnenen kunden- oder interessentenspezifischen Daten. Was den virtuellen Verkaufsraum angeht, sei hier auf die Abschnitte 2.4 und 2.5 verwiesen. Aus Marketingsicht ist bei diesen Aktivitäten jedoch immer zu berücksichtigen, dass ein ausgewogener Mix erreicht wird - sowohl in der Wahl der Mittel als auch der Medien.

3.4   Marketing für das E-Business

Das Internet als Medium hat seine eigenen Charakteristika und „Spielregeln". Daher erfordert das Marketing für die externen Kommunikationskomponenten des E-Business (z. B. Website, Shop, Newsletter) neues Wissen und neue Kenntnisse, die bislang aus Marketingsicht nicht benötigt wurden.

Eine sinnvolle Integration dieser E-Business-Komponenten in ein Gesamtkonzept setzt also das Wissen und das Verständnis um die Zusammenhänge, Möglichkeiten und das Nutzerverhalten voraus.

3.4.1   Web-Promotion

Web-Promotion im Internet ist für ein E-Business-Unternehmen schlicht ein Imperativ. Die internetspezifischen Marketingmöglichkeiten sind überaus vielfältig und sollten nach folgenden Kriterien beurteilt werden:

- Art des Geschäftes: B2B oder B2C

- Art des Auftritts: content-orientiert oder produkt-orientiert

- Art der Zielgruppenansprache

- Tatsächliche Nutzerstrukturen (Alter, Geschlecht, Bildung, Einkommen) und deren Affinität zu den definierten Zielgruppen.

Je nachdem, wie ein mögliches Element sich in dieses Raster einpasst, sollte man Aktivitäten planen. Einzige Ausnahme: Die Suchmaschinen. Da muss jede Website mit Nachdruck und finanziellen und personellen Ressourcen beworben werden.

3.4.1.1   Suchmaschinen, Meta-Tags und Robots.txt

70-80 % aller Internet-Nutzer benutzen regelmäßig Suchmaschinen. Diese „Gelben Seiten des Internets" versuchen, die gesamten Inhalte des WWW in eine volltextsuchfähige Datenbank zu sammeln. Da sich das WWW jedoch ständig ändert, lassen diese Suchmaschinen Programme durchs WWW „laufen" (sogenannte „Spider" oder „Robots"), die automatisch Websites besuchen, lesen, in die Datenbank der Suchmaschine schreiben und indizieren.

Benutzer bekommen die gesuchten Begriffe von Suchmaschinen meist in 10er oder 20er-Päckchen geliefert - die „besten" Entsprechungen zuerst. Das heißt, ein Großteil des Internetverkehrs wird von den Suchmaschinen verteilt. Oder anders: besucherintensive Websites haben gute Rankings in Suchmaschinen!

Da User ungeduldig sind, werden oft nur die besten 10 Suchergebnisse angeschaut, seltener die Plätze 11 bis 20 und noch seltener die Plätze 21-30.

> B2C ohne gute Rankings in Suchmaschinen? - Dies dürfte nicht sonderlich gut funktionieren!

Soweit zur Theorie. Jetzt kommt die Praxis:

1. Der Website-Anbieter hat keinen Einfluss darauf, wann eine Suchmaschine die eigene Website „spidert".

2. Es gibt kein Anrecht auf Listung in einer Suchmaschine.

3. Suchmaschinen bringen mit weitem Abstand vor allen anderen Mechanismen und Möglichkeiten die meisten Besucher auf Websites. Aus gutem Ranking folgt guter Besuch mit minimalsten Streuverlusten. Das macht Suchmaschinen so wichtig!

4. Wenn ein „Spider" auf Ihrer Website nicht unterstützt wird, wird das Ranking Ihrer Website in der Suchmaschine schlechter - und umgekehrt!

5. Es gibt Dienstleister und Softwareprogramme, die sich ausschließlich darauf spezialisiert haben, das Ranking von Websites zu verbessern. Es tobt ein gnadenloser Wettbewerb um die besten Ranking-Positionen, der auch vor miesesten Tricks nicht Halt macht! Terminus technicus: „Positioning Wars".

6. Wer Suchmaschinen verärgert (z. B. durch andauernde Anmeldung derselben Website oder durch Anmelden jeder einzelnen Webpage auf der Site), fliegt aus deren Index. Die meisten Suchmaschinen sind da überaus rigoros. Dies kann sogar so weit gehen, dass alle Domains des sogenannten Administrative Contacts aus dem Index herausgenommen werden (was dann heißt, dass die Firma nie in diese Suchmaschine zurückkehren könnte, egal, welche Domain sie anmeldet)!

7. Zur Refinanzierung verkaufen manche Suchmaschinen die besten Positionen gegen Gebühr. Dies ist und bleibt umstritten, denn die User reagieren darauf gegenüber den Suchmaschinen oft verärgert.

Was Suchmaschinen vorfinden sollten, sind sogenannte Meta-Tags, also Textinhalte in jeder einzelnen Web-Seite, die den Suchmaschinen eine Beschreibung der Seite, die Schlüsselbegriffe und eine Reihe weiterer Informationen liefern. Darüber hinaus sollte eine für „Spider" und „Robots" aussagefähige Textdatei „robots.txt" sich auf Ihrem Webserver befinden.

Nähere Informationen zu Meta-Tags und „Robots.txt" sowie weiterführende Informationen finden Sie auch auf der Website zum Buch unter http://www.business-e-volution.de.

Wer also Benutzerströme auf die eigenen Website ziehen will (insbesondere beim B2C-Marketing), sollte Zeit/Geld und/oder Manpower/Know-how aufbauen, die sich nur und ausschließlich mit den „Positioning Wars" beschäftigen, um dort optimal bestehen zu können. Wer ein besseres Ranking hat als das eigene, sollte beobachtet und analysiert werden: Wie schafft es dieser Anbieter? Nachahmen und besser machen in kürzerer Zeit ist dabei die Hauptaufgabe. Die Bedeutung dieser Aufgabe wird häufig unterschätzt - sie ist ein Full-Time-Job. Sie brauchen Personal dafür. Und dies ist die mit Abstand wichtigste Ressource im externen Marketing des eigenen Internet-Auftritts.

Unabhängig davon, ob überwiegend content-orientierte Special-Interest-Website oder ein Shop-Verkaufskatalog, ob B2B-Marktplatz oder Konzernpräsentation: ohne gutes Ranking in den Suchmaschinen geht wenig bis nichts!

3.4.1.2   Banner und Buttons

Das Ziel von Bannern und Buttons ist immer, im Sinne eines (animierten) Plakates die Aufmerksamkeit des Benutzers zu gewinnen und diesen zur Aktion - dem Wechsel der Website oder z. B. der Eingabe der E-Mail-Adresse - zu veranlassen. Wer Banners und Buttons einsetzt, will also User von anderen Websites auf die eigene leiten oder Kundendaten gewinnen. Und das wird zunehmend schwieriger, wie die aktuell sinkenden Budgets für Banner-Werbung zeigen.

Banner Exchanges

Unternehmen stellen sowohl ihre Banner als auch Platz auf ihren eigenen Websites zur Verfügung, um fremde Banner zu zeigen. Die Banner werden sozusagen wechselseitig ausgetauscht und „rotieren" dann auf den Websites der beteiligten Unternehmen. Geld fließt normalerweise nicht. Damit hat es sich in der Regel auch mit den Vorteilen. Die wichtigsten Nachteile sind:

- Man schafft kostenlos Möglichkeiten für den User, die eigene Website zu verlassen. Nicht besonders clever - insbesondere für produkt-orientierte Websites.

- Man hat in der Regel keine Möglichkeit, Banner zu „verbannen", es fehlt also jedwede Einflussnahme darauf, was für Banner auf der eigenen Website gezeigt werden (völlig anderes Thema, Extremismus, Sex etc.), da es normalerweise keine Kontrolle der Bannerinhalte gibt.

Pay per Impression

Hier kaufen Sie bei einem Unternehmen die Zusicherung, dass Ihr Banner z. B. 50000 Mal durch User auf Websites gesehen wird. Viele „Shows" für kleines Geld. Aber die Probleme hierbei überwiegen eindeutig:

- Ein „Show" eines Banners ist noch kein „Click", und nur der „Click" bringt einen Benutzer auf Ihre Website.
- Click-Raten von Bannern sind ausgesprochen schlecht (durchschnittlich weniger als 1 %).
- Oft wird bei „Pay per Impression"-Angeboten keine Zielgruppenansprache angeboten.
- Es gibt meist keinerlei Kontrollmöglichkeit, ob die zugesagten „Shows" auch tatsächlich stattgefunden haben.

Pay per Click

Hier muss man so oft bezahlen, wie auf das Banner geklickt wurde. Dies bietet gegenüber dem „Pay per Show" erhebliche Vorteile, weil wenigstens die Chance auf qualifizierte User besteht. Probleme gibt es jedoch auch hier:

Es gibt bösartige Programme, die automatisiert ständig Clicks produzieren, aber kein einziger User kommt tatsächlich auf Ihre Website. Ein teurer Spaß, der nicht selten von der geschätzten Konkurrenz durchgeführt wird. Also Vorsicht!

Pay per Lead

Dies ist die konsequenteste und beste, aber auch technisch anspruchsvollste Art des Banner-Marketings: Wenn ein User klickt und danach auch Ihre Homepage bei diesem User geladen wurde, wird ein Obolus fällig. Das heißt, man bezahlt nur für „echte" User. Diese Angebote sind überwiegend zielgruppenspezifisch schaltbar.

Mit Pay per Lead haben Sie die Kontrolle! Zwar gibt es auch hier bösartige Programme, die heucheln, ein User aus Fleisch und Blut zu sein und ständig klicken, danach Ihre Homepage laden, wieder klicken etc. Aber wenn auf Ihrer Website mitgeschrieben und bemerkt wird, dass ein und derselbe User binnen weniger

Sekunden zigmal Ihre Homepage komplett gelesen hat und zu genau demselben Zeitpunkt Ihnen „Pay per Leads" abgerechnet werden, kann man sicher mit der Bannervermarktungs-Firma sprechen - oder sich dagegen gleich zu Beginn vertraglich absichern.

Das Schöne an „Pay per Lead" ist, dass man als Werbetreibender den Umfang dessen vereinbaren kann, was ein via Banner hinzugekommener Benutzer tun muss. Dies kann viel mehr sein als das einfache Laden der Homepage, das kann die Teilnahme an einem Gewinnspiel sein oder der Download von Informationsmaterial oder ein definierter Ablauf. Erst nach erfolgreichem Beenden dieses Ablaufs wird die Gebühr fällig. Aus jetziger Sicht ist „Pay per Lead" die sinnvollste Art des Banner-Marketings. Leider wird sie in Deutschland noch nicht sehr häufig angeboten.

> Nähere Informationen zu den verschiedenen „Pay per ..."-Formen und zur Messung der Werbeträgerleistung finden Sie auch auf der Website zum Buch unter http://www.business-e-volution.de.

Werbeblocker - Stop den Bannern! Die stark zunehmende Verbreitung von Werbebannern und Buttons im WWW hat zwei Folgen:

- Immer mehr User mögen keine Banner und fühlen sich durch Banner belästigt. Die Akzeptanz sinkt.

- Banner erhöhen die Ladezeiten, in denen ein User auf den eigentlichen Inhalt der Website wartet.

Beide Faktoren führten dazu, dass es eine ganze Palette von kleinen Programmen gibt, die Werbebanner schlicht nicht laden und somit auch nicht anzeigen. Die Folgen:

- User sehen keine Werbung mehr.

- Die Ladezeiten der Websites verkürzen sich.

Die explosionsartige Verbreitung dieser Werbeblocker-Programme auf PCs hat dazu geführt, dass inzwischen diese Software auch in Proxys integriert wurde. Dies bedeutet im Klartext: Ein Mausklick durch einen Systemadministrator und kein einziges Banner gelangt mehr in ein ganzes Unternehmen.

Natürlich versuchen die Banner-Marketing-Firmen, diese Werbesperren zu umgehen. Dies gelingt jedoch immer nur kurzzeitig, nämlich bis die Werbeblocker-Software aktualisiert ist. So hat sich ein Wettlauf entwickelt, der dem Wettlauf zwischen Viren und Virenschutzprogrammen sehr ähnlich ist.

Für das eigene Marketing bedeutet dies: Benutzt die Zielgruppe zu einem nennenswerten Anteil Werbeblocker, kommt man mit Banner-Werbung oft nicht sehr weit.

> Nähere Informationen zu Banner-Marketing-Firmen und Werbe-blockern finden Sie auch auf der Website zum Buch unter http://www.business-e-volution.de.

Ausblick Banner-Werbung

Die Bannervermarktungsfirmen wollen Banner attraktiver machen (Eyecatcher-Effekte, multimediale Inhalte, „Rich-Media-Banner") und sind sich dabei der Problematik des „Wartens auf die Werbung" sehr bewusst. Da diese Multimedia-Banner sehr viel größer sind als „normale" Banner, wird die Ladezeit zum echten Problem (zumindest bei durchschnittlich langsamen Internetanschlüssen). Daher wird jetzt versucht, eine Bannertechnologie einzuführen, welche die Daten dann lädt, wenn der User gerade keine Daten transferiert. All dies soll irgendwann zwischen 2005 und 2007 Standard sein. Dann sind Banner auch keine animierten Bildchen mehr, sondern Videospots, ähnlich der TV-Werbung, nur zusätzlich interaktiv und transaktional. Schöne neue Welt. Fehlt nur noch der Video-Banner mit Ton. Denn das gibt dann ein schönes Klangbild, wenn fünf oder acht Ton-Video-Banner gleichzeitig über- und nebeneinander aus den Lautsprechern quellen. Aber auch dafür wird es sicherlich höchst effiziente Werbeblocker geben. Oder man macht sich bereits heute Gedanken, wie man spätestens dann ein besseres, weniger aufdringlicheres, zielgerichteteres Marketing im Internet realisieren kann. Bis dahin jedenfalls steht und fällt der Erfolg von Banner-Werbung ganz entscheidend mit der Güte der Banner.

> Banner mit wirklich hervorragenden Klickraten produzieren nur ganz wenige Spezialisten. Insofern ist die Auswahl des Bannerproduzenten genauso wichtig wie die Zielgruppensteuerung der Banner-Kampagne.

3.4.2   E-Mail-Marketing

Zu jedem qualifizierten Datensatz in einer Interessenten- oder Kundendatenbank gehört eine aktuelle E-Mail-Adresse. Dies ist umso wichtiger, als nach der Arbeit mit den Suchmaschinen das

E-Mail-Marketing die wichtigste Form der Kunden- und Interessentenansprache im Internet ist.

E-Mail-Marketing ist dabei jedoch nicht auf das Online-Angebot beschränkt, sondern kann zu jeder Form der Kontaktaufnahme genutzt werden - sofern der Empfänger zuvor ausdrücklich zugestimmt hat.

> Ausdrücklich warnen müssen wir vor sogenannter „Bulk E-Mail", dem Einkaufen von Millionen von E-Mail-Adressen und das völlig unspezifische Aussenden von Werbe-E-Mails an diese Adressen. Abgesehen von horrenden Streuverlusten, durchaus zweifelhaftem Erfolg und jeder Menge Ärger bringt es nichts.

Die wichtigen Voraussetzungen für sauberes und erfolgreiches E-Mail-Marketing sind in der Tat vielschichtig und sollten unbedingt beachtet werden:

> E-Mails an jedermann? Nein! Auch, wenn Sie die E-Mail-Adresse speichern, dürfen Sie E-Mails an diese Adressen nur dann versenden, wenn der User ausdrücklich zugestimmt hat (Solicited E-Mail).

Der Terminus technicus für E-Mails, bei denen dies nicht der Fall ist, heißt „Unsolicited E-Mail". Wann auch immer Sie eine E-Mail-Adresse erhalten, sollte folgende Fragen beantwortet sein:

- ob diese Adresse genutzt werden darf, um mit dem Interessenten/Kunden zu Informations- und Promotion-Zwecken in Verbindung zu treten

- ob diese Adresse an Geschäftspartner weitergegeben (also auch verkauft) werden darf.

Wenn ja, dann steht E-Mail-Marketing für diese Adresse nichts mehr im Wege.

Firmen, die sich nicht an diese Regeln halten, bekommen nicht nur rasend schnell einen schlechten Ruf, sondern können sich darauf gefasst machen, dass ihre Mailserver mit Protestmails überflutet werden, bis sie zusammenbrechen, oder dass sie eine Abmahnung erhalten.

Für die „Solicited E-Mail", die verlangte, angeforderte E-Mail gilt dann, dass es bei jeder Kontaktaufnahme einen Passus geben sollte, in dem der User darüber aufgeklärt wird, wie er weitere E-Mails verhindern kann (z. B. Mail an unsubscribe@ihrefirma.de oder Besuch einer speziellen Seite auf dem Webserver).

Alle diejenigen, die ausdrücklich zugestimmt haben, sollten für E-Mail-basierte Marketingmaßnahmen im Rahmen dieser Regeln genutzt werden. Wichtig sind dabei wie immer Inhalt und Attraktivität. Und zusätzlich: Nicht übertreiben. User, die täglich eine E-Mail von Ihnen bekommen, werden sich dies nicht lange bieten lassen.

E-Mail ist das Paradebeispiel eines extrem kostengünstigen One-to-One-Marketings, z. B in Form eines Newsletters. Mit nur wenig Aufwand lässt sich für einen Newsletter der exakte Rücklauf bestimmen (z. B. durch Angabe von Internetadressen im Newsletter, die ausschließlich über den Newsletter verbreitet wurden). Das Newsletter-Abo kann man auch auf der Website an prominenter Stelle als kostenlosen Service in einem Transaktionsbanner anbieten und auf diese Weise gezielt E-Mail-Adressen sammeln.

> Nutzen Sie die Marketingform des Newsletters in jedem Falle, denn das Targeting und die Responseraten sind gut - und die Streuverluste sehr klein. Hier zählt - wie im Direktmarketing: Qualität statt Quantität.

3.4.3   Link-Marketing

Ein Link auf andere Websites kostet die eigene Website Benutzer. Ein Link auf die eigene Website von einer anderen jedoch bringt Benutzer. Und außerdem steigt das Rating bei manchen Suchmaschinen in dem Maße, in dem Links von anderen Websites auf die eigene verweisen.

> Wann lohnt sich Link-Marketing? Nur, wenn Ihre Website hervorragende Inhalte bietet, können Sie diese (oder Nutzungsrechte daran) nicht nur verkaufen (Content-Syndication und Content-Providing), sondern auch anderen Websites anbieten, auf Ihre Seite zu verlinken. In diesen Fällen kann Link-Marketing einen guten Effekt bringen.

Was sich eher selten lohnt, sind sogenannte „Link Exchanges", die genauso funktionieren wie „Banner Exchanges", überwiegend aus äquivalenten Gründen.

3.4.4   Usenet-Newsgroups

Hohe Marktdurchdringung, guter Bekanntheitsgrad und eventuell starke direkte Konkurrenz? Nutzen Sie das Usenet! Das Usenet ist nicht das WWW, sondern ein anderer Dienst im Internet. Über 25000 Diskussionsforen (Newsgroups) über wirklich alles Mögliche und Unmögliche stehen weltweit bereit. Viele davon sind länderspezifisch. Das Usenet ist so vorstellbar, als würden User zu Redakteuren und ständig eine riesige sich ändernde Zeitung schreiben. Jeden Tag werden weltweit mehr als eine Millionen Nachrichten in die Foren des Usenet geschrieben (wie E-Mails). Da ist für Ihr(e) Produkt(gruppe) sicherlich mindestens eine passende „Newsgroup" dabei. Dort können Sie dann drei Dinge tun:

- Erfahren Sie, was Internetuser über Ihre Produkte denken. Sie werden staunen, was da an kostenlosen Verbesserungsideen verbreitet wird, die Ihr Unternehmen sonst später oder nie erreicht hätten.

- Analysieren Sie die dort meist offen geäußerten Hauptkritikpunkte an Ihren Produkten, um diese in Zukunft ausmerzen zu können.

- Promoten Sie Ihre Produkte gezielt in Newsgroups - natürlich nicht als Marketing-Abteilung des Herstellers, sondern als Meinungsäußerung eines normalen Anwenders oder Verbrauchers - mit entsprechend „normaler", also unverfänglicher E-Mail-Adresse.

Es ist kein Zufall, dass führende Softwarefirmen wie Microsoft oder Oracle ihre Support-Foren aus der reinen WWW-Welt der Website herausgelöst haben und im Usenet betreiben. Dort sind zum einen mehr User aus der Zielgruppe und zum anderen kann man Probleme oder Stimmungsumschwünge der Kunden dort frühzeitiger erkennen und daher versuchen, sie z. B. auf dem eben genannten Wege zu beeinflussen.

3.4.5   Sponsoring

Ist der Bekanntheitsgrad von Produkt oder Firma ein Problem? Haben Sie eventuell weniger eigenen Content als gedacht? Dann nutzen Sie doch die Online-Medien Anderer als Multiplikatoren, indem sie diese sponsern und an prominenter Stelle dafür Erwähnung finden. Ob dies Websites oder Teile davon sind oder ob es sich dabei um E-Mail-Newsletter oder sonstige Formen handelt, ist erst einmal egal. Es gelten die im Sponsoring üblichen Überlegungen wie das „Zueinander passen" der Partner, die Verbreitung durch den Multiplikator, der Preis etc.

3.4.6   CD-ROM und DVD als Marketing-Instrument

Die Vorteile dieser Medien sind hohe Speicherkapazität bei vergleichsweise geringen Kosten. Wenn Sie eine CD-ROM oder eine DVD sinnvoll als Marketing-Instrument einsetzen wollen, gilt eine Voraussetzung: dass der User diese Informationen nicht besser/schneller online nutzen kann. Denn die entscheidenden Nachteile von CD-ROM und DVD sind: Inhalte, die sich relativ schnell ändern, lassen aus dem produzierten Marketingmittel Abfall werden. Und im Gegensatz zur Onlinepublikation muss man eine bestimmte Auflage vorfinanzieren und hat weitere Kosten (z. B. Logistik/Versand).

3.5   Internes Marketing

Zum Abschluss etwas völlig Anderes. Internes Marketing hat in erster Linie die eigenen Mitarbeiter zur Zielgruppe. Durch internes Marketing können - und sollten - die bereits im Kapitel 2 mehrfach angesprochenen und entscheidenden Erfolgsfaktoren Motivation und Identifikation der Mitarbeiter mit dem Unternehmen nachhaltig gestärkt werden. Basismedium dafür ist - neben vorhandenen Print-Publikationen - heute insbesondere das Intranet. Mit zunehmender Verfügbarkeit werden in Kürze aber auch videobasierte TV- und interaktive TV-Aktionen denk- und bezahlbar, wie sie von Konzernen bereits produziert werden.

Beim internen Marketing gibt es zwei absolut simple Grundregeln, deren konsequente und nachhaltige Einhaltung den Zielerreichungsgrad erheblich verbessert:

- keine Schönfärberei

- den Mitarbeiter bei seinen Bedürfnissen abholen.

Ersteres sorgt für Akzeptanz und das Zweite für Aufmerksamkeit. Ansonsten gilt hier fast das selbe wie für das externe Marketing - mit einigen wichtigen Erleichterungen:

- Im internen Marketing-Mix können sehr einfach Wettbewerb geschaffen oder wettbewerbsähnliche Situationen herbeigeführt und genutzt werden. Dies bindet die Mitarbeiter ein und fordert sie gleichzeitig heraus.

- Die Interaktivität kann stärker genutzt werden als gegenüber Kunden oder gar Interessenten.

- Die Selektivität des Mitarbeiters ist gegenüber einem unbefangenen Dritten eingeschränkt (Motto: „Könnte ja doch wichtig sein"), d. h. interne Marketingmaßnahmen erhalten eine generell höhere Aufmerksamkeit als externe.

Jeder Mitarbeiter ist technisch zwar vollständig profilierbar, es stellt sich jedoch die Frage, ob man dies auch tun sollte. Um die „wahre Meinung" und wichtige Hinweise als Feedback zu erhalten, ist ein bewusster Verzicht auf Nachverfolgbarkeit des Absenders mit entsprechendem Hinweis darauf oft wertvoller.

Die Medienneutralität stellt keine Besonderheit dar. Im Sinne des Unternehmens wäre zu überlegen, ob nicht die Konzentration auf wenige Medien (Intranet + Mitarbeiterzeitschrift) oder gar nur ein Medium (Intranet) nicht Synergieeffekte in vielerlei Richtung bringen würde: Kostenersparnis bei der Erstellung und Zeitersparnis beim Konsum der Inhalte durch die Mitarbeiter.

3.6 Zusammenfassung

Das Internet mit seinen Marketing-Instrumenten ist aus dem klassischen Marketing heute nicht mehr wegzudenken. Die Kombination von Online- und Offline-Marketing stellt Unternehmen vor eine Reihe großer Herausforderungen. Unternehmen, die sich diesen Herausforderungen stellen, bekommen mehr Möglichkeiten in der Ansprache ihrer Kunden, Interessenten, Geschäftspartner, Handelspartner und eigenen Mitarbeitern. Das bereits vorhandene Marketingwissen sollte konsequent im Online-Bereich angewendet und dann durch die neuen Spielregeln im Internet ergänzt werden.

Im Bereich Marketing ist es sehr wichtig, ein Umdenken in den Unternehmen einzuleiten, das von Offenheit und Verantwortlichkeit geprägt ist. Dadurch werden die Unternehmen in der Lage sein, die Informationen ins Netz zu stellen, welch einen entsprechenden Nutzwert haben. Und sie werden eine Unternehmenskultur und damit verbundene Kommunikation im Unternehmen etablieren können, die Mitarbeiter involviert und sie dazu motivieren kann, das Intranet im Unternehmen leben zu lassen und somit auch wieder einen entsprechenden Beitrag für das Internet zu leisten. Dies wird die Geschäftsleitung dem angestrebten Unternehmensziel näher bringen.

Die Herausforderung in der Zukunft besteht vor allem in der Innovation im Internet-Marketing. Denn dieses Medium verändert nicht nur die Kommunikation vom Unternehmen zu seinem Umfeld oder die Kommunikation im Unternehmen. Es ändert auch die Kommunikation innerhalb der Gesellschaft. Durch geänderte Kommunikation entsteht neues Verhalten - diese Regel bleibt bestehen. Die bedeutet eine weitere Chance, die Unternehmenskommunikation, die sich bekanntlich im Marketing ausdrückt, dem neuen Jahrhundert anzupassen.

3.7 Power-Tipps

- Integrieren Sie alle E-Business-Aktivitäten von Anfang an in das Gesamtmarketingkonzept.

- Durch die volle Integration von Online- und Offline-Marketing nutzen Sie das gesamte zur Verfügung stehende Werbepotenzial.

- Voraussetzung für die Integration von Online- und Offline-Marketing ist die Koordination beider Bereiche.

- Das Wissen aus dem klassischen Marketing sollte konsequent im Online-Marketing angewandt werden.

- Aktualität, Unterscheidung in der Ansprache B2B und B2C, nutzwerte Inhalte und Offenheit sind die Voraussetzungen für ein Erfolgreiches Online-Marketing.

- Setzen Sie Ihr Marketingkonzept in zwei Richtungen um: Im klassischen Marketing die Bekanntmachung der Web-Site (Web-Promotion), auf der Website unterstützende und ergänzende Maßnahmen zum klassischen Marketing.

- Nutzen Sie das Internet als Marketing-Plattform, um Ihre Produkte und Dienstleistungen bekannt zu machen und/oder über die eigene oder andere Websites Ihre Produkte und Dienstleistungen zu vertreiben.

- B2C ohne gutes Ranking in den Suchmaschinen ist kaum möglich.

- Bei aktiven E-Commerce ändert sich die Distribution in Ihrem Unternehmen durch direkten Kundenkontakt, neue Kundenpotenziale, umfassendere Betreuungsmöglichkeiten von Kunden und Handelspartnern sowie durch Partnerprogramme.

- Das E-Business ergänzt und verändert das externe Marketing bei der Kundenansprache.

- Sie können Ihre Produkte in Usenet-Newsgroups mit neutraler E-mail-Adresse promoten.

- Usenet-Newsgroups bieten Ihnen Informationen über die ehrliche Meinung Ihrer Kunden in Bezug auf Ihre Produkte/Dienstleistungen.

- Sie haben auch die Möglichkeit sich in Usenet-Newsgroups gezielt Informationen über Ihre Produkte zu erfragen und so die Hauptkritikpunkte in Ihre Qualitätskontrolle mit einfließen zu lassen.

- Einkaufsportale, Auktionen, Co-Shopping, Preis-Brokering und Preisvergleichsagenten können langfristig einen großen Einfluss auf die Preispolitik Ihres Unternehmen ausüben.

- Sponsoring funktioniert im Internet genau so gut wie im Sport.

- Begegnen Sie Ihren Mitarbeitern im Intranet mit Ehrlichkeit.

- Holen Sie Ihre Mitarbeiter bei deren Bedürfnisse ab. Sie erreichen dadurch Akzeptanz und Aufmerksamkeit.

- Sorgen Sie in Ihrem Unternehmen für ausreichend fachliche wie personelle Ressourcen, um die geforderte Schnelligkeit, Aktualität und Qualität im Internet erbringen zu können.

3.8 Checklisten Marketing

1. Definition eines Marketing-Konzepts	
Fragestellungen	⇒ Wie kann die Website promotet werden? ⇒ Welche Potenziale ergeben sich aus Cross-Marketing-Aktivitäten? ⇒ Wie groß ist das Online-Vermarktungs-Know-how? ⇒ Sollen Werbeeinnahmen erzielt werden? ⇒ Soll E-Commerce betrieben werden? ⇒ Wie kann E-Marketing in das bestehende Marketing integriert werden? ⇒ Welchen Stellenwert soll das Online-Marketing im E-Business erhalten?
Voraussetzungen	☐ Kenntnisse über Online-Vermarktungs-Möglichkeiten ☐ Einstellung eines Online-Marketing-Budgets in den Business-Plan

2. Umsetzung der Marketing-Strategie	
Fragestellungen	⇒ Welche Werbe- und Marketingtools sollen eingesetzt werden? ⇒ Wie soll der E-Commerce abgewickelt werden? Wie sieht das Fulfillment aus? ⇒ Integration von On- und Offline-Marketing ⇒ Wer übernimmt die Dienstleistung für Web-Promotion (Buchung, Banner-/Buttonerstellung, Erfolgskontrolle)? ⇒ Wo wird das Online-Marketing organisatorisch angesiedelt? ⇒ Welche Aufgabenverteilung gibt es zwischen Produktmanagement, Werbung und Vertrieb?
Voraussetzungen	☐ Experimentierfreude ☐ Lernen vom Internet-Wettbewerb ☐ „E-Marketing-Denken" auch in GL, Produktmanagement und EDV/IT ☐ Flexibilität und schnelle Reaktionsmöglichkeiten ☐ Personelle Kapazitäten ☐ Gute Dienstleister (interne/ externe)

3. Kontrolle der Marketing-Strategie	
Fragestellungen	⇒ Welche Möglichkeiten der Erfolgskontrolle stehen zur Verfügung? ⇒ Wie und von wem wird die Erfolgskontrolle vorgenommen? ⇒ Wie werden die Ergebnisse umgesetzt? ⇒ Wie werden die Kunden in die Erfolgskontrolle integriert?
Voraussetzungen	☐ Know-how zu Marketing-Controlling im Online-Bereich ☐ Aussagekräftiges und aufbereitetes Zahlenmaterial ☐ Arbeitsabläufe, die eine schnelle und konsequente Reaktion auf die Ergebnisse ermöglichen

4 Projekt-Management

Als Teil der Unternehmensentwicklung, der Business-E-volution, muss das Projekt-Management von E-Business-Projekten sehr stark in das Unternehmen integriert sein. Es geht in diesem Kapitel nicht darum, Sie mit den Einzelheiten und Feinheiten bestimmter Projekt-Management-Techniken vertraut zu machen, die Sie in jedem guten Fachbuch über Projekt-Management nachlesen können. Vielmehr sollen diejenigen Punkte des Projekt-Managements beleuchtet werden, die in engem Zusammenhang mit der Gesamt-Organisation und den unternehmensinternen Prozessen stehen.

Die Einführung (4.0) dieses Kapitels soll Ihnen klar aufzeigen, warum Sie sich mit diesem Abschnitt des Buches intensiv auseinandersetzen sollten.

Im ersten Hauptteil (4.1) gilt es, zunächst einmal zu klären, was im Rahmen von E-Business-Projekten unter Projekt-Management zu verstehen ist, und wie sich dieses charakterisieren lässt.

Danach werden die einzelnen Phasen des Projekt-Managements (4.2) detailliert erläutert und die jeweils wichtigen Aspekte jeder einzelnen Phase herausgestellt.

Der folgende Abschnitt behandelt in aller Kürze die Funktion des Projekt-Managers und die besonderen Anforderungen, die bei E-Business-Projekten an ihn gestellt werden (4.3).

Die Zusammenfassung (4.4) gibt Ihnen zum Abschluss noch einmal die wesentlichen Punkte in Kurzform.

Der Abschnitt Power-Tipps (4.5) zeigt Ihnen die wichtigsten Projekt-Fallen und mögliche Abhilfen.

Die Checklisten (4.7) dienen als schnelle Hilfestellung bei der täglichen Arbeit.

Einführung

Online-Projekte können ein Unternehmen radikal verändern. Sie sind in der Regel äußerst komplex, greifen in nahezu alle Bereiche des Unternehmens ein und stoßen häufig bei einer Reihe von Mitarbeitern auf Widerstand.

Sie denken gerade darüber nach, ein Online-Projekt anzustoßen? Dann sollten Sie sich über die Folgen frühzeitig im klaren werden und die notwendigen Rahmenbedingungen schaffen, damit ein solches Projekt überhaupt erfolgreich werden kann. Dazu gehört auch, die Mechanismen und Abläufe, die Methoden und Techniken des Projekt-Managements zu verstehen, um Ihre(n) Projektleiter zielgerichtet und erfolgsorientiert unterstützen zu können. Ansonsten wird Ihr Unternehmen kaum von Ihrem E-Business-Projekt profitieren.

Sie haben gerade selbst die Verantwortung für ein Online-Projekt übertragen bekommen? Herzlichen Glückwunsch! Das gibt Ihnen die einmalige Chance, Ihr Unternehmen nachhaltig zu verändern und einen wichtigen Beitrag zu seiner Zukunftsfähigkeit zu leisten. Wenn Ihnen dies gelingt, haben Sie die Chance, in die Annalen der Firmengeschichte einzugehen. Das Kapitel Projekt-Management soll Ihnen die notwendigen Hilfestellungen und Tipps geben, um die Weichen für Ihr Online-Projekt gleich von Beginn an richtig zu stellen. Online-Projekte erfordern in besonderem Maße ein zielorientiertes und effizientes Arbeiten im Team. Und gerade im Online-Bereich sind Projekt-Manager besonders gefragt, Manager, Mitarbeiter, Techniker und „Onliner" unter einen Hut zu bringen, damit aus einzelnen Spezialisten tatsächlich ein Hochleistungsteam wird.

Weiterführende Literatur zum Thema Projekt-Management, Vorlagen und ergänzende Informationen finden Sie auf der Website zum Buch unter http://www.business-e-volution.de.

4.1   Projekt-Management

Projekte sind heutzutage in den meisten Unternehmen in aller Munde. Jeder spricht davon, viele sind durch Projekte direkt oder indirekt betroffen, eine Vielzahl von Mitarbeitern und Führungskräften wirkt in Projekten selbst mit.

4.1.1   Notwendigkeit

Umso erschreckender ist die Tatsache, wie wenige Führungskräfte echtes Projekt-Management-Know-how besitzen und dieses auch in der Praxis einsetzen können. Oft, weil sie es nie gelernt haben. Im Rahmen von E-Business-Projekten wirken sich solche Defizite schnell verheerend aus.

Jedes Online-Projekt

- greift tief in bestehende Prozesse des Unternehmens ein
- hat häufig Änderungen der organisatorischen Strukturen zur Folge
- verlangt von den meisten Mitarbeitern in weiten Teilen ein Umdenken
- erfordert eine intensive Kommunikation innerhalb des Unternehmens, sowohl unter den Projekt-Beteiligten, als auch mit „Außenstehenden"
- stößt auf eine Vielzahl von Widerständen (technisch, funktional, organisatorisch, emotional)
- führt langfristig zu einer E-volution, d. h. einer schrittweisen, tiefgehenden und nachhaltigen Veränderung - oft des gesamten Unternehmens.

Konsequentes und umfassendes Projekt-Management ist damit gerade im Rahmen von E-Business-Projekten eine entscheidende Komponente für den Erfolg des Projekts und damit für den Erfolg des Unternehmens als Ganzes.

4.1.2   Definition

Was ist eigentlich ein Projekt? Für alle Projekte lassen sich einheitliche Kriterien oder Definitionsmerkmale festhalten, durch die sich Projekte von Routineaufgaben oder anderen Prozessen innerhalb des Unternehmens abgrenzen lassen.

Als Projekt wird ein Vorhaben bezeichnet,

- das in dieser Form und in diesem Umfang einmalig ist
- durch eine eindeutige Aufgabenstellung gekennzeichnet ist
- innerhalb eines bestimmten Zeitrahmens realisiert wird und somit einen festgelegten Anfangs- und Endpunkt hat
- für dessen Realisierung ein begrenzter Einsatz von Ressourcen (Menschen/Arbeitsmittel) zur Verfügung steht
- das einen festgelegten Kostenrahmen aufweist
- und das in ein konkretes Ergebnis mündet.

Der Umfang oder die Zeitdauer, auf die ein Projekt angelegt ist - ob zwei Tage oder vier Jahre, spielen dagegen oft keine Rolle. Bei Projekten geht es letztlich um nichts weniger als die Organisation der Zukunft. Bei E-Business-Projekten ist dies häufig genug die Zukunft des gesamten Unternehmens.

4.1.3 Abgrenzung

Projekt-Management lässt sich klar von Routine- oder Prozess-Management abgrenzen. Während Prozess-Management eindeutig darauf ausgerichtet ist, eine Kontinuität bestimmter Prozesse und Abläufe zu gewährleisten und bestimmte Standards sicherzustellen, ist Projekt-Management genau auf das Gegenteil gerichtet:

- etwas Neues zu beginnen
- eine Veränderung in Gang zu bringen bzw. umzusetzen
- bisherige Prozesse und Abläufe zu hinterfragen
- den Status Quo zu verändern.

Dies bedeutet aber, dass Projekt-Management immer mit Unsicherheiten umgehen, Risiken erkennen und weitestgehend eliminieren und oftmals neue Problemlösungen finden muss.

4.1.4 Umfang

Weil E-Business-Projekte in nahezu alle Bereiche des Unternehmens eingreifen, muss das Projekt-Management entsprechend umfassend konzipiert und umgesetzt werden und alle Funktionsbereiche des Unternehmens in die Projekt-Arbeit einbeziehen:

- Unternehmensführung
- Marketing
- Organisation
- Personal
- Finanzen
- Controlling
- Beschaffung/Einkauf.

Geschieht dies nicht, können E-Business-Projekte zwangsläufig nicht konsequent in das Unternehmen integriert sein und zur nachhaltigen Weiterentwicklung - zur E-volution - des Unternehmens beitragen. Der Sinn und Zweck eines solchen Projekts ist von vorneherein in Frage gestellt.

4.1.5 Sinn und Zweck

Projekt-Management - gerade im Rahmen von E-Business-Projekten - ist weder eine Spielwiese für Manager, denen es in der Linie langweilig wird, noch dient es als Selbstzweck oder gar als Schauplatz der Eitelkeiten für karrieresüchtige Aufsteiger. Projekt-Management hat klare und eindeutige Funktionen zu erfüllen:

- die Lösung fach- und funktionsübergreifender Aufgabenstellungen
- die Herstellung von Transparenz bei komplexen Problemstellungen
- die effiziente Koordination einer weitestgehend parallelen/ simultanen Ausführung von Arbeiten
- das zielorientierte Arbeiten im Team
- die Fokussierung von Energien und Ressourcen auf die gewünschte Zielerreichung
- die Verbesserung der direkten Kommunikation über Funktions- und Abteilungsgrenzen hinweg
- das rechtzeitige Erkennen von Problemsituationen
- die Minimierung bestehender Risiken
- die Sicherstellung entsprechender Qualitätsnormen
- die schnellstmögliche Realisierung gewünschter Ergebnisse.

4.1.6 Voraussetzungen

Damit Projekt-Management diesen Anforderungen gerecht werden kann müssen einige Grundprinzipien gewährleistet sein.

Prinzipien	Beschreibung
Zielorientierung	Die richtigen Ziele müssen erkannt und konsequent verfolgt werden. Erst wenn die Ziele entsprechend detailliert und operational definiert sind, sollen geeignete Lösungswege entwickelt werden.
Problem-orientierung	Jedes Problem muss eindeutig und klar schriftlich beschrieben werden. Rahmenbedingungen, Vorgaben und externe Einflussfaktoren müssen so früh wie möglich erkannt und definiert werden.
Standardisierung	Die gesamte Projekt-Arbeit soll sich an einem gemeinsamen Ablaufmodell orientieren. Dadurch wird die Koordination erleichtert und die Grundstruktur des Projekt-Ablaufs muss nicht kontinuierlich neu geplant und geändert werden.
Partizipative Steuerung	Die Entscheider müssen direkt in das Projekt eingebunden sein, den Projekt-Fortschritt kontinuierlich steuern und Meilensteine setzen. Sie treffen Entscheidungen für den Verlauf des Projekts, um den Projekt-Fortschritt bzw. -ablauf besser nachvollziehen und Fehlentwicklungen frühzeitig erkennen zu können.
Komplexitäts-beherrschung	Es soll sichergestellt werden, dass die Auseinandersetzung mit dem Projekt geordnet abläuft und weitestgehend vereinfacht wird. Der Überblick soll auch bei der Arbeit im Detail erhalten bleiben, um Einzellösungen miteinander verträglich zu machen.
Rationalisierung	Mehrfach benötigte Ressourcen und Faktoren (Informationen, Sachmittel, Software) sollen möglichst nur einmal entwickelt/ beschafft werden und möglichst standardisiert sein.

Tabelle 10: Grundprinzipien des Projekt-Managements

Eine effiziente Durchführung gerade von E-Business-Projekten erfordert außerdem

- eine auf die Charakteristika des Projekts ausgerichtete Aufbauorganisation (Projekt-Organisation, Projekt-Team und sonstige Projekt-Beteiligte)
- klare Funktionszuordnung innerhalb des Projekt-Managements (Projekt-Planung, -Steuerung, -Controlling)
- die Implementierung von Organisationstechniken zur Unterstützung bei der Problemlösung (Zielfindung, Erhebung, Analyse, Bewertung)
- den Einsatz von Managementtechniken zur Unterstützung des eigentlichen Projekt-Managements (bspw. Zeitplanung, Dokumentation, Moderation, Mitarbeiterführung, Motivation).

4.1.7 Beteiligte

Eine der entscheidenden Fragestellungen bereits in der Anfangsphase von E-Business-Projekten ist: Wer sollte beteiligt sein? Eine mögliche Antwort auf diese Fragestellung könnte lauten: Alle!

Im Ernst: Es wurde bereits mehrfach darauf hingewiesen, dass E-Business-Projekte das Unternehmen als Ganzes betreffen und nur in den seltensten Fällen losgelöst vom Rest-Unternehmen umgesetzt werden können. Es sei denn, es macht wirklich Sinn, ein E-Business-Projekt als eigenständiges Unternehmen aufzuziehen. Doch im Ergebnis bleibt dies gleich.

Im folgenden wird noch ausführlich auf die Projekt-Beteiligten und insbesondere ihre Rollenverteilung eingegangen. An dieser Stelle sei ein Punkt schon vorab angesprochen: Im Rahmen von E-Business-Projekten sind nicht nur eine ganze Reihe von unternehmensinternen Beteiligten vorhanden, in der Regel kommen ebenso externe Spezialisten, Kooperationspartner, Dienstleister, Vertriebspartner, Berater u. a. hinzu. Nicht zu vergessen: die User oder Kunden.

Der Auswahl der direkt am Projekt Beteiligten und der Bestimmung unterschiedlicher Beteiligungs- und Einflussgrade kommt daher besondere Bedeutung zu. Die Komplexität von E-Business-Projekten rührt nicht zuletzt von der hohen Zahl beteiligter und betroffener Personengruppen her.

4.2 Projekt-Phasen

E-Business-Projekte - wie alle Projekte - laufen in unterschiedlichen Phasen ab (Abbildung 3). Jede dieser Phasen ist durch bestimmte Schwerpunkte im Rahmen der Projekt-Management-Tätigkeit geprägt und bringt besondere Herausforderungen mit sich.

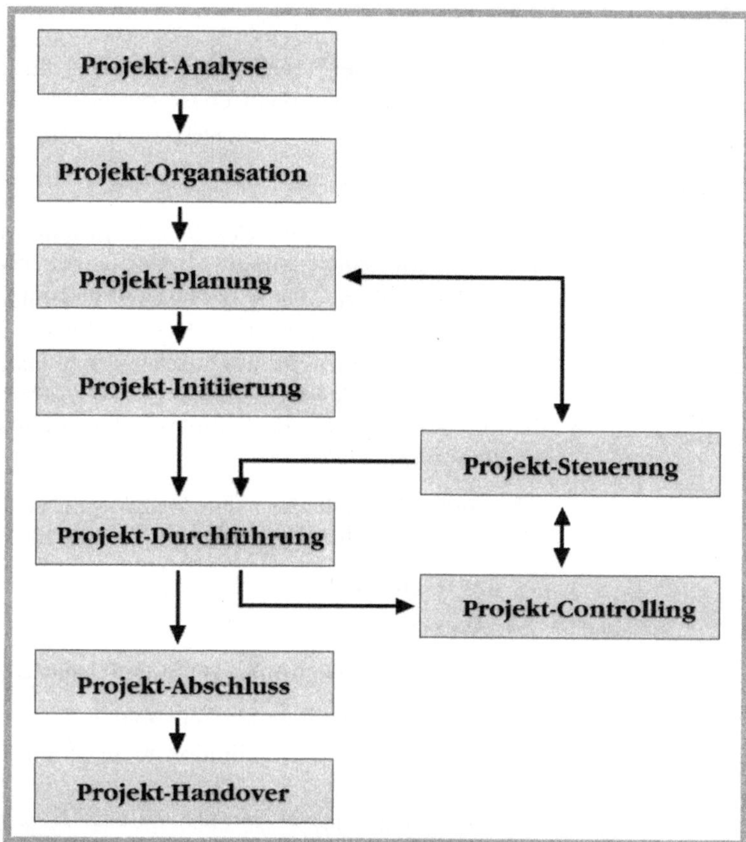

Abbildung 3: Phasen eines Online-Projekts

Entscheidend für den erfolgreichen Abschluss eines Projekts ist, dass die einzelnen Projekt-Phasen vollständig durchlaufen und erfolgreich zum Abschluss gebracht werden. Mangelnde Sorgfalt in einer Projekt-Phase rächt sich zwangsläufig in einer anderen und führt unweigerlich zu Termin-, Kosten- und Ressourcenüberschreitungen.

Projekt-Management und insbesondere Projekt-Planung ist jedoch ein dynamischer Prozess. Die einzelnen Phasen eines E-Business-Projekts können auch nicht als starres Schema betrachtet werden. Es kann immer wieder nötig oder sinnvoll werden, einen Schritt zurück zu gehen, bevor man den nächsten unternimmt.

4.2.1 Analyse

Am Beginn eines jeden Projekts steht die Analyse-Phase. Die Zielsetzung dieser Projekt-Phase besteht darin, eine klare, umfassende und eindeutige Projekt-Definition zu erarbeiten.

4.2.1.1 Projekt-Definition

Zur Projekt-Definition oder Projekt-Beschreibung gehören u. a. Erwartungen, Ziele, Rahmenbedingungen, Termine, Budget und mögliche Risiken. Die Projekt-Definition bildet so die Basis für alle weiteren Projekt-Schritte. Die Ergebnisse der Analyse werden in einem Referenzdokument zusammengefasst, das die Grundlage für die Projekt-Organisation und Projekt-Planung bildet und häufig auch Machbarkeitsstudie oder Projekt-Definitionsbericht genannt wird.

Absolute Minimalbasis als Ausgangspunkt für eine Projekt-Definition sind die folgenden drei Vorgaben:

1. Aussagen über die Notwendigkeit

2. Aussagen über die übergeordneten Ziele

3. Einschränkungen und Annahmen (Mitarbeiter, Geld, Zeit).

Ohne diese grundlegenden Informationen ist die Erarbeitung einer sinnvollen Projekt-Definition nicht möglich.

> Hüten Sie sich davor, die Leitung eines Projekts zu übernehmen, wenn diese drei Grundinformationen nicht gegeben sind! Frustration, Probleme und Misserfolg sind dann schon so gut wie vorprogrammiert.

Eckdaten

Zu den wesentlichen Eckdaten, mit denen jede Projekt-Beschreibung beginnt, gehören:

- Warum dieses Projekt?

- Worum geht es in diesem Projekt?

- Wann soll das Projekt beginnen (Startdatum)?
- Wann soll das Projekt online gehen (Publikationsdatum/ Betriebsbeginn)?
- Wann soll das Projekt voraussichtlich abgeschlossen sein (Enddatum)? Dies kann auch erheblich nach dem Zeitpunkt des ersten Online-Gehens sein, wenn das Projekt in mehreren Teilschritten realisiert wird.
- Wer ist der Auftraggeber des Projekts?
- Wer ist der Endkunde des Projekts?

Gerade die letzte Frage ist von besonderer Bedeutung. Die Antwort kann wertvolle Informationen zu übergeordneten Zielen und zu den Interessenslagen bei einzelnen Beteiligten und Betroffenen liefern. So erreicht man konkrete Hilfestellung zur Erlangung der notwendigen Unterstützung von Funktionsbereichen und Abteilungen sowie zur Integration des Projekts ins Unternehmen.

Vorgeschichte

Jedes E-Business-Projekt hat eine Vorgeschichte, was bedeutet: Das Projekt hat schon lange angefangen, bevor es eigentlich richtig begonnen hat. In der Regel werden im Unternehmen bereits eine ganze Reihe von Erfahrungen mit Bereichen vorhanden sein, die mit dem E-Business-Projekt in Zusammenhang stehen. Sowohl einzelne Personen als auch das Unternehmen als Ganzes haben einen bestimmten Background, vor dem letztlich die Entscheidung zur Durchführung dieses Projekts gefallen ist. Diese „Schatten der Vergangenheit" sind im negativen Fall schon für manches E-Business-Projekt und damit auch für manchen Projektleiter zur „Todesfalle" geworden. Im positiven Fall jedoch können hier Energien schlummern, die das Projekt entscheidend beflügeln können.

> Werden Sie sich über die Vorgeschichte Ihres E-Business-Projekts im Klaren und stellen Sie fest, welche positiven oder negativen Auswirkungen diese auf den Projekt-Verlauf und das Projekt-Ergebnis haben können.

Erwartungen

Aus den Eckdaten des Projekts und seiner Vorgeschichte ergeben sich zwangsläufig Erwartungen, die in das Projekt und sein Ergebnis gesetzt werden - von Seiten des Auftraggebers, der Geschäftsleitung, der Führungskräfte und Mitarbeiter, aber auch letztlich der zukünftigen Kunden/User.

Um ein E-Business-Projekt nicht von Anfang an zu gefährden, ist es daher notwendig, offen und deutlich über die Erwartungen der einzelnen Bezugspersonen und Gruppen zu sprechen. Im Falle der zukünftigen Kunden/User ist dies sogar eine zwingende Voraussetzung für den Erfolg eines E-Business-Projekts. Aber wahrscheinlich würde kein vernünftiger Mensch auf die Idee kommen, mit seinem Unternehmen online zu gehen, ohne sich Gedanken darüber zu machen, was die Endnutzer eigentlich erwarten. Oder etwa doch?

Rahmen

Jedes Projekt unterliegt Limitierungen bzgl. Zeit, den zur Verfügung stehenden Ressourcen an Mitarbeitern, Technologie, Informationen und Know-how. Aber auch organisatorische Gegebenheiten, gesetzliche Vorschriften oder auch die Unternehmenskultur können von vorne herein einschränkend wirken.

Die Klärung des Projekt-Rahmens verschafft einen Überblick darüber, welche Spielräume innerhalb eines E-Business-Projekts generell zur Verfügung stehen, und legt damit die Basis für alle Entscheidungsspielräume innerhalb des Projekt-Managements.

Ein schlecht definierter Projekt-Rahmen zählt dagegen zu den Faktoren, die innerhalb des Projektverlaufs die meisten Probleme verursachen. Konflikte mit Bereichen, die nicht direkt zum Projekt gehören, sind dann zwangsläufig vorprogrammiert.

Ziele

Dass die Projekt-Ziele im Rahmen der Projekt-Definition eine besondere Bedeutung haben, braucht nicht extra hervorgehoben zu werden. Umso verwunderlicher ist, wie schlampig bei der Definition dieser Ziele gerade im Bereich E-Business immer wieder vorgegangen wird.

Eine der wichtigsten Anforderungen an die Zieldefinition ist:

1. Die Projekt-Ziele müssen im Einklang mit übergeordneten Unternehmenszielen stehen und die volle Unterstützung von Geschäftsleitung, Sponsoren und Auftraggebern haben.

Ist dies nicht der Fall, sollte man besser schon an dieser Stelle intensiv darüber nachdenken, ob die Zeit für den Einstieg ins E-Business wirklich reif ist, oder ob es nicht sogar auch Sinn macht, den Bereich E-Business im Rahmen einer neuen Organisation, eines neue Unternehmens zu verwirklichen.

Neben dieser Grundanforderung haben Projekt-Ziele jedoch noch weitere Kriterien zu erfüllen:

2. Sie müssen messbar sein in Bezug auf Qualität, Quantität, Zeit, Kosten und das vereinbarte Endergebnis.

3. Sie müssen erreichbar sein.

4. Sie dürfen keine inneren Widersprüche beinhalten.

5. Sie müssen untereinander und mit den Zielen anderer Projekte kompatibel sein.

In der Praxis werden häufig im Rahmen von Projekt-Management die sogenannten SMART-Kriterien zur Überprüfung von Projekt-Zielen eingesetzt.

Kriterium		**Bedeutung**
S	Spezifisch	Die Anforderungen sollen deutlich beschrieben und definiert sein.
M	Messbar	Es muss eine Methode geben, um das Erreichte zu messen.
A	Ausführbar	Die Ziele müssen mit den gegenwärtig (intern oder extern) verfügbaren Ressourcen erreicht werden können, oder es muss die Möglichkeit bestehen, diese Ressourcen zu schaffen.
R	Realistisch	Die Ergebnisse sollen mit dem momentan zur Verfügung stehenden oder erwerbbaren Wissen und ohne größere Risiken und Unwägbarkeiten erreicht werden.
T	Termingerecht	Das Projekt ist eingegrenzt durch einen Zeitrahmen, der auf realen und bekannten Anforderungen basiert.

Abbildung 4: SMART-Kriterien

Insgesamt sollten die Projekt-Ziele inhaltlich und in ihrer Gesamtzahl sparsam gesetzt werden. Bei überzogenen Zielsetzungen ist die Wahrscheinlichkeit eines Fehlschlags im Sinne eines Nichterreichens aller Ziele äußerst hoch. Eine Lösung kann darin bestehen, ein E-Business-Projekt in mehrere auch aufeinander aufbauende Online-Projekte aufzuteilen.

Termine

Im Rahmen der Projekt-Definition ist es auch notwendig, sich über ein grobes Terminraster Gedanken zu machen. Dies betrifft in erster Linie die einzelnen Projekt-Phasen und die dafür zur Verfügung stehende Zeitdauer. Wird zunächst nur ein Gesamt-Zeitrahmen für das Projekt als Ganzes angegeben, besteht grundsätzlich die Tendenz, diesen knapper zu halten, als in der Realität umsetzbar. Durch eine Aufschlüsselung auf die einzelnen Projekt-Phasen kann zumindest ein erstes Gefühl für die tatsächliche Projektdauer entstehen. Wichtig ist, bereits in dieser Phase sogenannte Puffer oder Leerzeiten einzubauen, die für die Behebung unvorhergesehener Probleme und Schwierigkeiten in jedem Fall notwendig werden.

Wenn die insgesamt benötigte Zeit für das Gesamt-Projekt zunächst einmal ermittelt ist, muss der Zeitplan mit den in den Eckdaten vorgegebenen Terminen abgeglichen werden. Entstehen hier bereits Konflikte, müssen diese umgehend geklärt werden. Die Hoffnung, man können später noch Zeit aufholen, erweist sich fast immer als unbegründet.

> Wenn Sie die voraussichtlich benötigte Zeit zur vollständigen Realisierung Ihres E-Business-Projekts ermittelt haben, multiplizieren Sie diesen Wert einfach mit 1,7. Das wird die Zeit sein, die Sie wahrscheinlich in Wirklichkeit brauchen werden.
>
> Das glauben Sie nicht? Leider ist es wahr. Dieser Faktor ist bei der Untersuchung einer Vielzahl von praktischen Beispielen als mehr oder weniger konstant ermittelt worden.
>
> Machen Sie einfach ein paar praktische Tests. Planen Sie die Ihrer Ansicht nach angemessene Zeit zur Bewältigung bestimmter Aufgaben, die Sie in nächster Zeit vor sich haben. Wählen Sie vorzugsweise solche, bei denen Sie mit anderen zusammenarbeiten. Überprüfen Sie dann hinterher, wie lange Sie tatsächlich gebraucht haben.

Strategie

Um ein Projekt tatsächlich realisieren und erfolgreich zu Ende bringen zu können, ist es notwendig, sich möglichst frühzeitig bereits Gedanken über eine bestimmte Strategie im Rahmen des Projekt-Managements zu machen.

Dazu gehört beispielsweise:

- die Verwendung spezieller Methoden und Techniken
- die Übernahme anerkannter Richtlinien für die Projekt-Arbeit
- die Gestaltung der Beziehungen zu anderen Unternehmensbereichen.

Letztlich geht es hier um die Frage, wie das Projekt eigentlich verwirklicht werden soll. Die Festlegung auf eine bestimmte Strategie bereits bei der Projekt-Definition ist häufig nicht nur die Basis für entsprechendes Vertrauen von Seiten des Auftraggebers und der Geschäftsleitung. Die Strategie liefert ebenso eine wertvolle Hilfe für die am Projekt Beteiligten bzw. andere Mitarbeiter und Bereiche, auf deren Kooperation das Projekt-Management angewiesen ist.

Budget

Einer der heikelsten Punkte im Rahmen der Projekt-Definition ist zweifelsohne das zur Verfügung stehende Budget. In den seltensten Fällen können die Kosten, die ein E-Business-Projekt verursachen wird, bereits vorab genau ermittelt werden, selbst wenn vergleichbare Projekte als Anschauungsmaterial vorliegen. Die individuellen Gegebenheiten jedes E-Business-Projekts lassen einen vernünftigen Vergleich kaum zu. Auftraggeber und Projekt-Leitung sind daher in der Regel auf Vermutungen, Schätzungen, Prognosen oder Hochrechnungen mit erheblichen Unsicherheitsfaktoren angewiesen (Zum Thema Kostenplanung und Budgetierung vgl. Kapitel 5).

Entscheidend bei der Ermittlung des Budgets ist die Berücksichtigung aller relevanten Kosten und ebenso auch die Berücksichtigung eventueller Änderungen von Kostenfaktoren - im Klartext: Kostensteigerungen - insbesondere bei langfristig angelegten E-Business-Projekten. Bei einer abschließenden Beurteilung ist die Frage, ob eine Kosten-/Nutzen-Analyse entsprechend positiv ausfällt, aber auch abhängig von Folgekosten und entsprechenden Erträgen sowie von Alternativ-Kosten, die entstehen, wenn das Projekt nicht realisiert werden sollte. Auch diese Faktoren spielen bereits bei der Projekt-Definition eine erhebliche Rolle. Gegebenenfalls muss die gesamte Projekt-Definition überarbeitet und angepasst werden, bis hier ein zufriedenstellendes Ergebnis gefunden wird. Dass die für ein Projekt benötigten Ressourcen in engem Zusammenhang mit dem Budget stehen, ist offensichtlich (vgl. unten: Ressourcen)

Risiko-Analyse

Jedes Projekt birgt natürlich Risiken in sich. Im Rahmen der Risiko-Analyse geht es darum, schon frühzeitig mögliche Projekt-Risiken zu erkennen, zu bewerten und nach Möglichkeit präventiv etwas dagegen zu tun. Der Punkt Risiko-Analyse ist daher ein wesentlicher Bestandteil der Projekt-Definition.

Unter Risiken sind jedoch nicht solche zu verstehen, die generell immer auftreten können - z. B. wird das gesamte Projekt-Team in der kritischsten Projekt-Phase durch eine Grippe-Welle dahingerafft - sondern nur solche, die sich direkt auf das Projekt beziehen.

Folgende grundlegende Ursachenfelder für Projekt-Risiken bestehen:

Intern	Extern
• Personal	• Markt
• Technik	• Wettbewerb(er)
• Organisation	• Rechtsprechung
• Finanzen	• Politik
• Firmenpolitik	
• Verträge/Rechtsfragen	
• Projekt-individuelle Risiken	

Tabelle 11: Ursachenfelder für Projekt-Risiken

Risiken, die innerhalb eines Projekts auftreten, können unterschiedliche Auswirkungen haben:

1. Projekt-Management-Risiken beeinflussen Prozesse und Prozeduren, die angewandt werden, um das Projekt abzuwickeln. Diese Risiken stellen eine Gefahr für die Effizienz des Projekt-Managements und damit für die optimale Koordination und Kooperation innerhalb des Projekts dar.

2. Projekt-Risiken (im engeren Sinn) betreffen die Zielsetzung und das Ergebnis des Projekts: Zeit, Kosten oder Qualität.

3. Firmen-Risiken haben Einfluss auf gegenwärtige oder zukünftige Unternehmensaktivitäten insgesamt.

Mit zunehmendem Umfang ihrer einzelnen Auswirkungen nimmt natürlich auch die Schwere der Folgen insgesamt zu, die solche Risiken im Falle des tatsächlichen Auftretens mit sich bringen. Um Risiken vernünftig einschätzen und beurteilen zu können, sind zwei wesentlich Faktoren zu betrachten:

A. die Wahrscheinlichkeit, mit der ein Risiko eintreten wird

B. der Schweregrad, d. h. wie groß sind die Auswirkungen, die bei einem Eintritt des Risikos entstehen.

Beide Faktoren können auf einer Werteskala erfasst werden (z. B. von 1-10, wobei 10 die höchste Wahrscheinlichkeit bzw. den höchsten Schweregrad darstellt). Die Multiplikation beider Werte ergibt damit ein Risiko-Potenzial, anhand dessen recht gut eine erste Bewertung möglicher Risiken durchgeführt werden kann.

Als generelle Vorgehensweise im Umgang mit möglichen Projekt-Risiken empfiehlt sich:

Schritt 1: Potenzielle Risiken herausfinden und analysieren

Schritt 2: Die Wahrscheinlichkeit des Eintritts beurteilen

Schritt 3: Den möglichen Einfluss auf das Projekt-Management, das Projekt insgesamt und die Organisation klären

Schritt 4: Alternative Lösungsmöglichkeiten zur Prävention bzw. zur Beseitigung im Falle eines Auftretens entwickeln

Schritt 5: Sinnvolle Vorbeugemaßnahmen festlegen

Schritt 6: Puffer (Zeit, Personal, Budget) zur möglicherweise notwendigen Schadensbegrenzung einbauen

Ergibt die Risiko-Analyse ein erhebliches Risiko-Potenzial für die Durchführung des Projekts, muss dies bereits in der Definitionsphase des Projekts entsprechend festgehalten werden, dem Auftraggeber mitgeteilt und von diesem ausdrücklich abgesegnet werden. Unter Umständen kann es auch notwendig sein, die Projekt-Definition so weit abzuändern, dass das Risiko-Potenzial auf ein für alle Seiten annehmbares Niveau gesenkt wird.

Beteiligte

Eine sorgfältige Projekt-Definition verlangt auch, einen intensiven Blick auf alle am Projekt Beteiligten und ebenso auch auf die letztlich durch das Projekt Betroffenen zu werfen. Von der ersten Gruppe hängt maßgeblich ab, ob das Projekt erfolgreich durchgeführt werden kann und somit die notwendigen Voraussetzungen für die E-Business-Entwicklung des Unternehmens geschaffen werden, von der zweiten Gruppe, ob eine Integration des E-Business ins Unternehmen nachhaltig gelingt und auch zum gewünschten Erfolg führt.

Zu den am Projekt Beteiligten gehören eine Vielzahl von Personen und Gruppen:

- Auftraggeber (dies ist leider häufig genug auch bei E-Business-Projekten nicht die Geschäftsleitung sondern ein einzelner Bereich bzw. eine einzelne Abteilung)

- Sponsoren (einflussreiche Personen innerhalb des Unternehmens, denen am Gelingen des Projekts gelegen ist und die es befürworten, jedoch nicht die Auftraggeber sind sondern eher als Projekt-Paten zu verstehen sind)

- Geschäftsleitung

- Lenkungsausschuss (als Bindeglied zwischen Auftraggeber, Geschäftsleitung, Sponsoren und Projekt-Leitung mit der Aufgabe, die optimale Verknüpfung des Projekt mit den restlichen Unternehmensbereichen und Unternehmensaktivitäten zu gewährleisten und auftretende Probleme größeren Ausmaßes zu lösen)

- Projekt-Manager/Projekt-Leitung

- Teilprojekt-Manager

- Internes Projekt-Team

- Externe Projekt-Mitarbeiter

- Externe Dienstleister

- Kooperationspartner.

Alle diese Personen bzw. Personengruppen sind direkt am Projekt beteiligt und nehmen daher auch direkt Einfluss auf den Ablauf und die Ergebnisse des Projekts. Zu einer vernünftigen Projekt-Definition gehört daher, diese Beteiligten explizit aufzuführen und sich über die Interessen und Intensionen der Einzelnen klar zu werden (vgl. 4.2.2).

Hinzu kommt eine Gruppe von Beteiligten, die in „offiziellen" Übersichten oder Dokumenten kaum jemals zu finden ist: Ghosts, oder auch einfach Projekt-Geister. Damit sind bspw. die Ehefrauen und Ehemänner Ihrer Projekt-Mitarbeiter gemeint, die Internet-begeisterten Kinder des Vorstandsvorsitzenden, aber ebenso der verrückte Raser, der heute Morgen dem Projekt-Manager beinahe ins Auto gefahren wäre.

> Unterschätzen Sie nicht den Einfluss der Projekt-Geister und machen Sie sich in einer stillen Stunde ein paar Gedanken darüber, welch großen Einfluss diese Ghosts auf das Projekt haben.

Zu den durch das Projekt Betroffenen gehören:

- Abteilungen und Bereiche innerhalb des Unternehmens
- Führungskräfte und Mitarbeiter
- Mutter- oder Tochtergesellschaften
- Lieferanten
- Vertriebspartner
- Kooperationspartner
- User/Kunden
- Presse
- Öffentlichkeit
- Wettbewerber
- die Familien ihrer Projekt-Mitarbeiter, die hoffentlich nicht wochenlang von ihren Liebsten nichts hören oder sehen!

> Sie haben den Eindruck, hier könnte man auch genauso gut „Alle" schreiben? Das stimmt, denn im Rahmen von E-Business-Projekten trifft dies auch oft zu. Das Internet mit seinen spezifischen Merkmalen führt dazu, dass Ihre Handlungen sehr schnell von einer großen Menge von Personen einer kritischen Prüfung unterzogen werden. Negativ-Propaganda findet in kaum einem anderen Medium so schnell Verbreitung wie im Internet.

Die an einem Projekt Beteiligten und die durch das Projekt Betroffenen könnte man auch insgesamt als Stakeholder des Projekts bezeichnen. Sich über die Zusammensetzung dieser Stakeholder und ihr Zusammenspiel bewusst zu werden, ist eine der wichtigsten Voraussetzungen für die Projekt-Definition und das darauf aufbauende Projekt-Management.

Ressourcen

Jedes Projekt unterliegt einer Einschränkung hinsichtlich der zur Verfügung stehenden Ressourcen. Zu diesen zählen bei E-Business-Projekten in jedem Fall:

- Personal (Beteiligte)
- Budget/Kosten (Budget)
- Zeit (Termine)
- Technologie und Technik.

Natürlich wird von jedem Projekt-Manager erwartet, dass sie oder er mit wenig Personal, der vorhandenen Technologie, einem Budget, das noch nicht einmal die Reisekosten abdeckt, und dann auch noch möglichst schon morgen sein Projekt realisiert.

Spaß beiseite: E-Business-Projekte sind dazu angelegt, ein Unternehmen nachhaltig zu verändern. Wenn hierfür nicht die notwendigen Ressourcen zur Verfügung gestellt werden, wird jedes E-Business-Projekt von vorneherein zur Farce. In der Projekt-Definition muss daher ein entsprechendes Volumen an Ressourcen angesetzt werden. Reichen die internen Ressourcen in manchen Bereichen nicht aus, müssen entsprechende externe Ressourcen eingeplant werden. Je gründlicher die Projekt-Definition durchgeführt wird, desto besser lassen sich die voraussichtlich benötigten Ressourcen bestimmen. Das nachträgliche Feilschen um zusätzlich benötigte Ressourcen verärgert Auftraggeber, Geschäftsleitung, Sponsoren und - falls nicht erfolgreich - auch die betroffenen Projekt-Mitarbeiter. Im Rahmen der Ressourcen-Planung sind natürlich auch mögliche Risiken und deren Behebung mit zu berücksichtigen.

Da gerade bei E-Business-Projekten die Technologie eine besondere Rolle spielt, ist hierauf ein besonders hohes Augenmerk zu legen, denn Technologiekosten werden in aller Regel unterschätzt. Häufig genug wird nur die Hardware- und Softwareausstattung in eine entsprechende Ressourcen-Kalkulation einbezogen. Darüber wird gerne die kontinuierliche Adaption auf veränderte Bedürfnisse und die Anpassung bereits im Unternehmen vorhandener Technik vergessen. Insbesondere wird in vielen Fällen nicht darüber nachgedacht, was passiert, wenn das E-Business-Projekt tatsächlich ein voller Erfolg wird und die umfangreiche Nutzung schnell die Grenzen der vorhandenen Technik sprengt (Skalierbarkeit)!

Auf der anderen Seite besteht gerade bei E-Business-Projekten häufig die Gefahr, die ausschlaggebende Rolle der anderen Ressourcen nicht zu berücksichtigen, denn funktionierende und erfolgreiche E-Business-Lösungen sind nicht aufgrund ihrer Technologie erfolgreich, sondern durch die Menschen, die sie anwenden und umsetzen. So gehört zur Ressource Personal auch der Punkt Weiterbildung von Mitarbeitern. Ein Aspekt, der gerne übersehen wird. Im Rahmen einer zielorientierten Projekt-Definition gilt es somit, zwischen diesen beiden gegensätzlichen Aspekten einen vernünftigen Konsens zu finden und eine ausgeglichene Verteilung hinsichtlich aller Ressourcen zu erarbeiten.

Arbeitsplan

Der Arbeitsplan ist nichts anderes als eine erste grobe Verknüpfung der bisher erarbeiten Topics (von den Terminen bis zu den Ressourcen) in einer vorläufigen Übersicht. Im Rahmen der Erstellung des Arbeitsplans soll das Projekt zum ersten Mal eine deutlichere Gestalt annehmen. Dabei kann auch überprüft werden, inwieweit zwischen den bisher erarbeiteten Punkten Kongruenz oder Divergenz besteht.

Im Rahmen des Arbeitplans werden den einzelnen Projekt-Phasen Termindaten, Beteiligte, Ressourcen, Teilbudgets und Teilergebnisse zugeordnet.

Meilensteine

Die vorläufige Definition von Meilensteinen bedeutet das Festlegen bestimmter Etappenziele im Rahmen der Projekt-Umsetzung. Meilensteine erfüllen somit eine Vielzahl von Funktionen im Rahmen des Projekt-Managements.

Bereich	Funktion
Projektverlauf	Sie sind ein Instrument der Fortschrittsmessung, das für den Auftraggeber, die Geschäftsleitung und die Sponsoren zugänglich ist.
Kommunikation	Als Kommunikationswerkzeug ermöglichen sie den Austausch und den Umgang mit Personen und Gruppen, die nicht zum Projekt-Team gehören.
Ergebnisorientierung	Durch Meilensteine wird das Projekt kontinuierlich auf Resultate und damit auf die Zielerreichung fokussiert.
Strukturierung	Sie helfen bei der Einteilung des Arbeitsaufkommens in überschaubare Teilbereiche.
Koordination	Ebenso erlauben sie eine Zuständigkeiten- und Kompetenzverteilung auf relativ hoher Ebene innerhalb des Projekts.

Tabelle 12: Funktionen von Meilensteinen

Die Erreichung von Meilensteinen muss leicht überprüfbar sein. Es darf kein Zweifel daran aufkommen, ob ein Meilenstein erreicht wurde oder nicht. Meilensteine sind als Teilziele des Projekts zu verstehen, die zu seiner vollständigen Umsetzung notwendig sind und ebenso sorgfältig formuliert werden müssen wie die Projekt-Ziele selbst.

Die Definition und Ableitung von Meilensteinen aus den Projekt-Zielen kann häufig leichter durchgeführt werden, wenn man sich zeitlich von hinten (ausgehend vom gewünschten Ergebnis) bis zum jetzigen Zeitpunkt rückwärts vorarbeitet und jeweils die Voraussetzungen definiert, die erfüllt sein müssen, damit der folgende Schritt begonnen werden kann.

Berichtswesen

Bereits von Anfang an muss klar gestellt werden, wie innerhalb des Projekts ein funktionierendes Berichtswesen auszugestalten ist. Dazu gehört die Festlegung wichtiger Rahmenbedingungen:

- In welcher Form wird das Projekt kontinuierlich und umfassend dokumentiert?
- Wer berichtet wem?
- In welcher Form werden Berichte erstellt?
- Wie häufig?
- Welche Informationen sind auf welcher Ebene Bestandteil des Berichtswesens?

Die Dokumentation und Berichterstellung beginnt prinzipiell bereits mit der Projekt-Definition und erfolgt immer parallel zur eigentlichen Projekt-Arbeit. Die wichtigsten Vorteile dieses Vorgehens liegen klar auf der Hand:

- Zeitersparnis in der Endphase des Projekts
- Möglichkeit zu frühzeitigen Abstimmungen auf der Basis von fundierten Unterlagen
- Zeit und Gelegenheit für Plausibilitäts- und Konsistenzprüfungen
- Eindeutige Dokumentation der Leistungen bei kurzfristig angesetzten Besprechungen
- Basis für kontinuierliches Projekt-Controlling.

Das Berichtswesen als ein wesentlicher Bestandteil des Projekt-Controlling muss von Anfang an ein integraler Bestandteil des Projekt-Managements sein. Es kann nicht erst nach Beendigung des Projekts durchgeführt werden, wenn es zu spät ist, um steuernd einzugreifen. Gerade im E-Business-Bereich sind Projekte oft mit Zwischenentscheidungen und Rückfragen verbunden - häufiger als vergleichbare Projekte in „gewohnten" Bereichen. Ein klares und korrektes Berichtswesen ist hierbei ein wichtiges Hilfsmittel.

Vollmachten und Weisungsbefugnisse

Grundvoraussetzung für effiziente Projektarbeit ist eine klare, eindeutige und von allen Projekt-Beteiligten akzeptierte Verteilung von Kompetenzen, Vollmachten und Weisungsbefugnissen und der damit verbundenen Verantwortungsbereiche. Unklarheiten, Überschneidungen oder Uneindeutigkeiten führen hier über kurz oder lang zu massiven Problemen:

- Wichtige Entscheidungen werden nicht oder zu spät getroffen und nicht konsequent umgesetzt.

- Die effiziente und effektive Delegation von Aufgaben und die Kontrolle der Ergebnisse wird unterminiert.

- Es treten Koordinations- und Abstimmungsprobleme in erhöhtem Umfang auf allen Ebenen auf.

- Die Projekt-Mitglieder werden zunehmend verunsichert.

- Ein wirksames Projekt-Controlling ist nicht möglich.

- Kreative Problemlösungen entstehen kaum, da entsprechende Spielräume nicht definiert sind.

- Termine werden nicht eingehalten und der gesamte Projekt-Ablauf verschiebt sich immer wieder.

Gerade im Rahmen der Projekt-Definition ist unbedingt zu klären und eindeutig festzuhalten, welche Entscheidungsspielräume der Projekt-Leitung durch den Auftraggeber und die Geschäftsleitung eingeräumt werden.

Ist dieser Rahmen zu eng gesteckt, kann die Projekt-Leitung nicht wirksam agieren und das Projekt kann im Extremfall nicht rechtzeitig oder sogar überhaupt nicht zu Ende gebracht werden, da - durch eigenes Verschulden - Auftraggeber oder Geschäftsleitung immer wieder aktiv werden müssen.

Ist dieser Rahmen hingegen zu groß, besteht die Gefahr, dass das E-Business-Projekt nicht in die vom Unternehmen gewünschte Richtung verläuft, mit den übergeordneten Unternehmenszielen in Konflikt gerät oder nicht vernünftig in das Unternehmen integrierbar ist.

Ein sinnvoll gewählter Rahmen baut auf der detaillierten Projekt-Definition auf. Ist diese umfassend durchgeführt worden und von Auftraggeber und Geschäftsleitung genehmigt, sollte das Projekt-Management alle folgenden Entscheidungen selbständig und eigenverantwortlich treffen können. Ausnahmefälle, in denen Rücksprache mit dem Auftraggeber zu erfolgen hat, können sein:

1. Das Projekt droht als Ganzes zu scheitern.
2. Die vorgegebenen Restriktionen bzgl. Zeit, Budget und Qualität des Ergebnisses werden zu einem bestimmten Zeitpunkt um vorher festgelegte Toleranzwerte überschritten.

Gerade im letzten Fall sollten diese Toleranzwerte - insbesondere während des Projektes - nicht zu niedrig angesetzt werden, sonst bleibt dem Projekt-Management kaum Entscheidungsspielraum.

> Bei einigen E-Business-Projekten wurden in der Vergangenheit Toleranzwerte bzgl. Zeit, Budget, Ressourcen oder Qualität des Ergebnisses zwischen 1 und 5 % definiert.
>
> Das mögen vielleicht vernünftige Werte für andere Projekt-Bereiche sein. Im Rahmen von E-Business-Projekten sind sie unbrauchbar. Vernünftige Werte liegen hier zwischen 15 und 25 %.

Erfolgs-Messgrößen

Der Erfolg eines E-Business-Projekts lässt sich in zwei Kategorien bestimmen:

1. der Erfolg des Projekts in Form des konkreten Projekt-Ziels (Ergebnis-Erzielung)
2. der Erfolg des Projekts hinsichtlich der Projekt-Durchführung (Prozess-Qualität).

Im Idealfall entsprechen sowohl Ergebnis als auch Prozess den Wünschen und Erwartungen der Beteiligten zu Projekt-Beginn. Natürlich steht das Projekt-Ergebnis als solches meist im Vordergrund der Beurteilung. Häufig genug ist es jedoch so, dass das letztlich erzielte Ergebnis von den ursprünglichen Zielsetzungen abweicht, was nicht automatisch ein Scheitern des Projekts bedeutet, sondern auf veränderte Rahmenbedingungen oder veränderte Zielsetzungen während des Projekts zurückzuführen ist. Ebenso positiv ist es jedoch zu werten, wenn sich im Rahmen des Projekts gezeigt hat, dass die Beteiligten gut und effizient zusammen gearbeitet haben und in der Lage waren, auftretende

Probleme zu lösen. Dies ist insbesondere für die Weiterentwicklung eines E-Business-Projekts im Unternehmen ausschlaggebend, denn die erstmalige Integration von E-Business in die Unternehmenskultur, Organisation und in die Unternehmensprozesse ist häufig nur der Auftakt zu einer weitergehenden kontinuierlichen Entwicklung.

Der konkrete Erfolg eines E-Business-Projekts liegt in drei wesentlichen Kriterien begründet:

Abbildung 5: Erfolgs-Kriterien eines Projekts

Innerhalb dieses Dreiecks - häufig von Projekt-Managern auch liebevoll „Bermuda-Dreieck" genannt - lässt sich der Projekt-Erfolg generell bestimmen.

Die zentralen Fragen lauten hierbei:

- Konnte das Ergebnis mit dem vorgesehenen Budget erreicht werden?

- Konnte das Ergebnis innerhalb der vorgesehenen Zeit realisiert werden?

- Entspricht das Ergebnis in der Qualität den definierten Zielen?

Insbesondere für die klare und eindeutige Beantwortung der letzten Frage ist es notwendig, das gewünschte Ergebnis des Projekts quantitativ und qualitativ genau zu spezifizieren.

> Als Auftraggeber, als Projekt-Manager und als Projekt-Beteiligter sollten Sie diese drei wesentlichen Faktoren immer im Auge haben, wenn ein Projekt erfolgreich zu Ende geführt werden soll.

4.2.1.2   Projekt-Stammblatt

Nachdem die grundlegende Projekt-Analyse abgeschlossen ist, werden die Ergebnisse in dem bereits erwähnten Referenzdokument oder auch Projekt-Stammblatt zusammengefasst und schriftlich fixiert. Die wesentlichen - in jedem Fall notwendigen - Elemente des Projekt-Stammblatts sind

1. Eckdaten
2. Projekt-Rahmen inkl. bestehender Limitierungen
3. Ziele
4. Termine/Zeitplan
5. Strategie-Ansatz
6. Budget/Kostenrahmen
7. Risiko-Analyse mit zugrunde liegenden Annahmen
8. Beteiligte, insbesondere: anordnende Instanz, Auftraggeber, Sponsoren, Projekt-Leitung und Projekt-Team (soweit bekannt)
9. zur Verfügung stehende Ressourcen
10. vorläufiger Arbeitsplan
11. vorläufige Meilensteine
12. Organisation des Berichtswesen
13. Vollmachten und Weisungsbefugnisse/Aufgaben und Zuständigkeiten
14. Ergebnis-Definition/Erfolgs-Messgrößen
15. Sonstiges (weitere Informationen, sofern vorhanden und sinnvoll)

Dieses vollständige Projekt-Stammblatt bildet die Ausgangsbasis für:

A. die Entscheidung darüber, ob das Projekt tatsächlich realisiert wird
B. die gesamte weitere Projekt-Planung und -Durchführung.

Aufgrund seiner Bedeutung ist das Projekt-Stammblatt immer von Auftraggeber, Geschäftsleitung und Projekt-Leitung zu unterzeichnen und dadurch für gültig zu erklären.

4.2.1.3   Kritische Erfolgsfaktoren

Zunächst ist zu prüfen, welche Erfolgsfaktoren für die Realisierung des Projekts notwendig sind, bspw. bestimmte Fachkompetenzen, Informationen, technische Voraussetzungen, organisatorische Voraussetzungen und Prozessabläufe.

In einem zweiten Schritt wird analysiert, welche dieser Erfolgsfaktoren innerhalb des Unternehmens bereits vorhanden sind und für die erfolgreiche Umsetzung des Projekts eingesetzt werden können.

Besonderes Augenmerk erfordern benötigte aber nicht vorhandene Erfolgsfaktoren. Eine der ersten Maßnahmen muss sein, Klarheit darüber zu gewinnen, wie diese Erfolgsfaktoren geschaffen werden können. Dies kann bspw. geschehen durch:

- Interne und externe Informationsbeschaffung bis hin zu Marktanalysen
- Hinzuziehung von externen Beratern
- Qualifizierung von Mitarbeitern in Form von Weiterbildungsmaßnahmen
- Einstellung neuer Mitarbeiter
- Auslagerung von Aufgaben an externe Dienstleister
- Integration externer Experten und Fachkräfte.

In jedem Fall muss geklärt sein, dass alle kritischen Erfolgsfaktoren zur Verfügung stehen, bevor mit der Projekt-Organisation und der Projekt-Planung überhaupt begonnen werden kann.

4.2.1.4   SWOT-Analyse

Hinter dem englischen Kunstwort SWOT verbirgt sich eine einfache aber effiziente Methode, Projekte hinsichtlich ihrer Erfolgsaussichten zu analysieren. Im Grunde geht es darum, vier wesentliche Bereiche bezüglich ihrer Auswirkungen auf das Projekt systematisch zu hinterfragen:

	Positiv	**Negativ**
Intern	**S**trengths (= Stärken)	**W**eaknesses (= Schwächen)
Extern	**O**pportunities (= Chancen)	**T**hreats (= Risiken)

Abbildung 6: SWOT-Matrix

Positive wie negative, interne wie auch externe Einflussfaktoren werden in einer Vier-Felder-Matrix erfasst, um so einen Überblick über die gegenwärtige Ausgangssituation für ein Projekt zu gewinnen.

Die SWOT-Analyse kann während des Projekt-Ablaufs immer wieder eingesetzt werden, um festzustellen, wie sich die generellen Erfolgsaussichten eines Projekts entwickelt haben.

4.2.1.5   Informationsbeschaffung

Im Rahmen der gesamten Analyse-Phase werden eine Vielzahl von Informationen benötigt, die in den seltensten Fällen bereits fertig vorliegen. Bevor jedoch mit der eigentlichen Informationsbeschaffung begonnen werden kann, ist zunächst der jeweilige Informationsbedarf zu definieren und festzustellen, welche Informationen bereits in welcher Form verfügbar sind.

Neben der Fülle der bereits angesprochenen Informationen, die sich schwerpunktmäßig auf das Projekt als solches beziehen, spielen gerade im Rahmen von E-Business-Projekten noch eine Vielzahl zusätzlicher Informationen eine Rolle. Diese beziehen sich auf das Medium Internet und sind häufig im Unternehmen nicht direkt verfügbar.

Informationsbereiche (Internet)	
• Technische Aspekte	• Kosten
• Design	• Content
• Benutzerverwaltung	• Arbeitsabläufe
• Hypermarketing	• Promotion
• User-Verhalten	• Schulung/Weiterbildung
• Dokumentation	

Tabelle 13: Informationsbereiche (Internet)

Die meisten der Informationen, welche im Rahmen von E-Business-Projekten benötigt werden, sind bereits irgendwo verfügbar und müssen nicht erst neu ermittelt werden. Die Gretchenfrage lautet nur - wie gerade in Bezug auf das Internet so oft: Wo?

Um schnellstmöglich die benötigten Informationen zu bekommen, ist eine breit angelegte Informationsrecherche das beste Mittel.

Informationsquellen (Internet)	
• Kolleginnen und Kollegen	• Fachbehörden
• Vorgesetzte	• Verbände
• bereits durchgeführte ähnliche Projekte	• Interessenverbände
• die unternehmensinternen Informationssysteme	• Hochschulen
• Daten und Informationen von Lieferanten und Kooperationspartnern	• Institute und Forschungseinrichtungen
• Daten und Informationen von Mutter- und Tochtergesellschaften	• Fachmedien (Bücher, Zeitschriften, Studien)
• Unternehmens- und Fachberater	• CD-ROMs und andere elektronische Medien
	• Spezialsoftware
	• Internet-Recherche
	• Online-Datenbanken

Tabelle 14: Informationsquellen (Internet)

> Wissen ist Macht. Nach diesem Prinzip werden häufig Informationen noch immer wie Augäpfel gehütet. Seien Sie daher bei Ihrer Informationsrecherche nicht zurückhaltend. Manchmal müssen Sie ein wenig penetrant sein, um an die gewünschten Daten zu kommen. Machen Sie es Ihrem Gegenüber nicht zu einfach, „keine Ahnung" zu sagen. Informationssuche läuft häufig auch nach dem Schneeball-System: Vergessen Sie nie, Ihren Gesprächspartner zu fragen, ob sie oder er nicht jemanden kennt, der weitere Informationen haben könnte.

Informationen zu beschaffen ist jedoch nur der erste Schritt. Alle Informationen sind danach

- zu strukturieren
- aufzuarbeiten
- auf ihre Verwendbarkeit hin zu beurteilen
- zu selektieren
- effizient und leicht zugänglich zur Verfügung zu stellen.

Die Installation eines einheitlichen und für alle Beteiligten leicht zugänglichen Projekt-Informationssystems ist ein wichtiges Hilfsmittel im Rahmen des Projekt-Managements. Die Umsetzung bspw. in Form eines Projekt-Intranets kann im Rahmen jedes E-Business-Projekts gleichzeitig als Prototyp, Test- und Experimentierbasis für eine Vielzahl ohnehin benötigter Technologien und Lösungen dienen.

4.2.2   Organisation

Im Rahmen der Projekt-Organisation gilt es drei Kernfragen zu lösen:

1. Welche Organisationsform ist für das Projekt angemessen?
2. Wie sieht die genaue Rollenverteilung der Beteiligten aus?
3. Welche Aufgaben und Funktionen hat ein zentrales Projekt-Büro, Projekt-Center oder Koordinationszentrum zu erfüllen?

4.2.2.1   Organisationsform

An der Wahl der richtigen Organisationsform ist schon manches vielversprechende E-Business-Projekt gescheitert. Im Folgenden werden die drei in der Praxis relevanten Organisationsformen von Projekt-Arbeit vorgestellt und hinsichtlich ihrer Tauglichkeit für E-Business-Projekte bewertet.

Stabs-Projekt-Organisation

Allgemein besteht das eigentliche Projekt-Team lediglich aus dem Projekt-Manager, vielleicht einem Projekt-Assistenten und mit etwas Glück einer Sekretärin. Das Projekt-Team ist dabei als Stabsstelle angesiedelt, die meist direkt der Geschäftsleitung unterstellt ist. Eine Stabs-Projekt-Organisation ist für die Vorbereitungsphase eines E-Business-Projektes - ohne konkrete Umsetzung - durchaus eine mögliche Organisationsform.

Spätestens in dem Moment jedoch, in dem tatsächlich mit der Umsetzung begonnen werden soll, ist diese Form der Projekt-Organisation bei E-Business-Projekten zum Scheitern verurteilt. Dies liegt in erster Linie an einer wesentlichen Tatsache: der Projekt-Manager hat keinerlei fachliche oder funktionale Weisungsbefugnis.

Für alle Informationen, Personal- oder sonstige Ressourcen ist er auf das Wohlwollen der Linien-Manager angewiesen. Dieses Projekt-Management by „Bitte, Bitte" kann auch unter den besten Voraussetzungen zu keinen vernünftigen Ergebnissen führen. Über weitere Vor- und Nachteile dieser Organisationsform braucht man sich daher erst gar nicht den Kopf zu zerbrechen.

Matrix-Projekt-Organisation

Im Rahmen der Matrix-Projekt-Organisation sind die Mitglieder des Projekt-Teams nach wie vor in ihre jeweiligen Fachabteilungen eingebunden. Lediglich ein Teil ihrer Arbeitszeit wird für das Projekt aufgewendet, die Arbeit für das Projekt wird dezentral am jeweiligen Arbeitsplatz erledigt. Nur im Rahmen von Projekt-Meetings kommen die Team-Mitglieder zusammen.

Häufig werden noch nicht einmal die Team-Mitglieder genau bestimmt, sondern Teilaufgaben des Projektes bestimmten Unternehmensbereichen zugewiesen und dort von Mitarbeitern, die gerade zur Verfügung stehen, bearbeitet. Die Zuteilung erfolgt dann häufig durch die verantwortlichen Abteilungs- oder Bereichsleiter.

Die Matrix-Projekt-Organisation bringt - wie jede Organisationsform - Vor- und Nachteile mit sich.

Matrix-Projekt-Organisation	
Vorteile	**Nachteile**
+ Das Projekt ist relativ stark in das Unternehmen integriert.	– Der Koordinationsaufwand ist vergleichsweise hoch (Zeit/Kosten).
+ Durch eine flexible Zuordnung von Aufgaben und Mitarbeitern bildet sich ein dynamisches System, in dem Wissen relativ gut zusammen fließen kann.	– Gleichzeitige Projekt- und Tagesarbeit wirken auf die betroffenen Mitarbeiter demotivierend und können - nicht nur in Einzelfällen - zu Überlastung führen.
+ Es ergibt sich eine nahezu optimale Kapazitätsauslastung infolge der dynamischen Ressourcenverteilung.	– Die Projekt-Mitarbeiter unterstehen gleichzeitig zwei Vorgesetzten, was unweigerlich zu Konflikten führt.
+ Die Mitarbeiterinnen und Mitarbeiter fühlen sich häufig an ihrem Arbeitsplatz sicherer.	– Kompetente und qualifizierte Mitarbeiter(innen) und team- und kompromissfähige Projekt-Manager mit hoher sozialer Kompetenz sind Voraussetzung.
+ Die organisatorische Grundstruktur des Unternehmens bleibt unverändert.	– Intensiver Informationsaustausch zwischen Projekt- und Linien-Manager ist notwendig.
	– Es besteht ein hohes Konflikt-Potenzial zwischen Projekt- und Linien-Managern, das häufig „von oben" entschärft werden muss.
	– Die Matrix-Projekt-Organisation erfordert in der Regel die Einrichtung eines Projekt-Büros, um den erhöhten Koordinations- und Informationsaufwand zu bewältigen.

Tabelle 15: Beurteilung der Matrix-Projekt-Organisation

Eine Matrix-Projekt-Organisation ist für E-Business-Projekte unter folgenden Voraussetzungen geeignet:

- Dem E-Business-Projekt wird von der Geschäftsleitung offen und klar eine entsprechend hohe Priorität eingeräumt.

- Information, Kommunikation und Koordination sind eindeutig geregelt und allen Beteiligten klar.

- Die Linien-Manager werden ausdrücklich auf die Unterstützung des Projektes verpflichtet und der zusätzliche Arbeitsaufwand entsprechend bei der Planung des Tagesgeschäfts berücksichtigt.

Diese Organisationsform wurde in der Vergangenheit häufig und gerne eingesetzt. Inzwischen ist sie nicht mehr ganz so verbreitet, da das Problem der Weisungskonflikte und des Spannungsverhältnisses zwischen Projekt- und Linien-Management trotz aller Regelungen nicht hinreichend eliminiert werden kann und sich fast immer nachteilig auf das Projekt-Ergebnis auswirkt. Gerade im Rahmen von E-Business-Projekten kann diese Organisationsform jedoch eine sinnvolle Möglichkeit sein. Dazu muss aber sowohl Führungskräften als auch Mitarbeitern klar sein, dass es sich dabei um ein Projekt handelt, in welches das gesamte Unternehmen mit all seinen Bereichen und Abteilungen einbezogen ist. Für dessen Erfolg tragen alle gemeinsam die Verantwortung, und dieses Projekt ist letztlich für die Zukunft des Unternehmens und damit auch für die eigene Zukunft ausschlaggebend.

Reine Projekt-Organisation

Bei dieser Organisationsform ist das Projekt-Team eine selbständige organisatorische Einheit mit eigenen Ressourcen, Mitarbeitern, Räumlichkeiten etc. Es arbeitet getrennt vom Rest des Unternehmens und kommuniziert mit diesem nur im Rahmen der Projekt-Tätigkeit und im Rahmen regelmäßiger Fortschrittsberichte. Die Mitarbeiter(innen) werden entweder für die Dauer des Projektes vollständig von Ihrer Alltagstätigkeit freigestellt, häufig sogar formal zum Projekt versetzt (geben damit ihre bisherige Tätigkeit auf) oder speziell für das Projekt eingestellt.

In einer extremen Form der reinen Projekt-Organisation wird das Projekt sogar als formal und rechtlich eigenständige Organisation - als neues Unternehmen - ausgelagert. Gerade im Bereich Internet gibt es eine ganze Reihe solcher Spin-offs.

Reine Projekt-Organisation	
Vorteile	**Nachteile**
+ Das Projekt-Team entwickelt eine starke Identität und die Mitglieder engagieren sich entsprechend für das Projekt.	− Zwischen projekt- und unternehmensinternen Abläufen, Systemen und Zielen können sich Widersprüche ergeben.
+ Die Mitarbeiter(innen) konzentrieren sich voll auf das Projekt.	− Die Fähigkeiten und Erfahrungen der Team-Mitglieder am Ende des Projektes können nur genutzt werden, wenn für die reibungslose (Re-)Integration in das Unternehmen gesorgt ist.
+ Das Projekt-Management hat volle Kontrolle über das Projekt.	
+ Es bestehen klare Verantwortlichkeiten.	− Es sind zeitweilige Überkapazitäten möglich.
+ Kommunikation, Information und Koordination erfolgen direkt.	− Mitglieder des Projekt-Teams stehen während der Projekt-Dauer in der normalen Unternehmensorganisation nicht zur Verfügung.
+ Entscheidungen und Problemlösungen können schnell erfolgen.	
+ Die Effizienz innerhalb des Projektes ist relativ hoch.	− Es besteht die Gefahr der Abkapselung bzw. Loslösung vom „Rest-Unternehmen".
+ Es treten tendenziell erheblich weniger Konflikte auf.	

Tabelle 16: Beurteilung der reinen Projekt-Organisation

Die Form der reinen Projekt-Organisation kann insbesondere bei E-Business-Projekten mit akutem Handlungsbedarf effizient sein und schnell zu Resultaten führen. Doch auch hier müssen einige Bedingungen erfüllt sein, damit die Integration ins Gesamtunternehmen erfolgreich gelingt:

- Es muss eine intensive und offene Informations- und Kommunikationspolitik von Seiten des Projekt-Managements und der Team-Mitglieder bestehen. Kein „Wurschteln" im stillen Kämmerlein, kein Elfenbeinturm-Charakter.

- Das Rest-Unternehmen, Führungskräfte und Mitarbeiter, müssen in allen Phasen des Projektes deutlich und sichtbar eingebunden werden - etwa durch Informationsgespräche, Befragungen, Diskussionsforen.

- Die Integration des Projekts in das Unternehmen muss von vorne herein Bestandteil der Projekt-Konzeption sein und als eigenständige Projekt-Phase umgesetzt werden.

- Alle Mitarbeiter müssen von Anfang an über die Auswirkungen des Projekts auf das Unternehmen als Ganzes und damit auch auf ihre Tätigkeiten informiert sein.

Unter diesen Rahmenbedingungen kann die reine Projekt-Organisation die effizienteste Organisationsform für E-Business-Projekte sein.

Zur Wahl der richtigen Organisationsform können auch einige unterstützende Fragen dienen:

- Benötigt das Projekt spezielle Technologien oder spezielles Wissen um die gewünschten Ergebnisse zu erzielen?

- Sind die Kosten für das Projekt sehr hoch?

- Erstreckt sich das Projekt über einen längeren Zeitraum?

- Hat das Projekt ein hohes Risiko-Potenzial?

Lautet die Antwort auf diese Fragen häufig „Ja", empfiehlt sich die reine Projekt-Organisation. Lautet die Antwort hingegen bei den meisten Fragen nein, wäre die Matrix-Projekt-Organisation die bessere Alternative.

4.2.2.2   Rollenverteilung

Innerhalb jedes Projektes nehmen einzelne Personen oder Gruppen besondere Rollen ein, die das Projekt-Ergebnis maßgeblich beeinflussen.

Der **Auftraggeber** hat das Projekt formal ins Leben gerufen und ist in erster Linie Ansprechpartner des Projekt-Managers. Er ist als verantwortliche Instanz am Gelingen des Projektes interessiert, sofern ihm dieses nicht offiziell aufgedrängt wurde und er sich im Stillen erhofft, dass es gründlich in die Hose geht - um dann mit einem Lächeln auf dem Gesicht und einem „Ich hab's doch gleich gesagt!" die Verantwortung weiterzureichen.

Projekt-Sponsoren sind einflussreiche Personen innerhalb des Unternehmens, denen ganz offen am Gelingen des Projekts gelegen ist und die es befürworten, jedoch nicht die Auftraggeber sind. Projekt-Sponsoren können für das Gelingen von Projekten von unschätzbarem Wert sein, wenn sie genügend Einfluss und

Kenntnis innerhalb des Unternehmens besitzen und auch genügend Zeit zur Verfügung haben, um sich um das Projekt zu kümmern. Leider trifft in den seltensten Fällen beides im gleichen Maße zu.

Die **Geschäftsleitung** ist früher oder später die letzte Instanz, die entscheidet, ob ein Projekt ein Erfolg geworden ist oder nicht. Ebenso ist sie die Instanz, die einem Projekt frühzeitig den Todesstoß versetzen kann, wenn dieses im Rahmen der Geschäftspolitik keine hohe Priorität genießt oder aus anderen Gründen unliebsam auffällt. Es macht daher Sinn, die Geschäftsleitung möglichst frühzeitig - am besten bereits in der Phase der Projekt-Definition - in das Projekt einzubinden und von Anfang an eine aktive Kommunikationspolitik gegenüber der Geschäftsleitung aufzubauen.

Im Rahmen von größeren Projekten - und das sind ernsthafte E-Business-Projekte nahezu immer - gibt es einen **Lenkungsausschuss** als Bindeglied zwischen Auftraggeber, Geschäftsleitung, Sponsoren und Projekt-Leitung, der dazu beitragen soll, die einzelnen Interessen zum Ausgleich zu bringen und zur erfolgreichen und für das Gesamtunternehmen positiven Umsetzung des Projektes beizutragen. Leider sind die Ausschuss-Mitglieder in den meisten Fällen nicht frei von eigenen Interessen innerhalb des Unternehmens und daher gerät mancher Ausschuss zu einer regelmäßigen Konfliktarena, in der Sportsgeist klein geschrieben wird.

Jedes Projekt hat mindestens einen **Projekt-Manager** oder Projekt-Leiter. Im Rahmen von umfangreichen Projekten können dies auch mehrere sein, die für einzelne voneinander abgegrenzte Aspekte des Projekt-Managements zuständig sind (etwa Organisation, Technik, Finanzen). In den meisten Fällen wird jedoch ein Projekt-Manager die Gesamtverantwortung tragen und damit nicht nur für fachliche Aspekte des Projekts, sondern auch für das Projekt-Management im engeren Sinne, Kommunikation und Informationsaustausch, Planung, Controlling etc. verantwortlich sein.

Ist das Projekt so umfangreich, dass die eigentlichen Projekt-Management-Aufgaben vom Projekt-Manager bzw. -Leiter nicht alleine bewältigt werden können, wird ihm ein **Projekt-Koordinator** zur Seite gestellt, der sich insbesondere um die Aspekte Informationsaustausch, Kommunikation im Projekt-Team, Koordination und das Berichtswesen kümmert.

Für einzelne, klar voneinander abgrenzbare Teilgebiete des Projektes können **Teilprojekt-Manager** benannt werden, die für das jeweilige Arbeitspaket die Verantwortung tragen - sowohl hinsichtlich des Projekt-Managements als auch hinsichtlich der Teil-Ergebnisse.

Das **interne Projekt-Team** bildet das Rückgrat des gesamten Projekts und trägt in erheblichen Maße zur Abarbeitung und damit zur erfolgreichen Umsetzung des Projektes bei. Dabei besteht gerade im Rahmen von E-Business-Projekten das Projekt-Team aus Mitarbeitern unterschiedlichster Bereiche und Funktion mit ebenso unterschiedlichem Background. Diese bunte Mischung oftmals völlig konträrer Weltbilder in ein effizientes, kreatives und harmonisch zusammen arbeitendes Team zu verwandeln ist eine Hauptaufgabe jedes Projekt-Managers im Online-Bereich. Wichtig ist in diesem Zusammenhang besonders, eine klare und einheitliche sprachliche Basis zu schaffen.

Im Rahmen von E-Business-Projekten kommen häufig auch **externe Projekt-Mitarbeiter** zum Einsatz, da das notwendige Know-how innerhalb des Unternehmens nicht vorhanden ist. Deren reibungslose Integration in das Projekt-Team auf einer einheitlichen Ebene ist die Grundvoraussetzung für ein effizientes Zusammenspiel von internen und externen Team-Mitgliedern.

Einzelne Projekt-Bereiche oder Arbeitsblöcke werden bei Online-Projekten häufig an **externe Dienstleister** ausgelagert. Die Wahl der richtigen Partner und die klare und eindeutige Definition der zu erbringenden Leistungen bestimmen in hohem Maße das Ergebnis des Gesamt-Projekts.

Gerade bei E-Business-Projekten lassen sich eine Vielzahl von Business-Modellen nur in Zusammenarbeit mit **externen Kooperationspartnern** verwirklichen. Hier gilt das gleiche wie für externe Dienstleister, nur dass die Auswirkungen auf das Gesamtergebnis noch nachhaltiger sind und sich Kooperationspartner nicht so schnell ersetzen lassen.

Leider wird eine Gruppe der Projekt-Beteiligten nur allzu häufig vergessen bzw. viel zu spät in den Prozess einbezogen: die **User (intern oder extern)** oder **Kunden** als eigentliche Zielgruppe jedes E-Business-Projektes. Sie sind die ausschlaggebende Instanz, wenn es um den Erfolg oder Misserfolg des Projektes geht. Im Idealfall sollte jedes E-Business-Projekt nicht für sondern mit dem Kunden entwickelt werden, um eine optimale Lösung zu finden. Für die Beteiligung von Usern gibt es eine Vielzahl von

Möglichkeiten: von der einfachen Befragung über Feedback-Groups bis zur interaktiven Entwicklung im kontinuierlichen Dialog.Eine klare und eindeutige Rollenverteilung der Beteiligten bei der Entwicklung und Umsetzung des Projektes ist ein wesentlicher Erfolgsfaktor - speziell im Rahmen von häufig kritisch betrachteten E-Business-Projekten. Der im Zentrum stehende „Projekt-Manager E-Business" muss ein ausgeprägtes Gespür für die unterschiedlichen Einstellungen und Erwartungen der Beteiligten entwickeln und diese mit viel Geschick in das Projekt-Management integrieren. Keine leichte Aufgabe.

4.2.2.3   Projekt-Büro

Bereits angesprochen wurde die Institution des Projekt-Büros, häufig auch Koordinationszentrum oder Projekt-Center genannt. Das Projekt-Büro erfüllt gerade bei einer Matrix-Projekt-Organisation wichtige Koordinationsaufgaben. Hierzu gehören:

- Vorbereitung von Plänen
- Fortschrittsvergleich mit den Plänen
- Lösung von Abhängigkeiten und Streitfragen
- Management von Veränderungen und Verbesserungen
- Festsetzung von Qualitätsstandards
- Verfolgung und Schlichtung von Streitfragen.

Dies bedeutet aber, dass seine Funktion über die einer reinen Informationsstelle hinausgeht. An die Mitarbeiter des Projekt-Büros müssen bezüglich sozialer und Führungskompetenz ebenso hohe Anforderungen gestellt werden wie an den Projekt-Manager selbst. Fachliches Know-how steht weniger im Vordergrund. Die wesentliche Funktion des Projekt-Büros besteht zum einen darin, den Projekt-Manager im Rahmen der Projekt-Koordination zu entlasten, aber zum anderen für die Mitglieder des Projekt-Teams und für Projekt-Externe eine Anlaufstelle bei Problemen und Konflikten zu bieten. Ein gut funktionierendes Projekt-Büro kann im Rahmen des Projekt-Managements ein wahrer Segen sein.

4.2.3   Planung

Nach der Projekt-Definition und der Entscheidung über die zugrunde liegende Organisationsform geht das E-Business-Projekt in die Planungsphase. Es kann jedoch auch im weiteren Projekt-Ablauf immer wieder notwendig werden, die Projekt-Definition zu ändern oder zu erweitern und dies in die Planung neu einfließen zu lassen. Dementsprechend muss auch die Projekt-Planung als kontinuierlicher Prozess angesehen werden und kann nicht nur einmalig zu Beginn erfolgen. Änderungen der Projekt-Definition können sich insbesondere ergeben aus Änderungen der Rahmenfaktoren oder aufgrund der beteiligten Mitarbeiter.

Rahmenfaktoren:

- Umgebung: Situation des Unternehmens ändert sich
- Markt: externe Bedingungen ändern sich

Mitarbeiter:

- Kreativität: völlig neue Ideen werden geboren
- Einfälle: bisher außer acht gelassene Aspekte werden erkannt
- Umgebung: Situation für die Mitarbeiter im Unternehmen ändert sich
- Markt: externe Bedingungen ändern sich mit direkten Folgen für die Mitarbeiter

An erster Stelle der Planungsphase steht die Berufung des engeren Projekt-Teams, dass neben dem Projekt-Manager bzw. den Projekt-Managern aus Projekt-Koordinatoren, den Mitgliedern des Planungsbüros, Teilprojekt-Managern und weiteren engen Projekt-Mitarbeitern bestehen kann. Erste offizielle Amtshandlung in der Planungsphase ist sinnvoller Weise in der Regel ein sogenanntes Planungstreffen, bei dem Auftraggeber, Sponsor(en), Projekt-Manager, Kernteam und mitunter auch Kooperationspartner und Vertreter von Betroffenen-Gruppen anwesend sind. Aus der Projekt-Definition sind die Antworten auf die Fragen „Worum geht es? Warum? Wozu?" bekannt. Ziel des Planungstreffens ist es, aus dieser Projekt-Definition im Rahmen eines Brainstorming oder mit Hilfe anderer Kreativtechniken erste Bausteine für die Beantwortung folgender Fragen zu erhalten:

- Was genau wird benötigt?
- Was ist dementsprechend zu tun?
- Wann ist es zu tun?
- Bis wann soll es abgeschlossen sein?
- Welche und wie viele Ressourcen sind dazu nötig?
- Wie viel kostet das?
- Wer wird damit beauftragt?
- Wer ist dafür verantwortlich?

Die Ergebnisse werden sortiert, kategorisiert (Clustern) und in ein entsprechendes Planungsschema zu folgenden Punkten eingeordnet:

1. Projektstrukturplan (PSP)
2. Projektablaufplan (PAP)
3. Terminplan
4. Kapazitätsplan
5. Budgetplan
6. Aufgabenverteilung
7. Verantwortlichkeiten
8. Planoptimierung
9. Planvalidierung und -genehmigung
10. Projekt-Dokumentation
11. Projekt-Handbuch

Im Folgenden wird auf alle Aspekte und Feinheiten dieser einzelnen Planungsschritte nicht detailliert eingegangen. Allgemeine Methoden und Techniken der Projekt-Planung lassen sich in jedem guten Projekt-Management-Handbuch nachlesen.

> Wenn Sie ein E-Business-Projekt erfolgreich umsetzen wollen, sollten Sie mit den grundlegenden Methoden und Techniken des Projekt-Managements vertraut sein. Wenn Sie dies noch nicht getan haben, ist es jetzt höchste Zeit, sich damit auseinander zu setzen.
>
> Weitere Informationen hierzu erhalten Sie auch auf der Website zum Buch unter http://www.business-e-volution.de.

4.2.3.1 Projekt-Strukturplan

Der sogenannte Projekt-Strukturplan ist eine schematische Darstellung des Gesamt-Projekts, aufgeschlüsselt in Bereiche und Unterbereiche, aus dem alle Einzelfaktoren, Aufgaben und Tätigkeiten hervor gehen, die zur Umsetzung des Projekts notwendig sind. Entscheidend für die Projekt-Planung ist, dass der Projekt-Strukturplan tatsächlich vollständig ist und alle Teilaspekte bei der Erstellung berücksichtigt wurden. DSP (Deliverables-Strukturplan) und TSP (Tätigkeits-Strukturplan) bezeichnen in der folgenden Abbildung die zwei wesentlichen Teile jedes Projekt-Strukturplans:

DSP			
Software	**Hardware**	**Provider**	**...**
Betriebssystem	Server	Serverstandort	...
Web-Server	Standleitung	Qualität Provider	
FTP-Server	Router	Angebot Provider	
E-Mail-Server	Modem	Sicherheit	
DNS-Server	Firewall	Support	
DB-Server	Sicherheits-	...	
Stream-Server	komponenten		
Secure-Server	...		
E-Commerce			
Statistik-Server			
Redaktionssystem			
...			

TSP			
Software		**Hardware**	**...**
Betriebssystem	**...**		**...**
Definition der Anforderungen (Pflichtenheft)	...	...	...
Marktrecherche			
Definition von Alternativen (inkl. Auswirkungen auf andere Komponenten)			
Bewertung hinsichtlich: - Zuverlässigkeit - Funktionalität - Sicherheit - Administration - Skalierbarkeit			
Auswahl/ Entscheidung			
Beschaffung			

Abbildung 7: Aufbau des Projekt-Strukturplans (PSP)

Die zwei Teile des PSP lassen sich folgendermaßen beschreiben:

Projekt-Strukturplan	
Deliverables-Strukturplan (DSP)	**Tätigkeits-Strukturplan (TSP)**
Eine systematischen Erfassung und Aufschlüsselung aller Einzelfaktoren - auch Deliverables genannt - die im Rahmen des Projekts erstellt, geliefert oder geregelt werden müssen.	Eine vollständigen Zuordnung von Tätigkeiten bzw. Aufgaben, die notwendig sind, um diese Deliverables zu schaffen.

Tabelle 17: Bestandteile des Projekt-Strukturplans (PSP)

Die richtige Definition der Aufgaben ist für eine effiziente Projekt-Abwicklung und -Koordination eine wichtige Voraussetzung. Die Kriterien, denen die Definition einer Aufgabe unterliegt, sind die gleichen, die bereits bei der Definition der Projekt-Ziele zum Einsatz kommen. Die Aufgabendefinition muss als wesentliche Bestandteile enthalten:

- Beschreibung der Aufgabe
- Benötigter Input/Voraussetzungen
- Ergebnisse
- Besondere Ressourcen (inkl. Kosten)
- Besondere Fähigkeiten
- Zuständigkeiten
- Geschätzter Zeitaufwand

Während der Aufgabendefinition ist es immer wieder notwendig, Schätzungen vorzunehmen. Bei der Projekt-Planung kommt eine Vielzahl von Schätzungsverfahren zum Einsatz, von der einfachen Schätzung aufgrund von persönlichen Erfahrungen bis zu ausgefeilten Prognoserechnungen.

Wenn Sie mit Schätzungen im Rahmen der Projekt-Planung zu tun haben - und das wird fast zwangsläufig der Fall sein, setzen Sie sich intensiv mit entsprechenden Verfahren auseinander.

Weitere Informationen hierzu erhalten Sie auch auf der Website zum Buch unter http://www.business-e-volution.de.

Ein wichtiger Punkt sollte unbedingt beachtet werden: Gleichgültig auf welcher Basis eine Schätzung durchgeführt wird, das zugrunde liegende Verfahren muss immer angegeben d. h. dokumentiert werden, um die Schätzung für die Betroffenen nachvollziehbar zu machen.

4.2.3.2 Projekt-Ablaufplan (PAP)

Der Projekt-Ablaufplan ist einfach gesagt nichts anderes als eine Anordnung der einzelnen Aufgaben und ihrer Ergebnisse in chronologischer Folge. Ziel ist es, festzustellen, welche Abhängigkeiten zwischen den einzelnen Teilaufgaben bestehen. Dies kann bspw. bedeuten:

- Welche Teilaufgabe kann erst begonnen werden, wenn eine andere Teilaufgabe zuvor abgeschlossen worden ist?
- Welche Aufgaben können parallel durchgeführt werden?
- Welche müssen parallel durchgeführt werden?

Die Ergebnisse dieser Analyse werden in Form von Balkendiagrammen, Netzplänen etc. dargestellt. Die Zahl der möglichen Darstellungsformen ist nahezu unüberschaubar. Entscheidend ist, dass die gewählte Darstellungsform folgenden Kriterien genügt:

- **Inhalt**: Der Plan soll detailliert genug sein, damit er sinnvoll und brauchbar ist. Er muss jedoch ebenso klar, eindeutig und nicht unnötig kompliziert sein. Ansonsten müssen entsprechende Teildarstellungen erstellt werden.
- **Verständlichkeit**: Für alle Benutzer und alle, die damit informiert werden sollen, muss die Darstellungsform auf Anhieb klar verständlich sein.
- **Veränderbarkeit**: Der Plan muss in jedem Fall leicht verändert, überarbeitet und auf den neuesten Stand gebracht werden können.
- **Nutzbarkeit**: Die Darstellung muss so angelegt sein, dass durch sie der Fortschritt des Projekts leicht zu überwachen ist, und der Plan damit als Kontrollmittel dienen kann.

Aus dem PAP ergeben sich auch - in detaillierterer Form als im Rahmen der Projekt-Definition - die Meilensteine des Projekts. Neben den übergeordneten Meilensteinen der Projekt-Definition lässt sich nun auch der Abschluss kleinerer Zwischenschritte in Form von untergeordneten Meilensteinen darstellen.

Für die praktische Umsetzung spielt es eine untergeordnete Rolle, ob Sie zur Erstellung eines PSP oder PAP eine software-gestützte Lösung vorziehen oder lieber mit Karten an Pinwänden arbeiten.

Technische Softwarespielereien oder der Plan als großartige Exekutiv-Tapete an der Büro-Wand des Projekt-Managers ersetzen keine vernünftige und von allen Beteiligten getragene Planung.

Entscheidend ist, dass der Plan umfassend dokumentiert wird und allen Projekt-Beteiligten zur Verfügung steht. Software-Lösungen können diese Arbeit erleichtern, wenn der Nutz-Effekt größer ist als etwaige Probleme aufgrund mangelnden Anwender-Know-hows, fehlender Programmkenntnis oder fehlenden Zugangs.

4.2.3.3   Terminplan

Der Terminplan beinhaltet mindestens folgende Größen:

- Dauer der einzelnen Tätigkeiten, die sich aus der Aufschlüsselung ergeben
- Dauer der einzelnen Teilaufgaben als Ergebnis der notwendigen Tätigkeiten (häufig auf Ebene der Deliverables)
- Dauer einzelner Schlüsseletappen (zusammengefasste Aufgabenblöcke) mit entsprechenden Meilensteinen als Abschluss
- Gesamtdauer des Projektes als Zusammenfassung aller Schlüsseletappen

Für die Terminplanung ist entscheidend, wann welche Tätigkeiten durchgeführt werden können. Zwischen den einzelnen Tätigkeiten, Aufgaben und Schlüsseletappen bestehen bestimmte Abhängigkeiten, die im Projekt-Ablaufplan ersichtlich werden. Aus dem Projekt-Ablaufplan geht der kritische Pfad hervor. Darunter ist eine Abfolge von Tätigkeiten zu verstehen, deren Verzögerung sich unmittelbar auf die Projekt-Dauer auswirkt.

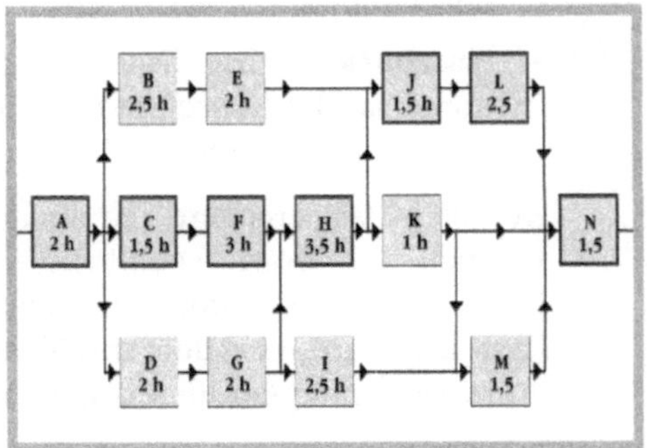

Abbildung 8: Projekt-Ablaufplan (PAP) - Kritischer Pfad

In obiger Abbildung ist der kritische Pfad hervorgehoben. Die Mindestdauer dieser Phase beläuft sich auf 15,5 Stunden. Tritt bspw. bei Tätigkeit F eine Verzögerung von 1 Stunde ein, erhöht sich automatisch die Mindestdauer auf 16,5 Stunden. Tritt bei Tätigkeit I eine Verzögerung von 1 Stunde auf, ändert dies an der minimalen Gesamtdauer gar nichts. Erst bei einer Verzögerung von mehr als 3,5 Stunden tritt eine erhöhte Mindestdauer auf. Dadurch würde sich auch der kritische Pfad ändern.

Literaturempfehlungen zum Thema Projekt-Ablaufpläne (inkl. kritische Pfade etc.) erhalten Sie auf der Website zum Buch unter http://www.business-e-volution.de.

4.2.3.4　　Kapazitätsplan

Der Projekt-Ablaufplan stellt dar, in welcher Reihenfolge welche Aufgaben erledigt werden müssen, und welche Tätigkeiten hierzu notwendig sind. Im Rahmen der Kapazitätsplanung geht es nun darum, zu prüfen, ob die notwendigen Projekt-Ressourcen (Sachmittel, Personal, Informationen) zu den jeweiligen Zeitpunkten verfügbar sind, und die verfügbaren Kapazitäten entsprechend zuzuordnen. Gegebenenfalls müssen auch zusätzliche Ressourcen geschaffen oder die Planung entsprechend geändert werden.

Besonders die Personalressourcen sind dabei sorgfältig zu überprüfen. Jede Tätigkeit stellt bestimmte Anforderungen an die zu ihrer Erledigung eingeplanten Mitarbeiter:

- Bestimmte Fähigkeiten, Erfahrungen und Hintergrundwissen
- Genügend Zeit vorhanden
- Unterstützung und Zustimmung des Vorgesetzten
- Beherrschen von Planungstechniken
- Kenntnis der genauen Erwartungen
- Bewusstsein und Anerkenntnis der Verantwortung

Nur wenn diese Voraussetzungen erfüllt sind, können Mitarbeiter tatsächlich als verfügbare Personalressourcen eingeplant werden. Jede einzelne dieser Voraussetzungen, die nicht gegeben ist, führt unweigerlich zu Problemen und Konflikten bei der Aufgabenerfüllung und damit zu Verzögerungen innerhalb des Projekts.

4.2.3.5   Budgetplan

Zur Realisierung des Projekts wurde im Rahmen der Projekt-Definition ein bestimmtes Budget verabschiedet. Neben den Ausgaben für das Projekt-Management, die in jedem Fall im Rahmen der Projekt-Umsetzung anfallen, ist darin das operative Budget enthalten. Unter operativem Budget ist der Teil des Budgets zu verstehen, der für die tatsächliche Realisierung der einzelnen Projekt-Aufgaben zur Verfügung steht.

Im Rahmen eines Budgetplans (Kosten) wird dieses operative Budget auf die einzelnen Projekt-Abschnitte und Teilaufgaben - ggf. bis zu einzelnen Tätigkeiten - umgelegt. Dabei muss auch ein Teil des Budgets von vornherein zur Lösung auftretender Probleme und Schwierigkeiten vorbehalten sein (Budget-Puffer).

Reichen die zur Verfügung gestellten Mittel bereits im Rahmen der Planung nicht zur Realisierung des Projekts aus, muss entweder geprüft werden, ob innerhalb des Projekts Abstriche bezüglich des Projekt-Ergebnisses gemacht werden können, oder ob zusätzliche Gelder bewilligt werden müssen. Die Streichung der Budget-Puffer ist keinesfalls eine Lösung. Dies würde nur das Problem aufschieben um später, zu einem noch viel ungünstigeren Zeitpunkt, wegen Finanzmittelknappheit in Folgeprobleme zu geraten.

Die Kostenplanung ist im Laufe der Projekt-Umsetzung kontinuierlich anhand der tatsächlichen Kostenentwicklung zu aktualisieren und zu überprüfen. So können bereits frühzeitig mögliche Budget-Engpässe erkannt werden und rechtzeitig Gelder beschafft oder die Planung angepasst werden, bevor das Projekt ins Stocken gerät (vgl. Kapitel 5).

4.2.3.6   Aufgabenverteilung

Nachdem der Ablaufplan steht, Termine, Kapazitäten und die entsprechenden Budgets bestimmt sind, werden die einzelnen Teilaufgaben auf die am Projekt beteiligten Mitarbeiter und Bereiche verteilt.

Dies sollte nicht einseitig von Seiten des Projekt-Managements geschehen, sondern gemeinsam mit den beteiligten Führungskräften und Mitarbeitern erfolgen. Ziel ist es dabei, eine gegenseitige Übereinkunft zu treffen, die alle wichtigen Punkte enthält und zu der von beiden Seiten ein entsprechendes Commitment erfolgt. Die oben im Rahmen der Kapazitätsplanung angesprochenen Anforderungen können hierfür eine gute Grundlage sein.

Weitere wesentliche Punkte im Rahmen der Aufgabenverteilung sind:

- Die Beteiligten müssen jederzeit Zugang zu allen wesentlichen Informationen haben, die zu Ihrer Aufgabenerfüllung notwendig sind.

- Sie müssen immer die ihnen übertragenen Aufgaben in den Gesamtzusammenhang des Projekts einordnen können.

- Allen Beteiligten muss jederzeit klar sein, an welchen Ansprechpartner sie sich bei Fragen und Problemen, aber auch bei Ideen und Verbesserungsvorschlägen wenden können.

- Sie müssen sich über die Konsequenzen bewusst sein, die eine verspätete, mangelhafte oder unvollständige Ausführung der Tätigkeiten zur Folge hat.

- Es muss ihnen aber auch genauso klar sein, wie wichtig ihr Beitrag zur Erreichung des Gesamtziels ist und dass der Erfolg des Gesamtprojekts einzig aus dem Erfolg vieler kleiner Teilprojekte besteht.

Die Aufgabenverteilung ist somit der formale Beginn eines kontinuierlichen Dialogs zwischen Projekt-Management und Projekt-Beteiligten, der frühestens mit dem Abschluss des Projekts endet.

4.2.3.7 Verantwortlichkeiten

Im Rahmen einer vollständigen Arbeitsverteilung sind jedoch nicht nur Aufgaben zu vergeben, ebenso muss eindeutig bestimmt werden, welche Führungskräfte und Mitarbeiter für einzelne Teil-Projekte oder Aufgaben die Verantwortung tragen und in welchem Umfang. Im Einzelfall ist dabei zu klären:

- Wer trägt die Ergebnis-Verantwortung?
- Wer hat die organisatorische Verantwortung?
- Wer erhält die Personal-Verantwortung?
- Wer übernimmt die technische Verantwortung?
- Wem obliegt die Budget-Verantwortung?

In Einzelfällen können diese Verantwortungsbereiche alle bei einer Person liegen. Gerade im Rahmen von E-Business-Projekten sind jedoch häufig auch Teilprojekte so komplex, dass eine Person allein diese Anforderungen nicht bewältigen kann.

Sind die einzelnen Verantwortungsbereiche daher auf mehrere Personen verteilt, ist zusätzlich zu klären, wer für deren Koordination verantwortlich ist und somit - wenn auch eingeschränkt - die Gesamtverantwortung trägt.

4.2.3.8 Planoptimierung

Zum Abschluss der eigentlichen Planungsphase wird die gesamte Planung noch einmal darauf geprüft, ob sie noch weiter optimiert werden kann. Dies geschieht vor allem hinsichtlich dreier für die erfolgreiche Umsetzung des Projektes relevanter Faktoren.

Planoptimierung	
Projekt-Definition	• Hat sich zwischenzeitlich an der Projekt-Definition etwas geändert? • Sollte an der Projekt-Definition - aus der Kenntnis der Planung heraus - noch etwas geändert werden? • Ist die Planung mit der Projekt-Definition kongruent?
Risiken	• Haben sich aus der Planung erkennbare Risiken ergeben? • Welchen Einfluss können diese Risiken auf das Projekt haben? • Sind für diese Risiken Lösungsmöglichkeiten/ Alternativpläne entwickelt? • Lassen sich diese Risiken vermeiden, indem Rahmenfaktoren (Budget, Personal, sonstige Ressourcen) geändert werden? Was wäre dazu notwendig? Und ist dies sinnvoll?
Termine	• Lässt sich durch veränderte Budgets und Ressourcen Zeit einsparen? Sollten diese dann verwendet werden, um einen früheren Endtermin zu ermöglichen? • Gibt es innerhalb der Planung mögliche alternative Wege? Welcher führt schneller zur Zielerreichung? • Kann der Endtermin auch gehalten werden, wenn die festgestellten Risiken tatsächlich eintreten? • Welche Folgen hat es, wenn der Endtermin nicht gehalten werden kann?

Tabelle 18: Ansatzpunkte der Planoptimierung

Anhand dieser Fragestellungen wird die Planung nochmals überprüft und möglicherweise auch nach Rücksprache mit dem Auftraggeber optimiert.

4.2.3.9   Planvalidierung und -genehmigung

Nachdem alle wesentlichen Aspekte der eigentlichen Projekt-Planung durchgeführt sind, empfiehlt es sich, den gesamten Projekt-Plan noch einmal grundlegend zu überprüfen und anhand aller vorliegenden Informationen zu validieren. Diese Überprüfung und Validierung muss auch im Rahmen der tatsächlichen Projekt-Umsetzung immer wieder erfolgen, um die Planung der Realität anzupassen und auf veränderte Rahmenbedingungen und Probleme reagieren zu können.

Nach Abschluss dieser grundlegenden Validierung ist die Planung mit dem Auftraggeber abzuklären und schriftlich durch den Auftraggeber zu bestätigen.

4.2.3.10   Projekt-Dokumentation

Ein wichtiger Punkt der Planungs-Phase ist auch die Bestimmung und Ausarbeitung von grundlegenden Regeln, Methoden und Verfahren zur Projekt-Dokumentation. Wie bereits im Rahmen des Berichtswesens angesprochen, beginnt auch die Dokumentation nicht erst mit dem Abschluss des Projektes, sondern wird von Anfang an parallel zur eigentlichen Projekt-Arbeit durchgeführt. Damit werden parallel zum Berichtswesen folgende Ziele verfolgt:

- Informationsquelle für alle am Projekt Beteiligten und Interessierten

- Gelegenheit für frühzeitige Abstimmungen auf der Basis von fundierten Unterlagen

- Eindeutige Dokumentation und damit Nachvollziehbarkeit der Leistungen und Abläufe

- Basis für abschließendes Projekt-Controlling

- Informationsbasis für zukünftige Projekte.

Die Projekt-Dokumentation ist damit gleichermaßen das universelle Nachschlagewerk zum Projekt. Idealerweise wird die Projekt-Dokumentation in ein übergeordnetes Informationssystem eingebunden und damit automatisch im Rahmen des Informationsaustausches innerhalb des Projektes gleich mitvollzogen. Bei der Projekt-Dokumentation ist zwischen drei unterschiedlichen Informations- oder Dokumenttypen zu unterscheiden

Informationstypen	
Archiv-Informationen	Dies sind Informationen, die vielleicht irgendwann einmal wieder benötigt werden könnten, um bestimmte Vorgänge zu rekonstruieren. Für die Zukunft sind diese Informationen nur von geringer Relevanz.
Referenz-Informationen	Hierzu gehören alle relevanten Informationen, die zur erfolgreichen Durchführung des Projekts jetzt und bis zum Projekt-Abschluss notwendig (oder hilfreich) sind. In der Regel sind diese Informationen auch für zukünftige Projekte hilfreich und sollten daher auch über die Dauer des Projektes hinaus gut zugänglich sein.
Informationen über Handlungsbedarf	Während der Projekt-Durchführung können sich wichtige Informationen und Hinweise ergeben über andere Bereiche, die nicht in direktem Zusammenhang mit dem Projekt stehen, jedoch für andere Personen oder Bereiche wichtig sind. Ebenso gehören hierzu Informationen, die für die Zeit nach dem Projekt notwendig sind (beispielsweise bei der Weiterführung im Rahmen der erweiterten Unternehmensaktivitäten oder beim weiterführenden Ausbau des E-Business-Bereichs).

Tabelle 19: Informationstypen im Rahmen der Projekt-Dokumentation

Die Informationen über Handlungsbedarf - soweit sie andere Bereiche betreffen - sollten möglichst sofort weiter gegeben werden. Beziehen sie sich auf die Zeit nach dem Projekt, sind sie systematisch zusammen zu stellen und im Rahmen des Projekt-Handover weiter zu geben.

Während Archiv-Informationen lediglich systematisch erfasst und abgelegt werden, muss zu Referenz-Informationen jederzeit für alle Beteiligten ein einfacher und schneller Zugang bestehen. Wichtige Referenz-Informationen für jedes Projekt sind beispielsweise die Projekt-Definition und die gesamte Projekt-Planung, aber auch Fortschrittsberichte. In der Praxis hat es sich bewährt, die wichtigsten Referenz-Informationen im Rahmen eines Projekt-Handbuchs zusammen zu stellen.

4.2.3.11 Projekt-Handbuch

Das Projekt-Handbuch soll für alle beteiligten Projekt-Mitarbeiter die sinnvollen und nötigen organisatorischen Informationen bereitstellen, um die Zusammenarbeit möglichst effizient zu gestalten. Dazu muss es kontinuierlich gepflegt und erweitert werden Ein Projekt-Handbuch enthält daher mindestens folgende Informationen:

1. Projekt-Definition in Form des Projekt-Stammblatts (vgl. 4.2.1.2)

2. Informationen zur Projekt-Organisation

3. Zusammenstellung aller Projekt-Beteiligten inkl. externer Dienstleister und Kooperationspartner

4. Informationen zum Projekt-Status (Fortschritts- und Statusberichte, Erledigungsmeldungen etc.)

5. Regelungen bzgl. des internen und externen Schriftverkehrs

6. Informationen und Hinweise zum internen Informationsaustausch (Regelungen, Berichtswesen, Informationsverteilung, Meetings etc.)

7. Richtlinien zur Projekt-Dokumentation

8. Verzeichnis verfügbarer Informationsquellen

9. Übersichten und Verzeichnisse (Aktenordnung, Abkürzungsverzeichnis)

10. Lagepläne, Telefon- und E-Mail-Verzeichnisse

11. Anhang mit Mustern und Beispielen.

Die Verantwortung für das Projekt-Handbuch trägt in jedem Fall der Projekt-Manager, eventuell unterstützt durch einen Projekt-Koordinator oder die Mitarbeiter des Projekt-Büros.

4.2.4   Initiierung

Nach dem Abschluss der Planungsphase beginnt die eigentliche Projekt-Umsetzung. Nun wird es ernst - und das sollte allen Beteiligten klar sein. Um das Projekt und damit die Projekt-Mitarbeiter aktiv werden zu lassen und sie auch auf das Projekt positiv einzustimmen, ist es sinnvoll, die Uhr ganz bewusst auf Null zu stellen und einen auch formalen Startschuss abzugeben. Dies geschieht im Rahmen der Projekt-Initiierung.

Gerade im Rahmen von E-Business-Projekten hat sich dabei ein Vorgehen in zwei Schritten bewährt.

Schritt 1: Das Arbeitsaufnahme- oder Start-Meeting.

Schritt 2: Die Kick-Off-Veranstaltung.

4.2.4.1   Start-Meeting

Im Rahmen des internen Start-Meetings kommen alle Projekt-Mitarbeiter (interne und externe), Projekt-Management, Auftraggeber, Sponsoren, idealer Weise auch der zuständige Ansprechpartner aus der Geschäftsleitung und externe Kooperationspartner und Dienstleister (soweit schon vorhanden) zusammen.

Wichtige Topics im Rahmen dieses Treffens sind eine Reihe von „offiziellen" Handlungen, die darauf ausgerichtet sind, Motivation, Teamgeist und Zusammengehörigkeitsgefühl der Projekt-Beteiligten zu stärken - gerade auch zwischen internen und externen Beteiligten:

- Das Projekt wird offiziell ins Leben gerufen und dabei anhand der Projekt-Definition ausführlich vorgestellt.

- Auftraggeber, Sponsoren und Geschäftsleitung erklären ihre Unterstützung und ihr Commitment.

- Das Projekt wird an das Projekt-Management übergeben.

- Der verantwortliche Projekt-Manager beruft sein Kernteam und alle weiteren Projekt-Mitarbeiter (auch die externen).

- Der Projekt-Manager stellt die externen Dienstleister und Kooperationspartner vor.

- Der Projekt-Start wird offiziell bekannt gegeben.

- Die Projekt-Handbücher werden übergeben (alternativ: das Projekt-Informationssystem gestartet).

- Der Projekt-Manager drückt allen Beteiligten ausdrücklich Dank für die Bereitschaft zur Unterstützung bzw. Mitarbeit aus und bekräftigt sein Vertrauen in die Beteiligten.

> Unterschätzen Sie die Wirkung emotionaler und motivationaler Faktoren auch im Rahmen von E-Business-Projekten nicht. Der Start einer offiziellen Projekt-Uhr, die Berufung der Mitarbeiter oder das Übergeben von Handbüchern stellen Handlungen dar, die Symbolcharakter haben - und damit einen nicht zu unterschätzenden Einfluss auf den Teamgeist Ihres Projekt-Teams.

4.2.4.2   Kick-Off-Veranstaltung

So wie das Start-Meeting auf den Kreis der Projekt-Beteiligten gerichtet ist, geht es bei der Kick-Off-Veranstaltung um die im Unternehmen durch das Projekt betroffenen Führungskräfte und Mitarbeiter. Je nach Unternehmensgröße und Gegebenheiten sollten möglichst viele Mitarbeiter an der Kick-Off-Veranstaltung teilnehmen. Von den Projekt-Beteiligten sind die internen Projekt-Mitarbeiter, das Projekt-Management, Auftraggeber, Sponsoren, und in jedem Fall auch die Geschäftsleitung anwesend.

Zielsetzung des Kick-Off ist es nicht nur, die Mitarbeiter über den Projekt-Start zu informieren, sondern ebenso ein entsprechend aufgeschlossenes und befürwortendes Klima im betrieblichen Umfeld zu schaffen und so die innerbetrieblichen Rahmenbedingungen positiv zu beeinflussen. Zu den Inhalten der Kick-Off-Veranstaltung gehören:

- Das Projekt wird auch innerhalb des Unternehmens offiziell ins Leben gerufen und dabei anhand der Projekt-Definition ausführlich vorgestellt.

- Auftraggeber, Sponsoren und Geschäftsleitung erklären auch gegenüber den nicht beteiligten Mitarbeitern und Führungskräften ihre Unterstützung und ihr Commitment für das Projekt.

- Der verantwortliche Projekt-Manager stellt sein Kernteam und die weiteren internen Projekt-Mitarbeiter vor.

- Der Projekt-Manager stellt die externen Dienstleister und Kooperationspartner vor.

- Ausführliche Projekt-Informationen werden verteilt (alternativ: das externe Projekt-Informationssystem gestartet).

- Der Projekt-Manager drückt Allen im Unternehmen Dank für die Bereitschaft zur Unterstützung bzw. Mitarbeit aus und bekräftigt sein Vertrauen in eine positive Zusammenarbeit.

Der offizielle Start der Durchführungsphase (nach innen und nach außen) in dieser Form soll dem E-Business-Projekt sowohl

bei den Beteiligten als auch im gesamten Unternehmen von Anfang an einen entsprechend hohen Stellenwert einräumen. Dies
hilft, den E-Business-Bereich als festen Bestandteil des Unternehmens und damit auch der Unternehmensentwicklung - der
Business-E-volution - zu verankern.

4.2.5   Durchführung

In der Durchführungsphase eines Projektes werden Schritt für
Schritt alle einzelnen Tätigkeiten ausgeführt, die letztlich zur Erreichung des Projekt-Ziels notwendig sind.

Die Aufgaben des Projekt-Managements in dieser Phase unterscheiden sich nur unwesentlich von denen eines allgemeinen
Managements:

- Koordination der einzelnen Teilprojekte und Tätigkeiten

- Informationsbeschaffung und -bereitstellung

- Kommunikation mit den Projekt-Beteiligten und die Sicherstellung der Kommunikation unter den Beteiligten

- Information des Projekt-Teams

- Motivation der Team-Mitglieder

- Konflikt-Management (sofern notwendig)

- Aufstellung und Anwendung von Bewertungsverfahren zur
  Alternativenbeurteilung und Erfolgsmessung

- Problemlösung/Ideenfindung bei auftretenden Schwierigkeiten

- Entscheidungsfindung.

Projekt-spezifische Tätigkeiten:

- Kontinuierliche Dokumentation des Projekts

- Vorbereitung und Erstellung des Abschlussberichts

An der Abarbeitung der einzelnen Aufgabenpakete ist der Projekt-Manager gerade im Rahmen komplexer E-Business-Projekte
in der Regel nicht beteiligt. Ihm obliegt die Steuerung und das
Controlling des Gesamtprojektes, die ohnehin - gerade bei um-
fangreicheren Projekten - kaum durch eine Person allein zu bewältigen sind. Ebenso sollte der Projekt-Manager gegenüber allen
Projekt-Mitarbeitern eine neutrale Position innehaben, um bspw.
in Konfliktfällen tatsächlich eine vermittelnde Rolle einnehmen
zu können. Ist er an der Arbeitserledigung selbst beteiligt, geht
diese neutrale Rolle verloren.

4.2.6   Steuerung

Projekt-Steuerung bedeutet im Grunde nichts anderes als Kommunikation, Koordination, Informationsmanagement und Problemlösung während der Projekt-Durchführung.

> Hinweis: Das Thema Projekt-Steuerung taucht in vielen Büchern zum Thema Projekt-Managementüberhaupt nicht auf. Das mag zum einen daran liegen, dass bei der Projekt-Steuerung in weiten Teilen „normales" Management-Know-how zum Tragen kommt und die Autoren daher keine Notwendigkeit sehen, näher darauf einzugehen!? Zum anderen ist das Thema Projekt-Steuerung häufig auch in einzelne Unterbereiche wie Veränderungsmanagement, Problemlösungstechniken, Konfliktmanagement, Team-Management etc. aufgeteilt.

Einige Aspekte der Projekt-Steuerung haben jedoch besonderen Charakter, auch und gerade für Online- bzw. E-Business-Projekte. Auf diese soll hier näher eingegangen werden.

Die **Mitarbeiterführung** ist hier besonders hervorzuheben. Projekte sind nicht auf Dauer angelegt. Dementsprechend befinden sich Projekt-Mitarbeiter in einer besonderen Rolle. Sie stehen gerade bei E-Business-Projekten unter evidentem Erfolgsdruck. Die Projekt-Arbeit bringt allgemein eine wesentlich höhere Belastung mit sich als „Routinetätigkeiten" im Rahmen des normalen Betriebsablaufs. Projekt-Mitarbeiter sehen sich zudem bei E-Business-Projekten kontinuierlich neuen Aufgaben und Problemstellungen gegenüber für die es in der Regel noch keine erprobten Lösungen gibt. Hinzu kommt, dass ihre Tätigkeit zunächst einmal befristet angelegt ist, oder noch deutlicher: Indem sie das Projekt-Ziel erreichen, schaffen sie eventuell ihre eigenen Jobs ab - sofern keine entsprechende Übergangsregelung gefunden wurde.

Gerade das letztgenannte Problem sollte von vorne herein aktiv angegangen und entsprechende Nachfolge- bzw. Übergangsregelungen getroffen werden. Vor allem die Projekt-Steuerung ist gefordert, den genannten Aspekten Rechnung zu tragen. Das Thema Motivation des Projekt-Teams ist hier von zentraler Bedeutung. Hauptansatzpunkt der Projekt-Steuerung sind dabei nichtmonetäre Motivationsfaktoren. Hierzu gehören:

- die Arbeitsqualität (interessant, anspruchsvoll, sinnvoll),
- das Gefühl der Zugehörigkeit zu einer Gruppe,

- die Möglichkeit, Engagement zeigen zu können,
- das gute Gefühl, etwas geschafft zu haben,
- die Anerkennung für Einsatz und Erfolg,
- die Chancen zur persönlichen Weiterentwicklung,
- die Möglichkeit, eigene (bisher nicht entfaltete) Fähigkeiten und Begabungen einzusetzen und
- die Option, mehr Verantwortung zu übernehmen.

Eine der wichtigsten Aufgaben der Projekt-Steuerung besteht darin, die Voraussetzungen für diese Motivationsfaktoren zu schaffen und über die gesamte Dauer des Projektes hinweg zu erhalten. Die wichtigste Ressource - gerade im Rahmen von erfolgreichen E-Business-Projekten - ist nicht die IT-Technologie, sondern die Menschen, die sie sinnvoll zu nutzen verstehen und sie in lebendiger Form in das Unternehmen integrieren. Dies hängt jedoch in hohem Maße von ihrer eigenen inneren Einstellung ab.

Ein weitere wichtige Aufgabenstellung der Projekt-Steuerung ist die **Integration des Auftraggebers und der Sponsoren** in das Projekt während der gesamten Projekt-Dauer. Ob das Ergebnis eines E-Business-Projektes als Erfolg gewertet wird, hängt zunächst einmal von der Beurteilung durch die Auftraggeber und Sponsoren ab. Erst wenn diese positiv ausfällt, hat das Projekt eine Chance, auch bei den eigentlichen „Empfängern", internen und oder externen Usern bzw. Kunden, erfolgreich zu sein.

Die Integration der Auftraggeber und Sponsoren kann auf zwei Wegen erfolgen:

- **Schriftlich**: durch regelmäßige Fortschrittsberichte, Statusberichte und Informationen zu besonderen Problemen und den dafür gefundenen Lösungen
- **Besprechungen/Meetings**: durch regelmäßige Zusammenkünfte, in denen sowohl Informationen weitergegeben werden, die darüber hinaus aber auch zur Diskussion besonderer Problemstellungen, besonderer Ergebnisse und zur kontinuierlichen Überprüfung der Zielsetzungen und Rahmenbedingungen dienen

Der Austausch mit den Auftraggebern und Sponsoren während der gesamten Projekt-Dauer sollte möglichst ausgeglichen erfolgen. Kein Auftraggeber ist sonderlich begeistert, wenn er immer nur die Hiobsbotschaften präsentiert bekommt, von den Erfolgsmeldungen aber gnädig verschont wird. Kein Sponsor zeigt sonderliche Begeisterung oder sieht ein Bedürfnis, sich zu engagieren, wenn er immer nur hört: „Alles OK. Es läuft." Basis gieren, wenn er immer nur hört: „Alles OK. Es läuft." Basis für eine echte Integration und damit langfristig auch für eine entsprechende Identifikation von Auftraggebern und Sponsoren mit dem Projekt-Ergebnis ist eine offene und klare Kommunikation. Probleme gehören auf den Tisch - Erfolge aber auch!

Häufiger als im Rahmen des normalen Managements ist die akute **Problemlösung** Bestandteil der Projekt-Steuerung. Durch eventuelle Risiken und aufgrund des einzigartigen Charakters, den jedes E-Business-Projekt mit sich bringt, müssen im Verlauf der Projekt-Durchführung immer wieder neue Lösungen für eine Vielzahl von auftretenden Problemen gefunden werden.

Der erste Schritt im Rahmen jeder Problemlösung besteht darin, sich über die Natur des Problems im Klaren zu werden und eine entsprechende Beurteilung durchzuführen.

Situationsanalyse:

- Wie entstand das Problem?
- Wie kann man dieses spezielle Problem beheben?
- Wie wirkt sich das Problem auf andere Aktivitäten aus?
- Wie kann man das Projekt wieder auf Kurs bringen?
- Wie kann man vorbeugen?

Mögliche Problembehebung:

- Kreative Problemlösung finden (als Ideallösung)
- Alternative Vorgehensweise wählen
- Spielräume ausnutzen
- Mehr Ressourcen einsetzen
- Termine überschreiten
- Abstriche bei der Leistung vornehmen
- Abstriche bei der Qualität vornehmen

Häufig treten Probleme immer wieder auf, wenn die Problemursachen nicht beseitigt wurden. Dabei nehmen sowohl die Schwere der Auswirkungen als auch die Schwierigkeiten einer Änderung kontinuierlich zu. Im Extremfall kann dies sogar zum Scheitern des E-Business-Projektes führen. Dies gilt insbesondere dann, wenn von Seiten der Unternehmensleitung keine Bereitschaft besteht, zugunsten des Projektes einzugreifen und entsprechende Maßnahmen zu verabschieden und umzusetzen.

Mögliche Problemursachen:

- Unzuverlässige Schätzungsverfahren
- Versagen der Qualitäts-Kontrollmechanismen
- Nichtfunktionieren der Management-Kontrollmechanismen
- Fehlende Mitarbeitermotivation
- Mangelnde Aus-/Fortbildung der Projekt-Mitarbeiter
- Probleme bei der Personal-/Nachwuchsrekrutierung
- Nicht kompatible Unternehmenskultur

Ein letzter besonderer Aspekt der Projekt-Steuerung ist der sinnvolle und zielorientierte **Umgang mit Veränderungen** während der Projekt-Durchführung. Gerade im Rahmen der Projekt-Arbeit sind Veränderungen immer wieder notwendig, wirken sich jedoch fatal aus, wenn diese nicht systematisch vorbereitet, dokumentiert und umgesetzt werden. Wesentliche Aufgaben der Projekt-Steuerung sind daher:

- die Etablierung von eindeutigen Verfahren zur Prüfung von Änderungen bzgl. deren Notwendigkeit oder Möglichkeit und der Auswirkungen auf Effektivität und Effizienz
- die Aufstellung von Regelungen zur effizienten Dokumentation von Veränderungen (von der Versionsnummerierung von Dokumenten bis zum Verteilerschlüssel für Änderungsmitteilungen)
- die Definition eines effizienten Verfahrens zur Einführung und Umsetzung von Veränderungen.

Hinzu kommen emotionale Aspekte, die Veränderungen immer mit sich bringen, und die im Rahmen der Projekt-Steuerung ebenso berücksichtigt werden müssen.

Gerade bei der Projekt-Steuerung wird schnell deutlich, dass die Rolle des Projekt-Managers umfangreiches Führungs- und Management-Know-how voraussetzt - in weiten Bereichen noch stärker als in klassischen Führungspositionen. Auch im Rahmen von E-Business-Projekten ist die Wahl eines technischen Fachmanns ohne entsprechend umfassende und fundierte Management- und Führungserfahrung zum Projekt-Manager wenig förderlich für den Erfolg des Projektes ist. Dies ist auch für den vielfach überforderten und am Rande eines Nervenzusammenbruchs stehenden Projekt-Manager selbst belastend und frustrierend.

4.2.7   Controlling

Sinn und Zweck des Projekt-Controllings ist es, fundierte Antworten auf folgende Fragestellungen zu liefern:

- Sind die geplanten Fortschritte erzielt worden?
- Kann der geplante Termin gehalten werden?
- Sind die vorgegebenen Budgets eingehalten worden?
- Sind Qualität und Quantität des geplanten Ergebnisses noch sichergestellt?

Projekt-Controlling bezieht sich demnach in der Praxis meist auf vier Bereiche eines Projektes, die sich folgerichtig aus den bereits definierten Erfolgskriterien ableiten:

1. Kosten-/Aufwands-Controlling
2. Termin-Controlling
3. Leistungs-Controlling
4. Qualitäts-Controlling

Eine wesentliche Frage in diesem Zusammenhang lautet: Wer berichtet sinnvoller Weise wem wie oft? Folgende Werte können bei E-Business-Projekten als Richtschnur gelten:

Wer?	Wem?	Wie häufig?
Mitglieder des Projekt-Teams	Projekt-Manager	Mehrmals wöchentlich
Externe Dienstleister	Projekt-Manager	Mehrmals wöchentlich
Projekt-Manager	Projekt-Team	Einmal wöchentlich
Projekt-Manager	Projekt-Auftraggeber	Einmal wöchentlich
Projekt-Manager	Projekt-Sponsor	Einmal wöchentlich
Projekt-Manager	Geschäftsleitung	Einmal monatlich

Tabelle 20: Berichterstattung im Projekt-Controlling

Informationsquellen des Controlling sind dabei in erster Linie die kontinuierliche Fortschrittsberichterstattung. Fortschrittsberichte können in folgenden Formen durchgeführt werden:

- Schriftliche Fortschrittsberichte
- Einzelgespräche mit Projekt-Mitarbeitern

- Gruppen-/Projektteam-Meetings
- Informelle Befragungen

Im Rahmen der unterschiedlichen Teilbereiche des Projekt-Controlling gibt es eine Vielzahl von Kennziffern oder Messgrößen, die zum Einsatz kommen können. Selten macht es Sinn, alles zu berechnen, was berechnet werden kann. Dies führt rasch zum Info-Overkill und macht ein effizientes Projekt-Controlling unmöglich.

> Hüten Sie sich vor den beliebten Zahlenspielereien, auch wenn es Kollege PC so schön einfach macht, auch die unmöglichsten Koeffizienten auszurechnen. Sie kennen die Grundfragen, auf die Controlling eine Antwort finden muss. Um dies Fragen zu beantworten sind in der Regel nur einige wenige aussagekräftige Zahlen und Fakten notwendig. Alles andere ist überflüssig, Zeitverschwendung und unproduktiv.
>
> Fragen Sie sich bei jeder Kennziffer: Bringt diese mir wirklich neue Erkenntnisse, die ich vorher noch nicht hatte <u>und</u> die ich auch brauche?

4.2.7.1   Kosten-/Aufwands-Controlling

Sinnvolle Kennziffern und Fakten für das Controlling der Projekt-Kosten und des Aufwands sind:

Kosten-Controlling	
Bisheriger Projektverlauf	**Zukunftsprojektion**
• Bisher tatsächlich angefallenen Kosten der geleisteten Arbeit • Ursprünglich budgetierte Kosten der bisher geleisteten Arbeit • Die Differenz zwischen tatsächlichen und budgetierten Kosten	• Geschätzte Kosten der noch zu leistenden Arbeit bis zum Abschluss auf Basis der bisher angefallenen Kosten • Ursprünglich budgetierte Kosten der noch zu leistenden Arbeit bis zum Abschluss • Die Differenz zwischen geschätzten und budgetierten Kosten der noch zu leistenden Arbeit

Tabelle 21: Beurteilungsgrößen des Kosten-Controlling

Natürlich können im Rahmen des Projekt-Controlling auch noch weitaus differenziertere Kostenkalkulationen durchgeführt werden. Dies ist auch sinnvoll, wenn schwerwiegende Abweichungen zwischen Planung und Realität auftreten. In der Praxis werden diese jedoch ansonsten selten benötigt und kaum von jemandem zur Kenntnis genommen, solange sich die Kostenentwicklung im Rahmen hält.

Aufwands-Controlling	
Bisheriger Projektverlauf	**Zukunftsprojektion**
• Status der einzelnen Arbeiten (zukünftig, begonnen, beendet) oder Erreichungsgrad (Prozent) • Bisher angefallener Tages-/Stundenaufwand • Für den derzeitigen Status ursprünglich geplanter Tages-/Stundenaufwand • Differenz zwischen geplantem und angefallenem Aufwand	• Geschätzter Tages-/Stundenaufwand auf Basis des bisher angefallenen Aufwands für die noch zu erledigenden Arbeiten • Ursprünglich geplanter Tages-/Stundenaufwand der noch zu leistenden Arbeit • Die Differenz zwischen geschätztem und budgetiertem Aufwand der noch zu leistenden Arbeit

Tabelle 22: Beurteilungsgrößen des Aufwands-Controlling

Im Gegensatz zum Controlling der Projekt-Kosten gibt die Kontrolle des Projekt-Aufwands Aufschluss über die Effizienz und die Kapazität der am Projekt beteiligten Mitarbeiter. Abweichungen müssen jedoch nicht automatisch von fehlender Effizienz herrühren.

Häufig genug sind im Rahmen der Durchführung Schwierigkeiten und Probleme aufgetreten, zusätzliche Arbeiten mussten erledigt werden etc. Bei einem erhöhten Aufwand ist also in jedem Fall immer die Ursache zu hinterfragen - bevor die Auspeitschung der verantwortlichen Mitarbeiter beginnt.

4.2.7.2   **Termin-Controlling**

<table>
<tr><td colspan="2" align="center">Termin-Controlling</td></tr>
<tr><td align="center">Bisheriger Projektverlauf</td><td align="center">Zukunftsprojektion</td></tr>
<tr><td valign="top">

- Status der einzelnen Arbeiten (zukünftig, begonnen, beendet) oder Erreichungsgrad (Prozent)
- Bisher tatsächlich benötigte Zeit
- Für den derzeitigen Status ursprünglich geplante Zeit
- Differenz zwischen geplanter und realer Zeitdauer

</td><td valign="top">

- Geschätzter Zeitaufwand für die noch zu leistende Arbeit auf Basis der bisher real benötigten Zeit
- Ursprünglich geplanter Zeitrahmen für die noch zu leistenden Arbeiten
- Die Differenz zwischen geschätztem und geplantem Zeitrahmen für die noch zu leistende Arbeit
- Voraussichtliche Gesamtdauer des Projekts aufgrund der Differenz zwischen neu geschätztem und ursprünglich geplantem Zeitrahmen
- Voraussichtlicher Abschlusstermin des Projekts aufgrund der Differenz zwischen neu geschätztem und ursprünglich geplantem Zeitrahmen
- Zeitliche Verzögerung des Abschlusstermins, die sich hieraus ergibt

</td></tr>
</table>

Tabelle 23: Beurteilungsgrößen des Termin-Controlling

Die letzte Größe - die zeitliche Verzögerung - ist das, was die meisten Projekt-Beteiligten vordringlich interessiert. Stellen sich im Laufe der Projekt-Durchführung zeitliche Verzögerungen ein, bedeuten diese noch nicht automatisch eine Verzögerung des Abschlusstermins. Lediglich wenn Sie den kritischen Pfad betreffen (vgl. 4.2.3.3) und keine Zeitpuffer in ausreichendem Maß vorhanden sind, haben sie direkten Einfluss auf den Abschlusstermin.

4.2.7.3   Leistungs-Controlling

Im Rahmen der Überprüfung der bisher erstellten Leistungen lassen sich die Ergebnisse nur in den seltensten Fällen mit Zahlen bewerten. Leitfragen können hier sein:

- Entsprechen die Teilergebnisse in Leistungsumfang, Leistungsart und Ausführung nach wie vor den Zielsetzungen?
- Ist eine entsprechende Skalierbarkeit gegeben?
- Sind die Teilergebnisse entsprechend einfach portierbar?

Wenn diese Fragen nicht eindeutig mit „Ja" beantwortet werden können, nutzen auch die Einhaltung des Budgets und des Zeitplans wenig, denn das Ergebnis des Gesamtprojekts gerät hierdurch in Gefahr.

4.2.7.4   Qualitäts-Controlling

Die Durchführung der Qualitätskontrolle ist ebenso wie die Leistungsbeurteilung nicht in quantifizierbaren Größen messbar. Basis des Qualitäts-Controlling kann jedoch ein Qualitätsplan sein, der Regelungen zu folgenden Punkten enthält:

- Arbeitsmethoden und -verfahren
- Standards für Ergebnisse
- Standards für Aufsichts- und Prüfverfahren
- Checkpunkte zur Qualitätskontrolle
- Art und Ausmaß der Nutzer-Involvierung

Anhand dieser Vorgaben kann dann im Laufe des Projekts eine kontinuierliche Qualitätskontrolle unter Rückgriff auf die zuvor definierten Standards und Kriterien erfolgen. Die Einhaltung der sowohl in der Projekt-Definition als auch im Qualitätsplan definierten Anforderungen ist eine zwingende Voraussetzung für den erfolgreichen Abschluss des Projekts. Sind Abstriche in Bezug auf die Qualität möglich, ohne dass diese den Projekt-Erfolg gefährden, müssen solche Toleranzbereiche bereits von vorne herein klar definiert und allen Beteiligten bekannt sein, wenn es nicht unweigerlich zu Konflikten kommen soll.

4.2.8   Abschluss

Zum erfolgreichen Abschluss eines E-Business-Projekts gehört natürlich in erster Linie das eigentliche Projekt-Ergebnis in Form einer Web-Site, eines Online-Shops, eines Portals oder eines Intranets. Daneben sind jedoch noch einige ergänzende Tätigkeiten im Rahmen des Projekt-Abschlusses durchzuführen:

1. Organisatorische Aufgaben

2. Fachliche Projektauswertung

3. Betriebswirtschaftliche Auswertung

4. Öffentlichkeitsarbeit

5. Projekt-Abschlussfeier

Erst mit der Erledigung dieser Aufgabenstellungen ist das Projekt tatsächlich abgeschlossen.

4.2.8.1 Organisatorische Aufgaben

Zu den organisatorischen Arbeiten, die in der Abschlussphase anfallen, gehören:

- Konzeption und Erstellung eines ergebnisorientierten Endberichtes

- Erstellung eines detaillierten Rückschauberichts über den gesamten Projekt-Verlauf

- Präsentation der Berichte vor Auftraggebern, Sponsoren und Geschäftsleitung

- Erfassung und Aufstellung weiterer eventuell noch notwendiger Arbeiten

- Vorbereitung des Projekt-Handover.

4.2.8.2 Fachliche Projekt-Auswertung

Bei der fachlichen Projekt-Auswertung geht es in erster Linie darum, die erzielten Ergebnisse hinsichtlich Leistungsumfang und Qualität zu beurteilen. Daneben spielen aber auch im Rahmen des Projektes aufgebaute Kompetenzen und die daraus resultierende Leistungsfähigkeit eine Rolle. Diese sollen natürlich dem Unternehmen erhalten bleiben (vgl. 4.2.9) und müssen daher entsprechend erfasst werden.

Ein wichtiger Punkt in diesem Zusammenhang ist auch die Sicherung des mit dem Projekt aufgebauten Informationspools, des entsprechenden Know-hows und der durch das Projekt gewonnen Erfahrungen für die weitere Unternehmenstätigkeit oder etwaige Folgeprojekte (vgl. 4.2.9). Dies geschieht in erster Linie durch die Auswertung der umfangreichen Projekt-Dokumentation, die sich jetzt besonders bezahlt macht.

4.2.8.3 Betriebswirtschaftliche Auswertung

Durch die betriebswirtschaftliche Auswertung findet eine differenzierte Kosten-/Nutzenanalyse statt, die mehrere Ebenen umfasst:

- Beurteilung des Projekts als solches hinsichtlich Effektivität und Effizienz

- Bewertung der durch das E-Business-Projekt geschaffenen Nutzenpotenziale bzw. Kosteneinsparungen in Gegenüberstellung zu den Projektkosten

- Bewertung der durch das E-Business-Projekt erzielten internen (Kompetenzen, Know-how, Leistungsfähigkeit etc.) und externen (Markt- und Umsatzpotenziale, Imagegewinn etc.) Erfolgsfaktoren im Sinne einer langfristigen Wertschöpfung.

Dabei müssen zwangsläufig auch im Rahmen der betriebswirtschaftlichen Auswertung nicht nur quantitative, sondern auch eine Vielzahl qualitativer Kriterien Berücksichtigung finden, um zu einer fundierten Bewertung des Projektes und seiner Auswirkungen auf das Unternehmen zu gelangen.

Die betriebswirtschaftliche Auswertung sollte nicht unmittelbar nach dem Ende des Projekts abgeschlossen werden. Eine vernünftige und angemessene Beurteilung der Ergebnisse kann daher bei E-Business-Projekten häufig erst im Abstand von mehreren Monaten oder sogar Jahren erfolgen. Es macht auch in jedem Fall Sinn, die betriebswirtschaftliche Auswertung nach einem angemessenen Zeitraum nochmals zu überprüfen und ggf. anzupassen.

4.2.8.4 Öffentlichkeitsarbeit

Ein erfolgreiches E-Business-Projekt sollte in keinem Fall unbeachtet bleiben. Eine wirksame Möglichkeit, das Projekt auch nach außen hin bekannt zu machen ist eine umfassend angelegte Öffentlichkeits- und Pressearbeit.

Als Voraussetzungen hierfür muss das notwendige Material möglichst frühzeitig zur Verfügung stehen. Spätestens im Rahmen der Projekt-Abschluss-Phase sollten die notwendigen Informationen an den Bereich Presse- und Öffentlichkeitsarbeit des Unternehmens weiter geleitet werden.

4.2.8.5   Projekt-Abschlussfeier

Nach dem Abschluss eines Projektes ist es nicht nur notwendig, dies formal zu beenden und auszuwerten. Ebenso wichtig ist ein entsprechender emotionaler Abschluss. Dies kann beispielsweise in einer gemeinsamen Projekt-Abschlussfeier geschehen, an der alle Projekt-Beteiligten inkl. Auftraggeber, Sponsoren, Geschäftsleitung und auch externe Beteiligte teilnehmen.

Wichtig ist auch hier - ebenso wie zu Beginn des Projekts (vgl. 4.2.4) - den Beteiligten deutlich zu zeigen, wie wertvoll ihre Mitarbeit war und dass sie etwas Besonderes geleistet haben.

Die Einstellung und Motivation, welche die Projekt-Beteiligten aus einem Projekt mit heraus nehmen und ins Unternehmen oder die Öffentlichkeit tragen, bestimmt maßgeblich die Integrationsfähigkeit des Projekts in das Gesamtunternehmen und hat entscheidenden Einfluss auf die sich aus dem Projekt tatsächlich ergebenden Auswirkungen, sowohl positive als auch negative.

4.2.9   Handover

Das richtige und sinnvolle Projekt-Handover findet leider in den meisten Büchern zum Thema Projekt-Management kaum Erwähnung. Abgeschlossen heißt abgeschlossen. Genau dies bestimmt dann auch das Schicksal vieler Projekte, die nach gewisser Zeit sang- und klanglos im wahrsten Sinne des Wortes in der abgeschlossenen Schublade verschwinden.

Die wesentliche Aufgaben im Rahmen des Projekt-Handover:

- Übergabe der Ergebnisse und der Verantwortung an die Geschäftsleitung und an die in Zukunft dafür zuständigen Führungskräfte und Mitarbeiter

- Erhaltung der im Rahmen des Projektes aufgebauten Mitarbeiter-Kompetenzen und der daraus resultierenden Leistungsfähigkeit

- Sicherung und zur Verfügung Stellen des im Rahmen des Projekts aufgebauten Informationspools, des Know-hows und der durch das Projekt gewonnen Erfahrungen.

Im Idealfall werden die Projekt-Mitarbeiter zumindest teilweise die durch das Projekt geschaffenen Aufgaben auch nach dem Projekt-Ende weiter wahrnehmen und damit die neu geschaffenen Positionen selbst übernehmen.

Dadurch wird gleichzeitig in erheblichem Maße der Kompetenz- und Know-how-Transfer gesichert. Dazu ist es jedoch notwendig, dass von vorneherein geklärt wird, in welcher Form das Projekt nach seinem Ende innerhalb des Unternehmens weitergeführt und damit auch in das Unternehmen integriert wird.

Gerade im Rahmen erfolgreicher E-Business-Projekte werden die Projekt-Mitarbeiter allein zur Fortführung gar nicht in der Lage sein. Eine bewährte Vorgehensweise liegt darin, neue Mitarbeiter durch die Projekt-Beteiligten schulen und ausbilden zu lassen.

In dieser Form werden Kompetenzen und Know-how direkt weitergegeben. Gleichzeitig - eine entsprechend positive Projekt-Erfahrung vorausgesetzt - werden Motivation und Begeisterung für den Tätigkeitsbereich auf die neuen Mitarbeiter übertragen.

Unabhängig von diesen Maßnahmen ist die Einrichtung eines Informationspools oder einer Datenbank mit allen relevanten Projektinformationen und -dokumenten als wichtige Informations- und Nachschlagequelle unverzichtbar.

Abschließend muss sichergestellt werden, dass noch notwendige Aufgaben und die damit verbundene Verantwortung korrekt und vollständig übergeben werden, und diese nicht einfach untergehen (da sich niemand mehr zuständig fühlt) und die Integration und Fortführung des Projekts nachteilig beeinflussen oder sogar gefährden.

4.3 Der Projekt-Manager

Die entscheidende Rolle eines Projekt-Managers setzt sich prinzipiell aus den gleichen Aufgaben zusammen, wie sie auch für jede andere Management-Funktion Gültigkeit besitzen.

Neben der notwendigen Fachkompetenz muss jeder Projekt-Manager entsprechend umfassende soziale Kompetenz vorweisen können. Hinzu kommt ein ganzer Kanon methodischer Kompetenz, welcher die Voraussetzung für die Übernahme von Projekt-Verantwortung ist.

Die für ein effizientes und erfolgreiches Projekt-Management notwendigen Kompetenzen können daher folgendermaßen aufgegliedert werden:

Projekt-Management-Kompetenz	
1. Fachkompetenz	
2. Soziale Kompetenz	**3. Methodische Kompetenz**
Fähigkeiten und Erfahrungen bzgl. • Kommunikation • Führung • Delegation und Kontrolle • Motivation • Team-Management • Konflikt-Management	Fähigkeiten und Erfahrungen bzgl. • Planung • Organisation • Koordination • Entscheidungsfindung • Projekt-Management (i. e. S.: Methoden und Techniken) • Prozess-Management • Personal-Management • Dokumentation • Controlling

Tabelle 24: Notwendige Kompetenzen des Projekt-Managers

Neben dieser Fülle von Kompetenzen, über die ein guter Projekt-Manager verfügen muss, gibt es zwei besondere Aufgabenstellungen, für die er gerüstet zu sein hat: Veränderung und Integration.

4.3.1   Veränderung

Der wesentliche Unterschied in der Rolle des Projekt-Managers im Vergleich zu seinem Kollegen in der Linie ist: Der Projekt-Manager soll seine Aufgaben nicht wahrnehmen, um etwas am Laufen zu halten, einen Status Quo zu sichern, sondern genau das Gegenteil ist der Fall - bestehende Zustände sollen verändert werden.

Dieser Unterschied macht die Aufgaben des Projekt-Managers so schwierig, denn in der Regel wird er gegen eine ganze Reihe interner und externer Widerstände ankämpfen müssen. Wir wissen aus Erfahrung, dass Menschen Veränderungen und Neues nicht immer mit offenen Armen willkommen heißen. Geht es dabei auch noch um neue Technologien wie das Internet, wiegt dieser Faktor umso schwerer.

Damit sieht sich jeder Projekt-Manager nicht nur den eigentlichen Herausforderungen des Projekt-Managements gegenüber, er ist gleichzeitig ein Initiator des Wandels, ein „Change Agent". Mit dieser Doppelrolle muss er zurechtkommen, wenn er auf Dauer Erfolg haben will.

4.3.2   Integration

Die Aufgaben eines Projekt-Managers sind nicht nur darauf gerichtet, das Projektziel als solches zu erreichen, sondern dieses ebenso mit den übergeordneten Zielen der Organisation in Einklang zu bringen. Der Projekt-Manager muss:

- Unterstützung für das Projekt innerhalb des Unternehmens gewinnen und während der Projekt-Dauer aufrechterhalten

- den Bekanntheitsgrad des Projekts erhöhen

- die Erwartungshaltung des Auftraggebers und der Betroffenen steuern.

Gerade die Nutzenerwartungen bezüglich eines Online-Projekts können zwischen zynischer Skepsis und übertriebener Euphorie schwanken. Für den Erfolg eines Projekts ist es daher entscheidend, die unterschiedlichen Erwartungshaltungen klug zu beeinflussen und Extremen vorzubeugen.

Letztlich hängt es in hohem Maße von der Kompetenz des Projekt-Managers ab, ob die Integration ins Unternehmen gelingt, denn er bildet in erster Linie die Schnittstelle zwischen Projekt und Unternehmen.

Der Projekt-Manager trägt somit entscheidend zum Erfolg des Projektes bei. Unternehmen, die hohe Summen in die Realisierung von E-Business-Projekten stecken, sollten sie auch in diejenigen investieren, denen sie diese Projekte letztlich anvertrauen.

> Weitere Informationen zum Thema Change-Management und Integration von Veränderungen finden Sie auf der Website zum Buch unter http://www.business-e-volution.de.

4.4   Zusammenfassung

Als Teil der Unternehmensentwicklung, der Business-E-volution, muss das Projekt-Management von E-Business-Projekten sehr stark in das Unternehmen integriert sein. Online-Projekte können ein Unternehmen radikal verändern. Sie sind in der Regel äußerst komplex, greifen in nahezu alle Bereiche des Unternehmens ein und stoßen häufig bei einer Reihe von Mitarbeitern auf Widerstand.

Entscheidend für die erfolgreiche Bewältigung eines E-Business-Projektes ist ein effizientes, durchdachtes und zielorientiertes Projekt-Management. Wichtigste Voraussetzung hierfür ist die Berufung eines entsprechend kompetenten Projekt-Managers.

Bei E-Business-Projekten gibt es besondere Punkte, die im Rahmen des Projekt-Managements zu beachten sind und ohne die ein E-Business-Projekt kaum erfolgreich und nachhaltig realisiert werden kann.

Die Ausgangsbasis ist eine umfassende, sorgfältige und detaillierte Projekt-Definition, die im Rahmen der Analyse-Phase erstellt wird. Von der Qualität dieser Projekt-Definition hängen alle weiteren Projekt-Phasen entscheidend ab.

Die zweite wichtige Voraussetzung ist die Wahl der geeigneten Organisationsform. Diese wirkt sich auf alle Ebenen der späteren Projekt-Durchführung direkt aus.

Basis für die Umsetzung eines E-Business-Projektes ist eine detaillierte und zugleich flexible Projekt-Planung, in der gerade bei vordergründig technisch geprägten E-Business-Projekten besonderer Wert auf das Projekt-Team zu legen ist. E-Business-Projekte sind häufig aufgrund fehlender Erfahrungen oder Referenzmodelle mit einer Reihe von Unwägbarkeiten und Risiken verbunden. Die Projekt-Planung muss in der Lage sein, diese frühzeitig zu berücksichtigen und ihre Auswirkungen weitgehend in Grenzen zu halten.

Neben den wichtigen Bereichen der Projekt-Steuerung und des Projekt-Controlling liegt gerade im Rahmen von E-Business-Projekten auf dem erfolgreichen Projekt-Abschluss und dem systematischen und korrekten Handover ein besonderes Augenmerk. Nur wenn diese frühzeitig in Angriff genommen werden, kann eine erfolgreiche Integration ins Unternehmen und damit eine nachhaltige Business-E-volution verwirklicht werden.

4.5 Power-Tipps

Projekte sind ein gefährliches Feld - an jeder Ecke lauern Fallen und Stolpersteine. Und so mancher Projekt-Manager ist schon daran verzweifelt. Damit Sie für die Widrigkeiten des Projekt-Lebens sind gut gerüstet, hier die wichtigsten Projekt-Fallen und mögliche Lösungen.

Die Euphorie-Falle

Warum gehen häufig die innovativsten und bahnbrechendsten Projekte schief? Die Begeisterung der Beteiligten macht sie blau-äugig und lässt sie auf direktem Weg in die Euphorie-Falle tappen. Je größer das Neuland, das mit einem Projekt betreten wird, desto unrealistischer die Schätzungen bzgl. Zeit, Kosten und Ressourcen.

- Lassen Sie sich nicht von der galoppierenden Euphorie anstecken. Engagement sehr gern, überzogene Euphorie nein.

- Treten Sie nicht als Pessimist auf, sondern holen sie die Beteiligten durch gezielte Fragen wieder auf den Boden zurück.

- Bringen Sie gezielt Realisten ins Projekt-Team.

- Verwenden Sie gezielt Alternativ-Planungen und Schätzungen (best case, worst case, realistisch).

- Bringen Sie Zweckoptimisten (im Unternehmen) und Berufsoptimisten (Berater, Dienstleister etc.) mit der Forderung nach konkreten, schriftlichen Zusagen zur Räson.

Die Entscheidungs-Arthrose

Viele Projekte sind dem Untergang geweiht, weil sie an oberster Stelle verträdelt werden. Der magische Trick, Führungskräfte verschwinden zu lassen, ist: Versuchen Sie von Ihnen eine schnelle Entscheidung zu bekommen!

- Konfrontieren Sie den oder die Entscheidungsunwillige(n) klar und deutlich mit den Folgen, falls nicht sofort eine Entscheidung getroffen wird - sachlich und klar, aber am besten schriftlich.

- Suchen Sie Ersatzleute. Kann vielleicht auch ein Anderer die Entscheidung treffen?

- Machen Sie sich mit der Terminplanung der Entscheider so weit wie möglich vertraut und nutzen Sie dieses Wissen konsequent.

- Schaffen Sie sich möglichst viele eigene Entscheidungsspielräume, damit Sie unabhängiger werden - aber beschweren Sie sich hinterher nicht über die Verantwortung.

- Bereiten Sie Entscheidungen optimal vor, damit diese möglichst schnell getroffen werden können.

Der Tyrannosaurus-Effekt

Plötzlich sollen mitten im Projekt noch Änderungen vorgenommen werden, weil einer der Auftraggeber gerade durch Zufall auf dem letzen Seminar vom neuesten Trend gehört hat. Oder vielleicht wurden gerade „nur für ganz kurz" einige wichtige Leute aus dem Projekt abgezogen, weil es bei der Inventur gerade einen Engpass gibt.

Begrüßen Sie solche Ansinnen am besten freudestrahlend und teilen Sie dem Verantwortlichen umgehend sämtliche Konsequenzen bezüglich Terminen, Kosten und Ressourcen mit. Lassen Sie ihn oder sie entscheiden, ob das OK ist. Ach, und vergessen Sie nicht, sich dies natürlich schriftlich geben zu lassen.

Die Parkplatzfalle

Sie bekommen für Ihr Projekt nicht die Leute, mit denen Sie eigentlich gerechnet haben, zuverlässige Mitarbeiter und Experten im jeweiligen Gebiet. Statt dessen stehen Sie vor einer Gruppe von Eigenbrötlern, Querulanten, Praktikanten und Frustrierten. Alles klar! Sie sind in die Parkplatzfalle getappt. Ihr Projekt ist für viele Linienmanager eine willkommene Gelegenheit, alle Mitarbeiter - zumindest für eine bestimmte Zeit - loszuwerden, die ihnen auf die Nerven gehen; sie haben diese bei Ihnen zwischengeparkt.

- Fragen Sie zuerst: Ist der Geparkte wirklich untauglich oder kam er nur mit seinem bisherigen Vorgesetzten nicht zurecht? Vielleicht ist er in Wirklichkeit gar nicht so schlecht? Möglicherweise ist er fachlich nicht top, aber ein guter Team-Player. Das ist für die Projekt-Arbeit häufig wesentlich wichtiger.

- Kümmern Sie sich um die Geparkten. In den wenigsten Fällen sind diese wirklich inkompetent, sondern nur blockiert. Machen sie aus den Emigrierten Engagierte.

- Übern Sie auf keinen Fall Druck aus. Das kennen ihre Dauerparker schon bestens von dort, woher sie kamen. Motivieren Sie zielgerichtet.

Die Expertenfalle

Leider werden häufig immer noch die besten Fachexperten zum Projekt-Manager gekürt. Darauf hin haben sie nichts Besseres zu tun, als ihren Team-Mitgliedern kontinuierlich ihr Fachwissen unter die Nase zu reiben und zu sagen, wo's lang geht. Klar, dass diese sich sehr schnell fragen: „Wozu braucht er uns überhaupt?"

- Bleiben Sie bei Ihren Leisten. Oder wollen Sie wirklich die ganze Arbeit selbst machen?

- Drängen Sie sich nicht auf, stehen Sie den Team-Mitgliedern als Ansprechpartner zur Verfügung und fragen Sie diese umgekehrt genauso um Rat.

- Wenn Andere Ihrer Ansicht nach Unsinn erzählen, machen Sie diese nicht fertig, sondern fragen sie gezielt und detailliert nach.

Die Querulantenfalle

Ein Linien-Manager treibt quer? Eher die Regel als die Ausnahme. Nicht immer steckt böse Absicht dahinter, aber das Hemd ist nun mal näher als die Jacke. Und im Zweifelsfall haben die eigenen Interessen Vorrang.

- Versuchen Sie auf keinen Fall, den Betreffenden zu umgehen.

- Rauchen Sie die Friedenspfeife und etablieren Sie einen regen Tauschhandel.

- Beziehen Sie ihn stärker mit ein und fragen Sie nach seiner Meinung.

- Zeigen Sie ihm klar, wie er durch seine Bereitschaft zur Unterstützung selbst profitieren kann.

- Vereinbaren Sie die Projekt-Maßnahmen, die ihn betreffen, gemeinsam, dann trägt er auch die Verantwortung mit.

Die Werkzeugfalle

Je größer das Projekt, desto größer das (Spiel-)Werkzeug, das eingekauft wird. Projekt-Management wird jedoch leider nicht durch Computer erledigt.

Finger weg von ausgefeilten IT-Tools, es sei denn, Sie können alle folgenden Fragen positiv beantworten:

- Können Sie das Programm völlig problemlos und sicher bedienen?

- Haben Sie die notwendige Zeit dazu?

- Können Sie mit der Transparenz, die ggf. dadurch entsteht, umgehen?

- Haben Sie das notwendige Kapital? Benötigen Sie es an keiner anderen Stelle im Projekt?

Sinnlose Sitzungen

Darüber braucht eigentlich kein weiteres Wort verloren zu werden. Wenn Sie noch nie an einer Sitzung teilgenommen haben, die unnötig lang dauerte oder bei der kein vernünftiges Ergebnis herausgekommen ist, leben Sie entweder auf einer Insel im Südpazifik oder gehören zu den wenigen wirklich Gesegneten auf dieser Welt. Sinnlose Sitzungen sind <u>DIE</u> Projektfalle überhaupt.

Beachten Sie einfach folgende Checkliste und Ihr Frust kann rasch abnehmen:

- Brauchen Sie wirklich ein Meeting?
- Sind nur problem-/lösungskompetente Leute eingeladen?
- Enthält die Einladung: Anlass, Ziel und notwendige Vorbereitung?
- Wurde sie rechtzeitig verschickt?
- Wurde der Raum reserviert und entsprechend vorbereitet?
- Sind alle Hilfsmittel vorhanden und funktionieren auch?
- Gibt es einen kompetenten Moderator?
- Was muss als Minimalziel erreicht werden?
- Sind alle TOPs klar, und weiß jeder, zu welchem Punkt er dran ist?
- Sind die jeweiligen Zeitrahmen und die Reihenfolge vernünftig bestimmt?
- Wird ein Ergebnis-Protokoll geführt?

> Die Projekt-Fallen sind frei nach Klaus Tumuscheit zusammengestellt, der in seinem Buch „Überleben im Projekt" in unnachahmlicher Art und Weise praxisorientierte Hilfestellungen für geplagte Projekt-Manager gibt.

4.6 Checklisten Projekt-Management

Die Checklisten geben Ihnen einen systematischen Überblick über die einzelnen Phasen und Bereiche des Projekt-Managements und über die vielfältigen Teilaspekte, die im Rahmen von E-Business-Projekten zu berücksichtigen sind. Doch zuvor noch zwei pragmatische Hinweise:

Haben Sie sich schon ein gutes Buch über allgemeines Projekt-Management gekauft oder ein entsprechendes Seminar besucht. Nein? Dann tun Sie dies unbedingt!

Wollen Sie in Zukunft eine leistungsfähige Projekt-Management-Software vernünftig einsetzen? Dann fangen Sie sofort damit an, sich mit dem Programm auseinander zu setzen, sonst werden Sie im entscheidenden Moment nicht das Programm beherrschen, sondern es beherrscht Sie!

4.6.1 Checkliste Projekt-Phasen

Diese Checkliste enthält jeweils die wichtigsten Punkte und Aufgabenstellungen und gibt Ihnen so einen komprimierten Überblick über die wesentlichen Voraussetzungen zur erfolgreichen Durchführung von E-Business-Projekten.

1. Vorbereitung
Sind die Grundprinzipien eines sinnvollen Projekts erfüllt?
Auswahl eines geeigneten Projekt-Managers.

2. Analyse	
Informationsbeschaffung organisieren.	
Klare, eindeutige und umfassende Definition des Projekts vornehmen und schriftlich bestätigen.	☐ Eckdaten ☐ Vorgeschichte ☐ Erwartungen ☐ Rahmen ☐ Ziele ☐ Termine ☐ Strategie ☐ Budget ☐ Risiken ☐ Beteiligte ☐ Ressourcen ☐ Arbeitsplan ☐ Meilensteine ☐ Berichtswesen ☐ Vollmachten/Weisungsbefugnisse ☐ Erfolgs-Messgrößen
Projekt-Stammblatt erstellen.	
Die wesentlichen Erfolgsfaktoren bestimmen.	
SWOT-Analyse durchführen.	

3.   Organisation
Optimale Organisationsform bestimmen

4. Planung	
Detaillierte Planerstellung vornehmen.	⇒ Projekt-Strukturplan (PSP) ⇒ Projekt-Ablaufplan (PAP) ⇒ Terminplan ⇒ Kapazitätsplan ⇒ Budgetplan
Aufgabenverteilung und Verantwortlichkeiten regeln.	
Planoptimierung durchführen.	
Planvalidierung vornehmen.	
Genehmigung des Plans einholen.	
Laufende Projekt-Dokumentation regeln.	
Erstellung des Projekthandbuchs.	

5.   Initiierung
Start-Meeting und Kick-Off-Veranstaltung durchführen.

6.   Durchführung
Projekt-Management frei von Aufgaben-Abarbeitung halten.

7.   Steuerung
Motivationale Aspekte der Mitarbeiterführung beachten und Teamgeist stärken.
Integration von Auftraggebern und Sponsoren gewährleisten.
Konstruktive Problemlösung durchführen.
Systematisches Veränderungsmanagement umsetzen.

8. Controlling	
Berichterstattung regeln.	
Kontinuierliches Controlling durchführen.	⇒ Kosten/Aufwand ⇒ Termine ⇒ Leistung ⇒ Qualität

9.   Abschluss
Berichtserstellung und -präsentation vornehmen.
Erfassung eventuell noch notwendiger Arbeiten durchführen.
Fachliche Projektauswertung vornehmen.
Betriebswirtschaftliche Auswertung durchführen.
Öffentlichkeitsarbeit vorbereiten.
Projekt-Abschluss-Feier durchführen

10. Handover	
Transfer sichern.	⇒ Projekt-Ergebnisse und Verant- wortung ⇒ Mitarbeiter-Kompetenzen und Leistungsfähigkeit ⇒ Informationspool, Know-how und Erfahrungen

4.6.2   Checkliste Einzelaspekte eines E-Business-Projekts

Die hier in der Übersicht zusammen gestellten Einzelkriterien erheben sicher keinen Anspruch auf Vollständigkeit, können jedoch als eine Art Leitfaden durch die wichtigsten Bereiche dienen und durch weitere Topics in Abhängigkeit von Umfang und Ausrichtung des E-Business-Projekts ergänzt werden.

Für jeden einzelnen der aufgeführten Punkte ist zu klären, welche Rolle er im Bezug auf das E-Business-Projekt spielt, was aufgrund fehlender Informationen zu klären ist und worin die entsprechende Aufgabenstellung besteht.

1. Technische Aspekte	
Konnektivität	☐ eigene Leitung/eigener Server ☐ Housing/Homing (eigener Server beim Provider) ☐ Hosting (eingemietet auf dem Server des Providers)
Software	☐ Betriebssystem ☐ Web-Server ☐ FTP-Server ☐ E-Mail-Server ☐ DNS-Server ☐ DB-Server ☐ Stream-Server ☐ Secure-Server (SSL) ☐ E-Commerce (Shop-System etc.) ☐ Statistik-Server ☐ Redaktionssystem ☐ Verwaltung von Zugriffsberechtigungen ☐ Sonstige Applikationen ☐ Anti-Viren-Software
Hardware	☐ Server ☐ Standleitung ☐ Router ☐ Modem ☐ Sicherheitsausrüstung
Provider	☐ Serverstandort (geographisch) ☐ Qualität Provider ☐ Leistungsangebot Provider ☐ Sicherheit ☐ Support
Sicherheit	☐ Backup (DAT, DLT etc.) ☐ Backupleitung ☐ RAID (Mirror, Stripe Sets) ☐ Multipeering (Mehrfachanbindung) ☐ Firewall ☐ UPS (Notstrom) ☐ Watchdog ☐ Ausfallszenarien ☐ Sicherheitssoftware

2. Arbeitsabläufe/Geschäftsprozesse	
Innerhalb des E-Business-Bereichs	⇒ Welche Arbeitsabläufe und Geschäftsprozesse ergeben sich?
Innerhalb der Bereiche • EDV • Marketing und Vertrieb • Produktion • Beschaffung • Organisation • Personal • Finanzen	⇒ Welche möglichen Einflüsse auf Arbeitsabläufe und Geschäftsprozesse ergeben sich? ⇒ Welche Arbeitsabläufe und Geschäftsprozesse verändern sich?
Innerhalb des Gesamtunternehmens	⇒ Welche möglichen Einflüsse auf Strategie und Geschäftsprozesse ergeben sich? ⇒ Wie ändert sich die Strategie und welche Geschäftsprozesse verändern sich?

3. Kosten	
Einmalige Kosten (Investitionskosten)	
Erstellung	☐ Konzeption ☐ Layout ☐ Grafik/Design ☐ Content (s. u.) ☐ Programmierung ☐ Redaktion
Hardware	
Software	
Marketing/Promotion	☐ Domain-Registrierung ☐ TradeMark/Markenschutz ☐ Web-Promotion
Organisationsumstellung	⇒ vgl. Arbeitsabläufe/Geschäftsprozesse
Weiterbildung	

Laufende Kosten (Betriebskosten)	
Provider	
Hardware	
Software (inkl. Updates)	
Maintenance Technik	
Maintenance Content	
Support	
Feedback	
E-Commerce-Abwicklung	

4. Benutzerverwaltung	
User Management	
User Administration	
User-Datenbank	
Feedback	
Community	
E-Mail	
E-Commerce/Shop	
Skalierbarkeit	

5. Design	
strukturell	☐ Aufbau ☐ Organisation ☐ Ablauf ☐ Benutzerführung ☐ Sitemap
technisch	☐ Programmierung ☐ Verzeichnisstruktur ☐ DB-Design
audiovisuell	☐ CD (Corporate Design) ☐ Bedieneroberfläche ☐ Logos/Bildmaterial ☐ Animationen/Multimedia ☐ Banner/Buttons

6. Marketing	
Übergeordnete Ziele	☐ Quantitative Ziele ☐ Qualitative Ziele
Zielgruppen	☐ Bedürfnisse ☐ Einstellungen ☐ Erwartungen ☐ Verhalten
Externe Beeinflusser	
Schwerpunkte	☐ Product ☐ Price ☐ Promotion ☐ Placement ☐ Plus
Marktforschung	
Erfolgsmessung	
Distribution	☐ Response-Möglichkeiten ☐ Online-Bestellung ☐ Bezahlung (Billing) ☐ Warenlieferung
Preis	☐ Kosten für Benutzer (Umfang, Preisgestaltung, Billing) ☐ Normalpreise ☐ Online-Bestellpreise
Produkte	☐ Umfang der Präsentation ☐ Konkurrenzinformationen
Kommunikation	☐ Feedback (E-Mail, Formulare) ☐ Stil (verbal, visuell)
Zusatzleistungen	☐ Support ☐ FAQ

7.	Promotion	
Werbung	☐ Print ☐ elektronisch ☐ Give-Away	
Online-Werbung	☐ Banner ☐ Buttons ☐ Textlinks ☐ Pop-ups ☐ Mini-Sites ☐ Syndication ☐ Newsletter	
Sponsoring		
Geschäftsdrucksachen		
Eigene Produkte		
Pressemitteilungen		
Search Engines		
Indizes/Kataloge		
Link-Tausch		

8. Content	
Mehrsprachigkeit	
Inhalte	☐ Themen ☐ Informationstiefe ☐ Struktur ☐ Hilfetexte
Mindestinhalte	☐ Kontakte ☐ Aktualitätsangaben ☐ Copyright-Vermerk ☐ Rechtliche Vermerke
Mengengerüst	☐ Anzahl Dokumente ☐ DB-Größe
Attraktivität	☐ Wettbewerbe ☐ Spiele ☐ Rätsel/Quiz ☐ Chat ☐ Präsentationen ☐ Animationen
Aktualität	☐ Regelmäßigkeit ☐ Umfang ☐ Themen/Art
Interaktivität	☐ Datenbank ☐ Suchfunktionen ☐ Shopping ☐ Personalisierung ☐ 1:1-Marketing ☐ Flash
Wartung/Pflege Content	☐ Verantwortung der Inhalte ☐ Koordination der Beiträge ☐ Zeitlicher Aufwand ☐ Überarbeitung der Inhalte ☐ Inhalte online setzen

9. **Dokumentation**	
Projekt-Dokumentation	☐ Verantwortung ☐ Koordination ☐ Qualitätssicherung ☐ …
Anwender-Dokumentation	☐ Verantwortung ☐ Art und Umfang ☐ Aktualisierung ☐ Qualitätssicherung

10. **Information/Weiterbildung**	
Wissensstand im Unternehmen	☐ Geschäftsleitung ☐ Projekt-Team ☐ Führungskräfte ☐ Mitarbeiter/innen
Wissensstand außerhalb des Unternehmens	☐ Kunden ☐ Lieferanten ☐ Partner ☐ Presse ☐ Öffentlichkeit
Information intern	☐ Geschäftsleitung ☐ Projekt-Team ☐ Führungskräfte ☐ Mitarbeiter/innen
Information extern	☐ Kunden ☐ Lieferanten ☐ Partner
Weiterbildung intern	☐ Geschäftsleitung ☐ Projekt-Team ☐ Führungskräfte ☐ Mitarbeiter/innen
Weiterbildung extern	☐ Kunden ☐ Lieferanten ☐ Partner

5 Finanzierung und Controlling

Planung, Budgetierung und Controlling sind gerade bei E-Business-Projekten wegen der meist noch ungewissen Rahmenbedingungen eine nicht zu vernachlässigende Frage. Wir werden uns dieser Frage in diesem Kapitel widmen, indem wir die wichtigsten Punkte ansprechen, die in diesem Rahmen relevant sind (5.1). Dies gilt auch für den gesamten Komplex der Finanzierung (5.2).

Ohne eine solide Controlling-Basis wird es nur schwer möglich sein, über Erfolg oder Misserfolg eines E-Business-Projektes zu entscheiden. Daher werden hierfür die wichtigsten Instrumente und Schritte dargestellt (5.3).

5.0   Einführung

Wenn es um die finanzielle Seite von E-Business-Projekten geht, lassen sich in der Praxis meist zwei vorherrschende Denkrichtungen feststellen:

A. Die zentrale und immer wieder gestellte Frage lautet: Wer soll das bezahlen? Dahinter verbirgt sich eine Grundeinstellung des Fragenden, die davon ausgeht, dass E-Business-Projekte sich ohnehin für das Unternehmen nicht rechnen können.

B. Für das E-Business-Projekt werden ohne Wimpernzucken finanzielle Mittel in einem Umfang bereitgestellt, dass so mancher Abteilungsleiter froh wäre, wenn er nur 1 % dessen als Investitionsvolumen für seinen Bereich zur Verfügung hätte. Aus einer solchen Haltung spricht häufig die Einstellung, dass es sich bei E-Business um ein Prestigeobjekt handelt, dass in jedem Fall verwirklicht werden muss, koste es, was es wolle - im wahrsten Sinne.

Die Finanzplanung von E-Business-Projekten muss fundiert und im Bewusstsein der damit verbundenen Ziele geschehen. Ebenso ist ein durchdachtes und wirksames Controlling eine der Grundvoraussetzungen, wenn die Investition ins E-Business erfolgreich sein soll - und dazu gehört auch, dass sie sich bezahlt macht. Kontinuierliches Bremsen aus Angst, nur ja keine einzige Mark zu investieren ist genauso verkehrt wie die Online-Strategie „Augen zu und durch!".

Der finanzielle Aspekt des E-Business ist grundsätzlich vor dem Hintergrund eines umfassend angelegten und ausdifferenzierten betrieblichen Controllings zu sehen. Aus diesem Grund wird zunächst auf die Hintergründe des betrieblichen Controlling eingegangen, um die nachfolgenden spezifischen Ausführungen zur Finanzierung und zum Controlling von E-Business-Projekten in den richtigen Gesamtzusammenhang einordnen zu können.

5.1   Grundlagen des Controlling

Controlling ist der übergeordnete Begriff für Zielsetzung, Planung und Steuerung eines Unternehmens. In erster Linie ist es ein in die Zukunft gerichtetes betriebliches Steuerungs- und Führungskonzept. Controlling systematisiert und objektiviert. Die Vorgänge im Betrieb werden transparent gemacht und anstehende Entscheidungen durch die Bereitstellung relevanter Informationen unterstützt.

Die einzelnen Phasen lassen sich dabei in die Planung (Formulierung von Zielen und deren Umsetzung in Zahlen), in den Soll-Ist-Vergleich und die Abweichungsanalyse unterteilen. Aus der Abweichungsanalyse ergeben sich dann Anstöße für die Beseitigung eventueller Schwächen oder Schieflagen oder zusätzliche Maßnahmen zur Zielerreichung.

Grundsätzlich lässt sich das Controlling dabei in strategisches und operatives Controlling unterteilen. Die Unterschiede werden in den folgenden Abschnitten jeweils anhand praktischer Beispiele verdeutlicht.

5.1.1 Planung

Die strategische Unternehmensplanung stellt eine Antwort auf die Entwicklung der Umwelt (des wirtschaftlichen und sozialen Umfeldes) dar. Im Gegensatz zur operativen Planung ist die strategische Planung durch komplexe Zusammenhänge, einen höheren Abstraktionsgrad und einen längerfristigen Charakter gekennzeichnet.

Auf Grund dieser Eigenschaften wird deutlich, dass ein E-Business-Projekt fast zwangsläufig das Ergebnis eines strategischen Entscheidungsprozesses sein muss und somit in die strategische Unternehmensplanung eingebettet sein sollte. Diese Erkenntnis hat sich in vielen Unternehmen noch nicht eingestellt, vielmehr wird das E-Business als etwas völlig Losgelöstes betrachtet und behandelt.

5.1.1.1 Unternehmensplanung

Planung ist ein systematisches, zukunftsbezogenes Durchdenken und Festlegen von Zielen, Maßnahmen, Mitteln und Wegen zur zukünftigen Zielerreichung oder als Kurzformel: Planung = Entwurf für Entscheidungen. Damit wird auch auf den gedanklichen Prozess verwiesen, der das Wesen der Planung ausmacht.

Daran zu erinnern ist insofern wichtig, als die Planung nicht zum Ausfüllen irgendwelcher Formulare degenerieren darf, so wichtig ein gewisser Formalismus auch sein mag.

Die einzelnen Planungsstufen sind:

Planungsstufe	Zentrale Frage
Unternehmensphilosophie	Wer wollen wir sein?
Strategische Planung	Wohin wollen wir?
Operative Planung	Wie erreichen wir die Ziele?
Disposition	Wie reagieren wir bei Störungen?

Tabelle 25: Planungsstufen

Unternehmensphilosophie

Die Unternehmensphilosophie hat die Aufgabe, externe, zweck-bestimmende Interessen am Unternehmen und intern verfolgte Ziele zu harmonisieren. Hierzu müssen zunächst die grundsätzlichen Werthaltungen und das Selbstverständnis im Unternehmen sowie die Verhaltensgrundsätze gegenüber Kunden, Lieferanten und Mitarbeitern festgelegt werden. Klassischerweise umfasst die Unternehmensphilosophie drei Elemente:

- Vision

- Leitbild

- Unternehmenskonzept.

Eine Vision ist ein konkretes Zukunftsbild, nahe genug, dass man die Realisierung noch sieht, aber weit genug entfernt, um damit die Begeisterung der Mitarbeiter zu wecken. Die Vision ist Grundlage für die Erstellung eines Leitbilds.

Das Leitbild dient als Basis für die Unternehmensführung, indem es den Mitarbeitern die Hauptziele und die Rahmenbedingungen für das gesamte Unternehmensgeschehen aufzeigt.

Im Unternehmenskonzept werden für die eigentliche strategische und operative Unternehmensführung Vision und Leitbild konkretisiert.

Strategische Planung

Die strategische Unternehmensplanung ist der Prozess, in dem eine rationale Analyse der gegenwärtigen Situation und der zukünftigen Möglichkeiten und Gefahren zur Formulierung von Absichten, Strategien, Maßnahmen und Zielen führt.

Diese geben an, wie das Unternehmen unter bestmöglicher Ausnutzung der vorhandenen Ressourcen die durch die Umwelt bedingten Chancen wahrnimmt und die Bedrohungen abwehrt. Dabei könnten folgende Fragestellungen formuliert werden:

- Wie entwickeln sich unsere zukünftigen Märkte?

- Welches sollen unsere zukünftigen Produktionsschwerpunkte sein?

- Wie sehen wir unsere zukünftige Marktposition, unseren zukünftigen Marktanteil?

- Wie sehen wir unser Unternehmen zukünftig im Innen- wie auch im Außenverhältnis?

- Auf welche technischen Entwicklungen haben wir uns einzustellen?

- Wie hoch ist der mittelfristige Investitions- und Finanzbedarf für die Erreichung unserer Ziele?

Hauptschwerpunkt der strategischen Unternehmensplanung ist die Sicherung der Effizienz eines Unternehmens, während die operative Planung die Verbesserung der Effektivität zum Ziel hat.

Operative Planung

Die operative Planung besteht aus der mittelfristigen Planung (in vielen Fällen die nächsten drei Jahre) und aus der (detaillierten) Planung des nächsten Jahres. Operative Planung ist die Konsequenz aus der strategischen Planung und hält in Planwerten fest, wie die Ziele zu erreichen sind. Die Jahresplanung dient als Basis für den Soll-Ist-Vergleich und somit zur kurzfristigen Steuerung des Unternehmens. Sie besteht dementsprechend aus den Teilplänen der einzelnen Unternehmensbereiche, welche anschließend zum Gesamtunternehmensplan zusammengefügt werden.

Dispositive Planung

Die dispositive Planung ist das steuernde Element. Sie umfasst die Korrekturmaßnahmen, mit denen die einzelnen Bereiche auf Plankurs gehalten werden. Mittels eines Soll-Ist-Vergleichs - also der Gegenüberstellung der Ist-Ergebnisse mit dem in der operativen Planung vorgegebenen Soll - lassen sich Planabweichungen aufzeigen und ermöglichen so ein Gegensteuern.

5.1.1.2	**Teilpläne**

Die Teilpläne müssen aufeinander abgestimmt werden. Aus diesem Prozess entsteht die integrierte Unternehmensplanung. Die

Tiefe der Unternehmensplanung ergibt sich aus der Größe und Struktur des Unternehmens.

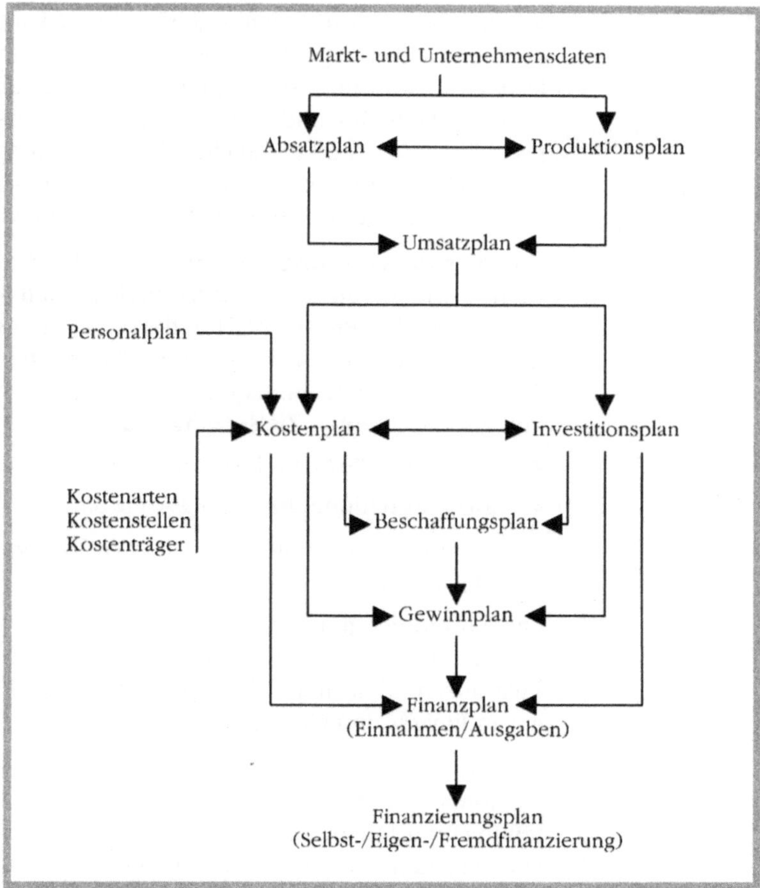

Abbildung 9: Integrierte Unternehmensplanung

5.1.2   Operatives Controlling

Mit dem operativen Controlling soll die kurzfristige Gewinnerzielung überwacht werden. Ein effizientes operatives Controlling stellt hohe Anforderungen an die Funktionsfähigkeit und Abstimmung der betrieblichen Informationssysteme. Eine Fülle von Vorbedingungen sind jeweils unternehmensspezifisch zu klären, um eine individuelle Controllingstruktur zu ermöglichen.

5.1.2.1 Grundlagen für ein effizientes operatives Controlling

Jedes Unternehmen verfügt über eine **Buchführung**. Diese muss gesetzlichen Anforderungen genügen und kann auch über externe Dienstleister abgewickelt werden. Eines der wesentlichen Ziele der Buchführung ist es, eine zeitgerechte Jahresbilanz inklusive einer Gewinn- und Verlustrechnung zu erstellen. Auf Grund handels- und steuerrechtlicher Rahmenbedingungen muss sich die Buchführung auf die externe Zielsetzung konzentrieren und Informationen an Gesellschafter, Gläubiger etc. liefern.

Die **Kostenrechnung** als Grundlage des Controlling hingegen ist frei und unternehmensindividuell gestaltbar. Bis auf die Restriktionen des Preisrechts für die Abrechnung öffentlicher Aufträge bestehen keine juristischen Rahmenbedingungen für die Auslegung der Kostenrechnung. Somit kann die Kostenrechnung voll auf die internen Zielsetzungen ausgerichtet werden:

- Kostenermittlung und Kostenkontrolle
- Erfolgsermittlung und Erfolgskontrolle
- Ermittlung von Steuerungsdaten für die verantwortlichen Führungskräfte.

Die Kostenrechnung übernimmt aus der Buchführung die für sie relevanten Daten, ergänzt um kalkulatorische Kosten (z. B. kalkulatorische Zinsen auf das eingesetzte Eigenkapital) und teilt sie auf in Einzel- und Gemeinkosten.

Um die Aufteilung der Kosten verursachungsgerecht verrechnen zu können, ist es notwendig, Kostenstellen (wo, in welcher Abteilung wurden die Kosten verursacht) und Kostenträger (welches Produkt hat die Kosten verursacht) einzurichten.

Weitergehende Informationen zum Themenbereich Controlling und Literaturhinweise finden Sie auf der Website zum Buch unter: http://www.business-e-volution.de.

Der Bogen zu Projekten, also auch zu E-Business-Projekten, lässt sich hier am einfachsten schlagen:

Ein E-Business-Projekt kann als Kostenträger betrachtet werden, dem alle Einzel- und Gemeinkosten, aber auch die Erlöse, die durch dieses Projekt verursacht werden, zugerechnet werden. Hierzu ist es notwendig, alle relevanten Kosten nach Kostenarten zu planen und anschließend entsprechend zu erfassen. Einzelkosten können dabei direkt zugerechnet werden, Gemeinkosten müssen in den Kostenstellen erfasst und - sofern die Kostenstelle für mehrere Kostenträger arbeitet - aufgeschlüsselt und dem einzelnen Kostenträger zugeordnet werden.

> Ist im Unternehmen keine wie auch immer geartete Kostenrechnung vorhanden, wird es Zeit, über die Einführung einer solchen nachzudenken. Ob dies dann allerdings rechtzeitig gelingt, um den Projekterfolg zu ermitteln, ist sehr fraglich.

5.1.2.2   Der Ablauf im Controlling

Auch bei einem Projekt ist es zweckmäßig, sich auf das laufende Kalender- oder Geschäftsjahr als Betrachtungszeitraum für das Controlling zu verständigen. Da die Jahresplanung meist auf den Monat heruntergebrochen wird, spielt es dabei auch keine Rolle, wenn das Projekt auf weniger als ein Jahr angelegt ist. Auch Meilensteine im Projekt, die anders terminiert sind, können mit dieser Verfahrensweise zeitnah betrachtet werden.

Für den Betrachtungszeitraum wird zunächst ein **Budget** erstellt, welches möglichst alle Kosten- und Erlösarten abbilden sollte, die während des Projektes anfallen. Eine geeignete Form der Darstellung ist dabei die Deckungsbeitragsrechnung. In dieser werden stufenweise von den Erlösen zunächst die Einzelkosten des Projektes abgezogen (meist in einer ersten Stufe die der Herstellung und des Absatzes, in einer zweiten die Marketingkosten), danach die Gemeinkosten. Hierdurch ergeben sich stufenweise Deckungsbeiträge (die Zahl der Stufen kann beliebig gewählt werden, meist sind es drei, in größeren Unternehmen allerdings auch bis zu sechs). Es ist klar, dass z. B. bei einem negativen Deckungsbeitrag 1, der sich durch Verminderung der Erlöse um Herstellungs- und Absatzkosten ergibt, die Produktion und der Absatz dieses Produktes von vornherein nicht sinnvoll sind, während bei einem positiven Deckungsbeitrag nach Einzelkosten, der sich in der nächsten Stufe nach Abzug der Gemeinkosten ins Negative verkehrt, die Produktion dennoch sinnvoll sein kann, da ja zumindest ein Beitrag zur Deckung der Gemeinkosten geleistet wird.

Jeweils nach Beendigung der Budgetperiode (kleinste Einheit normalerweise der Kalendermonat) wird dann im **Soll-Ist-Vergleich** das aufgelaufene Ist dem Budget (= Soll) gegenübergestellt. Im Sinne des Controlling geht es dabei nicht um Schuldzuweisungen oder Rechtfertigungen, sondern um das Ziel, mit den gewonnenen Erkenntnissen rechtzeitig Weichenstellungen zu treffen, um Schieflagen zu beseitigen. Zu beachten ist dabei, dass hinter jeder Zahl im Budget ein Mengen- und ein Wertgerüst steht. Abweichungen können sich also sowohl durch Veränderungen in den „Stückzahlen" als auch durch Veränderungen bei den „Preisen" ergeben. Um diese Feinheiten zu analysieren, ist es notwendig, neben den Zahlen der Deckungsbeitragsrechnung auch die Ausgangswerte zu analysieren. Wir werden dies in 5.3 mit speziellem Bezug auf das E-Business noch erläutern. Aus der Abweichungsanalyse ergeben sich dann entsprechende **Maßnahmen** zur Korrektur.

5.2   Die Finanzierung des E-Business

Bevor über die eigentliche Finanzierung von E-Business nachgedacht werden kann, ist zunächst die folgende Entscheidung zu treffen, die in engem Zusammenhang mit der Zielsetzung des E-Business-Projektes steht und damit vor allem auch strategische Komponenten beinhaltet:

- Erfüllt E-Business für das Unternehmen primär eine Marketing-, Werbe- oder Imagefunktion oder dient es vorwiegend zur Steigerung der Effizienz und Effektivität interner Prozesse. Dann muss der Bereich **E-Business als Investitionsvorhaben** des Gesamtunternehmens betrachtet werden, das letztlich auch dem Gesamtunternehmen wieder zugute kommt.

- Soll der Bereich E-Business langfristig eigenständige Erträge erwirtschaften und auch profitabel sein, so steht eine Betrachtung des **E-Business als Profit-Center** im Vordergrund.

Wichtig ist auch, dass von vorneherein unterschieden wird zwischen der Finanzierung eines E-Business-Projekts - also der Etablierung von E-Business im Unternehmen bzw. der Erweiterung bestehender E-Business-Bereiche - und der nachfolgenden Finanzierung für das laufende E-Business.

5.2.1   E-Business als Investitionsvorhaben

Bei der Betrachtung des E-Business als Investitionsvorhaben lassen sich grundsätzlich die gleichen Methoden und Techniken einsetzen, wie bei der Planung jedes anderen Investitionsvorhabens auch, sowohl für die erstmalige Etablierung als auch für die entstehenden Folgekosten. Die ausschlaggebende Frage in diesem Zusammenhang lautet: Welchem Bereich des Unternehmens sind die Investitions- und Folgekosten zuzuordnen?

Dies hängt maßgeblich vom Einsatzbereich des E-Business ab. Eine reine Marketing-/Werbe-Website lässt sich zweifelsfrei dem Bereich Marketing hinsichtlich der entstehenden Kosten zuordnen.

Werden mit einem Internetauftritt hingegen primär Imageziele verfolgt und ist dieser in die Gesamtpalette der Unternehmenskommunikation eingebunden, ist die Zurechnung schon nicht mehr so eindeutig. In diesem Fall sollten die Investitions- und Folgekosten grundsätzlich als eigene Kostenstelle im Rahmen der Kostenrechnung des Unternehmens geführt werden und als Gemeinkosten auf alle Bereiche umgelegt werden (vgl. 5.2).

Das gleiche gilt für die Etablierung eines Intranets, da auch dieses letztlich allen Bereichen zugute kommt.

Bei einer gemeinsamen Verfolgung mehrerer der genannten Zielsetzungen und einem entsprechend „gemischten" E-Business-Projekt lassen sich in der Regel Teil-Projekte definieren, die entsprechend zugeordnet werden können. Der Rest des Investitionsvolumens und der laufenden Kosten kann dann entweder nach einem Schlüsselverfahren umgelegt oder im Rahmen von Gemeinkosten zugerechnet werden.

In jedem Fall muss die Investition durch das Ergebnis der übrigen Unternehmensbereiche finanziert und getragen werden. Dies bedeutet, dass sich die Investitionskosten und die laufenden Kosten entweder direkt durch erhöhte Umsätze des Gesamtunternehmens amortisieren (was in der Praxis kaum zu belegen ist) oder als Maßnahme zum Unternehmenserhalt und zur Zukunftssicherung angesehen werden und somit von einer langfristigen Amortisation ausgegangen wird. Auch letzteres kann in der Realität kaum kalkulatorisch erfasst werden.

5.2.2 E-Business als Profit-Center

Wenn das E-Business grundsätzlich als neues Profit-Center des Unternehmens angesehen wird, kommen die gleichen Ansätze und Vorgehensweisen zum Tragen, wie bei jedem anderen Profit-Center auch.

5.2.3 Planung

Die Finanzierungsplanung für das reine E-Business-Projekt auf der einen Seite und die laufende Finanzierung des E-Business im Anschluss an das Projekt auf der anderen werden in getrennten

Planungen ermittelt. Im Rahmen der Projekt-Finanzierung reicht eine vollständige Kostenplanung aus. Für den laufenden Betrieb des E-Business ist entsprechende Erlösplanung zu ergänzen.

5.2.3.1 Kostenplanung

Bei der vollständigen Planung der Kosten für ein E-Business-Projekt empfiehlt es sich, zwischen folgenden Bereichen zu unterscheiden:

- Projekt-Kosten

- RealisierungskostenFolgekosten.

Für die korrekte Durchführung der Kostenplanung ist jedoch die vollständige Bestimmung der zugrundeliegenden Kostenarten ausschlaggebend. Die Liste der unterschiedlichen Kostenfaktoren - gerade im Rahmen von E-Business-Projekten - ist ziemlich umfangreich:

Kostenfaktoren	
– Sachkosten	– Fremdleistungskosten
– Personalkosten	– Marketingkosten
– Hardwarekosten	– Reisekosten
– Softwarekosten	– Kapitalkosten
– Lizenzkosten	– Kosten des Projekt-Managements.
– Providerkosten	

Tabelle 26: Kostenfaktoren von E-Business-Projekten

Jeder dieser Kostenfaktoren - mit Ausnahme der zuletzt genannten Kosten des Projekt-Managements - ist für alle drei genannten Kostenbereiche in Ansatz zu bringen.

5.2.3.2 Erlösplanung

Die Erlösplanung kommt erst mit der abgeschlossenen Etablierung des E-Business zum Tragen und wird daher im Rahmen einer Kosten- und Erlösplanung den Folgekosten direkt gegenübergestellt.

Analog zur Aufstellung der Kostenfaktoren lassen sich mögliche Erlösquellen aufzählen:

Erlösquellen	
+ Gebühren	+ Werbeeinnahmen
+ Shop-Erlöse	+ Syndication-Erlöse
+ Abo-Erlöse	+ Partnerprogramme

Tabelle 27: Erlösquellen von E-Business-Projekten

Zu den möglichen Erlösquellen kommen kontinuierlich weitere hinzu. Die im Internet liegenden Potentiale und Möglichkeiten kommen erst langsam zum Tragen.

5.2.4 Kosten-/Nutzen-Analyse

Die Kosten-/Nutzen-Analyse besteht zunächst einmal in einer Gegenüberstellung der laufenden Kosten und der laufenden Erlöse. Ergibt sich hier ein Erlösüberschuss so trägt dieser zur Refinanzierung der einmaligen Investitionskosten bei, bis sich diese (wenn es gut läuft) schließlich amortisiert haben und die Erlöse fortan direkt dem Unternehmen zugute kommen. Im weniger positiven Fall tragen die Erlöse zumindest zur Reduzierung der durch das E-Business verursachten Deckungsbeitragslücke bei.

Für eine vollständige Kosten-/Nutzen-Analyse sind jedoch auch die sogenannten Alternativkosten zu berücksichtigen, d. h. Kosten, die entstanden wären, wenn die Etablierung des E-Business nicht stattgefunden hätte. Beispielsweise könnten hierunter Kosten für andere Imagemaßnahmen fallen, die alternativ zu einer Website durchgeführt worden wären. Die tatsächlichen Kosten sind um diese Alternativkosten zu vermindern. Lediglich die durch die Online-Aktivitäten verursachten Mehrkosten und die erwirtschafteten Erlöse fallen letztlich für die Beurteilung im Rahmen einer Kosten-/Nutzen-Analyse ins Gewicht.

5.2.5 Risiko-Analyse

E-Business-Projekte sind durchaus mit Risiken verbunden. Diese können von der technologischen Seite her drohen, aber auch das Internet selbst ist immer wieder Wandlungen und neuen Entwicklungen unterworfen, die bisherige Planungen obsolet machen können. Diese Risiken sollten - insbesondere bei der Betrachtung der Finanzierungsaspekte - besonders beachtet werden. Die mit der Projekt-Definition ermittelten Risiken können in unterschiedlicher Weise Berücksichtigung finden. Entweder werden im Rahmen der Budgetierung aufgrund der differenzierten Risiko-Analyse spezielle Risikozuschläge einkalkuliert (einfaches Vorgehen), oder es werden unterschiedliche Szenarien erstellt und aufgrund dieser Szenarien mehrere alternative Finanzplanungen durchgeführt (fundierter Ansatz).

5.3   Das spezielle Controlling im E-Business

Die eigentliche Kernfrage in Bezug auf E-Business lautet: Lohnt sich der ganze Aufwand? Controlling im Bereich E-Business soll daher auf folgende Teilfragen Antworten liefern:

1. Wie erfolgreich ist der E-Business-Bereich - gemessen an den zuvor definierten Zielen?

2. Was kostet das Engagement im E-Business das Unternehmen? Bringt es sogar direkt und nicht nur indirekt etwas ein?

3. Rechtfertigen die quantitativen und qualitativen Ergebnisse die aufgewendeten Mittel?

Als spezielle Formen des Controlling in Bezug auf E-Business lassen sich bisher folgende Vorgehensweisen unterscheiden:

Controlling-Formen	
Web-Promotion-Controlling	Planung, Kosten und Erfolg der Werbung bzw. der Promotion für die eigene Website (Werbe-Controlling).
Online-Marketing-Controlling	Planung, Kosten und Erfolg der Online-Präsenz als Marketing-Instrument (Marketing-Controlling)
Plan-/Kosten-Controlling	Planung, Kosten und Erfolg der Investitionen im Bereich E-Business als Ganzes (Ergebnis-Controlling)

Tabelle 28: Controlling-Formen im E-Business

Um diese drei Formen des Controlling durchführen zu können, müssen ergänzend zu den im Rahmen des Controlling ohnehin ermittelten Größen eine Reihe von speziellen für das E-Business relevanten Informationen vorliegen.

5.3.1   Werbe- und Marketing-Controlling

Für das Web-Promotion-Controlling und das Online-Marketing-Controlling ist es notwendig, dass das Unternehmen jederzeit weiß:

- wo seine relevanten Zielgruppen in welchem Umfang im Internet zu finden sind (z. B. auf Grund von Markt-Media-Analysen)

- wie viele davon die Website des Unternehmens besuchen (Visits) und wie viele Seiten sie sich dort ansehen (PageImpressions/PageViews)

- ob die Site empfangsfähig ist (Accessibility), technisch optimal arbeitet und leicht zu handhaben ist (Usability)

- ob und wie erfolgreich die Online-Werbung für den Bereich E-Business war (AdServer, AdViews, AdRequests, AdImpressions, AdClicks, Leads, Sales)

- wie die Position in den wichtigen Suchmaschinen aussieht und ob, wie und wann sie sich ändert

- wer die Besucher (Kunden und Informationssuchenden) eigentlich sind (User-Profiling), woher sie kommen, ob Sie häufiger wiederkommen und wer sie ggf. weitervermittelt hat

- was genau die Besucher, wann und wie lange auf der Website treiben, was ihnen gefällt und wovor sie flüchten

- was der Wettbewerb im Internet betreibt

- wie in Newsgroups oder Listen über den E-Business-Bereich und das Unternehmen gesprochen wird.

Diese Informationen liefern Aufschluss darüber, wie erfolgreich die Website oder auch das Marketing via Internet sind. Es bietet sich an, zur Beurteilung entweder Vergleichszahlen von Wettbewerbern (soweit verfügbar) oder im Rahmen von Studien und Untersuchungen ermittelte Werte heranzuziehen.

5.3.2   Ergebnis-Controlling

Für das Plan-/Kosten-Controlling sind zusätzlich folgende Informationen notwendig:

- wie viel die E-Business-Maßnahmen exakt kosten,

- wie viel die E-Business-Maßnahmen exakt einbringen,

- wie viel durch die E-Business-Maßnahmen genau eingespart wird.

Für die Ermittlung der Kosten, Erlöse und möglichen Einsparungen können die nachfolgend aufgeführten Bereiche einen ersten Anhaltspunkt bieten.

Kosten	Erlöse
– Provider (Server-Hosting, Denic, andere Fixkosten)	+ Banner/Buttons/Links (verkauft)
– Webmaster (alle externen Services)	+ Sponsoring
– Leitungskosten (Stand-/ Wähl-Leitung)	+ Stellenmarkt, Tausch-Börse, Kleinanzeigen
– Software (Lizenzen)	+ Mini-Sites/Micro-Sites (Platzierung/Produktion)
– Hardware (Upgrading)	+ Gebühren (Abo, geschlossener Bereich)
– Honorare/Lizenzen (Text/ Bild)	+ Syndication - Verkauf von Inhalten
– Programmierung (extern, z. B. Datenbanken)	+ Shop-Erlöse - eigene und fremde Produkte, Merchandising
– Produktion (externe Aufträge, Mini-Sites)	
– Beschaffungskosten (bspw. Buch/CD/Video für Shop)	+ Abo-Verkauf online
– Vertrieb/Versand (Shop)	+ Partnerprogramme
– Web-Promotion (Budget)	**Einsparungen**
– Online Redaktion (intern)	+ Werbemittel, Versandkosten
– Design/Produktion (intern)	+ Vertriebskosten (Buch, Abo, Anzeige)
– Online Marketing (Banner, Mini-Site, Sponsoring etc.)	+ Zeit und Recherchekosten - Schnellerer Zugriff auf Informationen (Intranet)
– Webmaster (intern)	
– Personal (intern, z. B. für einen Bookshop)	+ Informationsbeschaffungskosten/Honorare
– EDV (intern)	+ Prozesskosten (Prozess-Integration)

Tabelle 29: Kosten und Erlöse/Kosteneinsparungen

Voraussetzungen dafür, dass die Erlöse und Einsparungspotenziale auch tatsächlich zum Tragen kommen, sind entsprechende Investitionen in:

- Technologie (Intranet, Datenbanken, ProzessIntegration ...)
- Marketing (User Profiling, individualisierte Informationen, Push-Marketing ...)

Für das im Rahmen einer Gesamtbeurteilung relevante Plan-/ Kosten-Controlling ist letztlich entscheidend:

- welche Deckungsbeiträge durch das E-Business erwirtschaftet werden
- ob dies im Rahmen der Planung liegt
- ob die Deckungsbeitragslücke auf Dauer refinanziert werden kann und soll.

Zur Refinanzierung einer Deckungsbeitragslücke kommen wie bei der Finanzierung des E-Business als ganzes sowohl interne als auch externe Finanzierungsquellen zum Einsatz.

Eine interne Rest-Finanzierung kann entweder aus dem Marketing-Budget oder durch Umlage auf alle Unternehmensbereiche erfolgen - je nach Ausrichtung und Schwerpunkt des E-Business.

Um externe Finanzierungsquellen anzuzapfen, ist es notwendig, die potenziellen Erlöse auch tatsächlich auszuschöpfen. Dies hängt meist direkt vom Bekanntheitsgrad der Website bei den potenziellen Usern/Kunden der Zielgruppe ab. Einer der am weitest verbreiteten Fehler im Rahmen der Finanzierungsplanung besteht darin, das Marketing- und Promotion-Budget für die E-Business-Einführung und -Verbreitung zu gering anzusetzen. Grundsätzlich sollten dafür zwischen 20 und 30 % des Gesamtbudgets eingeplant werden. Liegt der Wert darunter, rächt sich dies später in Form von mangelhaften Besucherzahlen und zu geringen Erträgen. Die nachträgliche Bewerbung erfordert dann unverhältnismäßig hohe Aufwendungen.

Die Entscheidung darüber, wie bei einer bestehenden Deckungsbeitragslücke weiter verfahren werden soll, richtet sich in erster Linie nach der strategischen Zielsetzung.

Geht es vorwiegend um die Steigerung des Bekanntheitsgrads und die Verbesserung des Images, muss sogar weiter investiert werden. Die Deckungsbeitragslücke ist dann kein ausschlaggebendes Kriterium, denn diese ist unter einer solchen Zielsetzung von vornherein zu erwarten gewesen.

Stehen neue Kundenkontakte im Vordergrund, muss das Engagement auf jeden Fall weiter gehalten werden und die Deckungsbeitragslücke entsprechend in Kauf genommen werden.

Geht es letztlich darum, Verkäufe im Rahmen des E-Business zu generieren und ein Profit-Center aufzubauen, bleiben bei bestehender Deckungsbeitragslücke mehrere mögliche Alternativen. Nach einem vorher festgesetzten Entscheidungszeitrahmen wird

- das Engagement in dieser Form aufgegeben

- das E-Business-Modell wird optimiert (meist verschlankt)

- es wird in zusätzliche Promotion-Maßnahmen investiert, wenn davon auszugehen ist, dass sich langfristig Rentabilität einstellt

Nähere Informationen zu diesem Bereich und zu den einzelnen aufgeführten Begriffen, Methoden und Verfahren finden Sie auf der Website zum Buch unter http://www.business-e-volution.de

5.4   Die Kosten für „Soft Skills"

Da viele Lern- und Weiterbildungsprozesse unternehmensweit mit der Einführung oder dem Ausbau von E-Business einhergeht, greift die Praxis der rein logischen Trennung in Sach- und Personalkosten bei E-Business-Projekten zu kurz. Vergessen werden die Investitionen in „Soft Skills" im eigenen Unternehmen.

Hierunter fallen alle Kosten zur Qualifizierung eigenen Personals im Zusammenhang mit E-Business - von der Anwenderschulung bis zu den Personalkosten für Entwickler. Diese Kosten kann man als Investition in die Zukunft des Unternehmens betrachten und bis zum einzelnen Mitarbeiter planen und kontrollieren. Über normale Kostenplanung und normales Controlling hinaus macht es Sinn, diese „Weiterentwicklungskosten" separat zu ermitteln und auszuweisen. Dies hilft, Fehlentwicklungen - wie zu starken internen Personalaufbau oder eine disproportionale Verteilung von Schulungsmitteln - frühzeitig zu erkennen und unterstützt gleichzeitig die Argumentation bei Finanzierungsfragen.

Werden E-Business-Projekte so geplant, das ein erheblicher Teil der gesamten Kosten in das Know-how der eigenen Mitarbeiter investiert wird, erhöht sich die mittel- und langfristige Wettbewerbsfähigkeit des Unternehmens mehr, als wenn ohne nennenswerte eigene Kompetenz eine E-Business-Lösung „von der Stange" durch Externe adaptieren wird. Grundsätzlich sollten 15 % + X der geplanten und tatsächlich aufgewendeten Gesamtkosten in die E-Business-„Soft Skills" der eigenen Belegschaft fließen.

5.5   **Zusammenfassung**

Für den langfristigen und nachhaltigen Erfolg des E-Business sind ein gut organisiertes Controlling und eine fundierte Finanzierung wesentliche Voraussetzungen. Im Rahmen einer integrierten Unternehmensplanung ist das E-Business ebenso wie alle anderen Unternehmensbereiche Bestandteil der Investitions- und Finanzierungsplanung und unterliegt den gleichen Methoden und Verfahren der Erlös- und Kostenrechnung.

Die sinnvolle Planung der Finanzierung und ein auf die Besonderheiten des E-Business zugeschnittenes Controlling müssen immer an den übergeordneten strategischen Zielsetzungen orientiert sein. Nur vor diesem Hintergrund können vernünftige Investitions- und operative Entscheidungen getroffen werden.

Besondere Berücksichtigung - gerade im Bereich der Erfolgsmessung - verlangen internet-spezifische Aspekte im Bereich des Werbe- und Marketing-Controllings. Für die kontinuierliche Erfolgsrechnung sind im Bereich des E-Business spezielle Kosten- und Erlösarten zu ermitteln, die in vielen Fällen für die Planungs- und Kontrollrechnung des Unternehmens in dieser Form neu sind. Dies erfordert entsprechende web-spezifische Kenntnisse.

5.5   **Power-Tipps**

1. Machen Sie sich gerade in den Bereichen Finanzierung und Controlling das Leben nicht selbst zu schwer. Im Internet finden sich eine Vielzahl von kostenlosen oder kostengünstigen Tools und Utilities, die bei der Ermittlung der benötigten Informationen behilflich sind. Eine umfassende, quantitative und qualitative Erfolgsmessung lässt sich so mit vergleichsweise geringem Aufwand relativ zügig bewerkstelligen.

Nähere Informationen zu Tools und Utilities sowie eine Linkliste zu entsprechenden Anbietern finden Sie auf der Website zum Buch unter http://www.business-e-volution.de

2. Achten Sie insbesondere bei der Provider-Auswahl darauf, dass Sie die Möglichkeit haben, von Ihrem Provider umfassende Log-Files und Statistiken zu erhalten. Gut aufgebaute, detaillierte und umfassende Statistiken können Sie bereits mit 90 % der benötigten Informationen versorgen, ohne dass Sie weiteren Aufwand betreiben müssen.

Nähere Informationen zum Thema Web-Statistiken, Log-Files und deren Auswertung finden Sie auf der Website zum Buch unter http://www.business-e-volution.de

5.6 Checklisten Finanzierung und Controlling

1. Finanzierung
Festlegen der strategischen Zielsetzung in Bezug auf Ihr E-Business-Engagement.
Grundsatzentscheidung bzgl. Investitions- oder Profit-Center-Modell treffen.
Detaillierte Investitionsplanung durchführen.
Refinanzierungsalternativen prüfen und festlegen.
Kostenanteil für die Entwicklung von „Soft Skills" bestimmen.

2. Controlling
Notwendige Daten ermitteln.
Web-Promotion-Controlling durchführen.
Promotion-Maßnahmen für die eigene Website ggf. neu ausrichten oder verstärken.
Online-Marketing-Controlling durchführen.
Erfolg der Online-Präsenz als Marketing-Instrument ggf. durch gezielte und zusätzliche Marketingmaßnahmen fördern.
Plan-/Kosten-Controlling durchführen.
Kosten und Erfolg der Investitionen im Bereich E-Business anhand der strategischen Zielsetzungen bewerten.
Entscheidung über weitere Vorgehensstrategie treffen.

Glossar

Ein Buch über E-Business ohne Glossar? Ja, genau. Ein umfassendes Glossar zum Thema E-Business hätte schon den Umfang eines ganzen Kapitels. Ein weniger umfassendes würde kaum einen Sinn machen.

Daher haben wir uns entschlossen, an dieser Stelle auf ein Glossar zu verzichten, und Ihnen eine andere - und unserer Ansicht nach - wesentlich praktischere Möglichkeit zu bieten:

Ein umfassendes und vor allem immer aktuelles Glossar und Hinweise auf weitere Informationsquellen im Internet finden Sie auf der Website zum Buch unter: http://www.business-e-volution.de

Abbildungsverzeichnis

Tabellenverzeichnis

Schlagwortverzeichnis

A

B

Z

Schutzrechte

HTML, DHTML, XML and XHTML are trademarks or registered trademarks of W3C®, World Wide Web Consortium, Laboratory for Computer Science NE43-358, Massachusetts Institute of Technology, 545 Technology Square, Cambridge, MA 02139.

Javascript® is a registered trademark of Sun Microsystems Inc., used under license for technology invented and implemented by Netscape.

JAVA® is a registered trademark of Sun Microsystems, Inc., 901 San Antonio Road, Palo Alto, CA 94303 USA.

Lotus ® and Lotus ® Notes ® are registered trademarks of Lotus Development Corporation, 55 Cambridge Parkway, Cambridge, MA 02142.

Mircrosoft®, Exchange® and Outlook® are registered trademarks of Microsoft Corporation, One Microsoft Way, Redmond, Washington 98052-6399

Oracle® is a registered trademark of Oracle Corporation

SAP® and mySAP.com™ are registered trademarks of SAP AG in Germany and in several other countries all over the world.

All other products, brands or companies mentioned in this book are trademarks or registered trademarks of their respective companies.

Profitieren Sie
persönlich
vom Know-how
der Autoren.

Der richtige Zeitpunkt für die Entwicklung und
Implementierung zukunftsorientierter E-Business-
Lösungen war für viele Unternehmen gestern.

Wir haben das Know-how, die Erfahrung und die
Kompetenz, Unternehmensziele und Marketingkonzepte
strategisch zu planen.

Durch eine Analyse der Geschäftsprozesse in Ihrem
Unternehmen erreichen wir eine Prozess-Optimierung
und schaffen Synergie-Effekte, wobei der Mensch im
Vordergrund steht.

Die Autoren finden als innovative Unternehmens-
und New-Media-Berater auch für Sie und Ihr
Unternehmen kreative und erfolgreiche Lösungen.

Gehen Sie neue Wege. Der erste Schritt:
Sie nehmen Kontakt mit uns auf.

Consulting
ctg Transfer Group

http://www.ctgeurope.net
info@ctgeurope.net

Consulting Transfer Group
the culture company GmbH
consultants in corporate strategy
Augustaanlage 59
D-68165 Mannheim
Fon: +49 – (0)621 – 41 987-10
Fax: +49 – (0)621 – 41 987-20
E-mail: tcc@ctgeurope.net

Consulting Transfer Group
Heinold, Spiller & Partner GmbH
Unternehmensberatung GmbH BDU
Behringstraße 28a
D-22765 Hamburg
Fon: +49 – (0)40 – 39 86 62-0
Fax: +49 – (0)40 – 39 86 62-32
E-mail: hsp@ctgeurope.net

Strategieberatung Organisations- & Personalentwicklung E-Business Elektron. Publizieren Geschäftsprozess-Optimierung Mergers & Acquisitions Kooperationen Personalberatung Weiterbildung

HOTT-Guides - Hands On HOTT Topics

SCN Education B.V. (Ed.)
ASP - Application Service Providing
The Ultimate Guide to Hiring rather than Buying Applications
2000. 320 pp. with 55 figs. and 11 tabs. Hardc. DM 98,00
ISBN 3-528-03148-4

What is ASP? - What's in it for you? - Secure ASPs - ASP tutorials - Case studies - Research results

SCN Education B.V. (Ed.)
Webvertising
The Ultimate Internet Advertising Guide
2000. 270 pp. with 42 figs. and 13 tabs. Hardc. DM 98,00
ISBN 3-528-03150-6

Effectiveness of Banner advertising - Webvertising tutorials - Advantages and disadvantages of Webvertising - Defining the online audience - Interactive marketing relationships - How to integrate Webvertising into your media plan - Branding on the Net

SCN Education B.V. (Ed.)
Mobile Networking with WAP
The Ultimate Guide to the Efficient Use of Wireless Application Protocol
2000. 392 pp. with 147 figs. and 23 tabs. Hardc. DM 98,00
ISBN 3-528-03149-2

Introduction to WAP - Mobile networking on the Internet - Resource utilization in wireless multimedia networks - WAP solutions - WAP tutorials

vieweg

Abraham-Lincoln-Straße 46
65189 Wiesbaden
Fax 0611.7878-400
www.vieweg.de

Stand 1.10.2000
Änderungen vorbehalten.
Erhältlich im Buchhandel oder im Verlag.

Weitere Titel aus dem Programm

Emmerich Fuchs
Requirements-Engineering in IT effizient und verständlich
Praxisrelevantes Wissen in 24 Schritten
2000. ca. 90 S. mit 45 Abb. (Know-how für das Management) Geb.
ca. DM 48,00   ISBN 3-528-05756-4
Begriffe - Zweck - Qualitätsmerkmale - Methoden & Modelle -
Vorgehen/Prozess - Beteiligte/Rollen - Tools

Ronald Schnetzer, Michael Soukup
Business Excellence effizient und verständlich
Praxisrelevantes Wissen in 24 Schritten
2000. ca. 95 S. mit 44 Abb. (Know-how für das Management) Geb.
ca. DM 48,00   ISBN 3-528-03172-7
Business Excellence - Qualitätspreise - Führungssystem/Management-
system - Prozessmanagement - Integriertes Vorgehen - Praxisbei-
spiele

Brigitte Anderegg
IT-Prozessmanagement effizient und verständlich
Projekterfolg und Qualitätsverbesserung in 24 Schritten
2000. 84 S. mit 22 Abb. (Know-how für das Management) Geb.
DM 48,00   ISBN 3-528-05744-0
Informatik Prozess Management (ITPM) Begriffe - Grundlagen des
ITPM - Ziele, Nutzen, Erfolgsfaktoren von ITPM - IT Prozess Landkarte
- Vorgehensvorschlag für die Umsetzung in der Praxis - Praxisbeispiel
- Einsatz von ITPM Tools

Abraham-Lincoln-Straße 46
65189 Wiesbaden
Fax 0611.7878-400
www.vieweg.de

Stand 1.10.2000
Änderungen vorbehalten.
Erhältlich im Buchhandel oder im Verlag.

＃ Weitere Titel aus dem Programm

Rainer Egewardt
Das PC-Wissen für IT-Berufe:
Hardware, Betriebssysteme, Netzwerktechnik
Kompaktes Praxiswissen für alle IT-Berufe in der Aus- und
Weiterbildung, von der Hardware-Installation bis zum Netzwerk-
betrieb inklusive Windows NT, Novell-Netware und Unix (Linux)
2000. XVIII, 592 S. mit 285 Abb. Br. DM 69,80   ISBN 3-528-05739-4

Micro-Prozessor-Technik - Funktion von PC-Komponenten - Installation von PC-Komponenten - Netzwerk-Technik - DOS - Windows NT4 -
Novell Netware - Unix/Linux - Anhang: PIN-Belegungen aller Anschlüsse

Andreas Solymosi, Ulrich Grude
Grundkurs Algorithmen und Datenstrukturen
Eine Einführung in die praktische Informatik mit Java
2000. XII, 194 S. mit 83 Abb. u. Br. DM 39,80   ISBN 3-528-05743-2

Begriffsbildung - Komplexität - Rekursion - Suchen - Sortierverfahren
- Baumstrukturen - Ausgeglichene Bäume - Algorithmenklassen

Hartmut Ernst
Grundlagen und Konzepte der Informatik
Eine Einführung in die Informatik ausgehend von den fundamentalen
Grundlagen
2000. XIV, 822 S. mit 262 Abb. Br. DM 49,80   ISBN 3-528-05717-3

Nachricht, Information und Codierung - Schaltalgebra, Schaltnetze
und Elemente der Computer-Hardware - Rechnerarchitekturen und
Betriebssysteme - Automatentheorie und Formale Sprachen - Pro-
grammiersprachen und Methodik der Programmierung - Berechen-
barkeit und Komplexität - Algorithmen und Datenstrukturen

vieweg

Abraham-Lincoln-Straße 46
65189 Wiesbaden
Fax 0611.7878-400
www.vieweg.de

Stand 1.10.2000
Änderungen vorbehalten.
Erhältlich im Buchhandel oder im Verlag.